本书为国家社会科学基金青年项目的最终成果（13CZX080）；

本书受到云南省哲学社会科学优秀学术著作出版专项经费资助。

艾滋病危险性性行为干预面临的伦理难题及对策

朱海林　等著

中国社会科学出版社

图书在版编目（CIP）数据

艾滋病危险性性行为干预面临的伦理难题及对策／朱海林等著.
—北京：中国社会科学出版社，2018.5
ISBN 978 - 7 - 5203 - 0910 - 3

Ⅰ.①艾…　Ⅱ.①朱…　Ⅲ.①获得性免疫缺陷综合征—
性行为—干预—伦理学—研究　Ⅳ.①B823.4

中国版本图书馆 CIP 数据核字（2017）第 219934 号

出 版 人	赵剑英
责任编辑	冯春凤
责任校对	张爱华
责任印制	张雪娇

出　　版	中国社会科学出版社
社　　址	北京鼓楼西大街甲 158 号
邮　　编	100720
网　　址	http：//www.csspw.cn
发 行 部	010 - 84083685
门 市 部	010 - 84029450
经　　销	新华书店及其他书店

印　　刷	北京君升印刷有限公司
装　　订	廊坊市广阳区广增装订厂
版　　次	2018 年 5 月第 1 版
印　　次	2018 年 5 月第 1 次印刷

开　　本	710 × 1000　1/16
印　　张	15.75
插　　页	2
字　　数	256 千字
定　　价	68.00 元

目　　录

绪　论

本书是 2013 年度国家社科基金青年项目"艾滋病危险性性行为干预面临的伦理难题及对策研究"（13CZX080）的最终成果。

目前，全球艾滋病疫情形势总体上出现了一定程度的好转，新增艾滋病病毒感染者和死于艾滋病相关疾病的人数都降到了较低水平。根据联合国艾滋病规划署于 2015 年 11 月 24 日发布的题为《聚焦地区与人口：2030 年快速通道终结艾滋病》的报告，截至 2014 年年底，全球约有艾滋病病毒携带者 3690 万人；2014 年全球新增艾滋病病毒感染者约 200 万人（2010 年为 270 万人），比 2004 年下降了 35%；全球约 120 万人死于与艾滋病有关的疾病（2010 年为 180 万人），比 2004 年下降了 42%。截至 2015 年 6 月，约 1580 万艾滋病病毒携带者接受了抗逆转录病毒治疗（2010 年和 2005 年分别为 750 万人和 220 万人）。[①] 可见，无论是新增艾滋病病毒感染者人数、死亡人数还是接受抗逆转录病毒治疗的情况都出现了一定程度的好转。尽管如此，全球艾滋病防治形势仍不容乐观，特别是在一些艾滋病流行严重的国家，艾滋病对人的生命健康和经济社会发展的威胁仍然是巨大的。

在我国，从总体上看，经过国家政府和社会各界多年的共同努力，艾滋病防治取得了较好的效果：我国艾滋病疫情总体上呈低流行态势，新发艾滋病感染人数保持在较低水平。但是同时，我国艾滋病病毒感染者和病人数量仍在增加，艾滋病疫情形势仍不容乐观。根据中国疾病预防控制中心性病艾滋病预防控制中心 2015 年 11 月 30 日发布的数据，目前我国估

---

① 中国疾病预防控制中心性病艾滋病预防控制中心：《联合国艾滋病规划署：15 年后世界摆脱艾滋病威胁》。(http://www.chinaaids.cn/fzdt/gwxx/yqzk/201511/t20151127_122290.htm)。

计存活的艾滋病病毒感染者和病人约占全国总人口的 0.06%，即每 1 万人中可能有 6 人感染了艾滋病病毒；截至 2015 年 10 月底，全国报告存活的艾滋病病毒感染者和病人共计 57.5 万例，死亡 17.7 万人；其中，2015 年 1 月至 10 月新增 9.7 万例。①

在当前我国的艾滋病疫情中，最突出的问题是艾滋病的主要传播途径——性传播未能得到有效遏制，艾滋病危险性性行为广泛存在，艾滋病性传播比例持续攀升。根据中国卫生部、联合国艾滋病规划署和世界卫生组织发布的数据，从 2005 年开始，我国估计新发的艾滋病感染者中性传播超过注射吸毒传播，成为我国艾滋病传播的主要途径，性传播比例持续攀升：2005 年估计新发的 7 万艾滋病感染者中性传播占 49.8%（注射吸毒传播占 48.6%），2007 年估计新发的 5 万感染者中性传播占 56.9%，2009 年估计新发的 4.8 万感染者中性传播占 74.7%，2011 年估计新发的 4.8 万感染者中性传播占 81.6%。目前，我国超过九成的新发艾滋病感染者都是性传播造成的。2015 年 1 月至 10 月新报告的 9.7 万例艾滋病病毒感染者中，性传播占 93.8%。在这样的情况下，进一步加强危险性性行为干预就成为我国艾滋病防治的关键一环。

从我国艾滋病危险性性行为干预的历程和实施情况看，应该说，艾滋病危险性性行为干预历来是我国艾滋病防控的一个重要方面。从 1985 年艾滋病传入我国到现在，我国的艾滋病危险性性行为干预经历了从"严厉打击卖淫嫖娼"到"严厉打击与推广使用安全套相结合"再到"综合干预"的大致历程。目前，面对艾滋病性传播的新形势，中央和地方各级政府高度重视艾滋病危险性性行为干预，在"政府组织领导、部门各负其责、全社会共同参与"下，我国艾滋病危险性性行为干预取得了一定进展。尽管如此，我国艾滋病危险性性行为仍广泛存在、性传播比例仍在持续上升的情况表明，艾滋病危险性性行为干预仍然面临法律、政策和社会等方面的诸多难题，艾滋病危险性性行为干预的实效有待进一步增强。

毋庸置疑，艾滋病问题是一个医学问题、社会问题和法律问题，也是

---

① 中国新闻网：《中国疾病预防控制中心发布数据我国艾滋疫情呈低流行态势》。（http：//www.chinanews.com/jk/2015/12—01/7649744.shtml）。

一个伦理问题；艾滋病问题的解决不仅要依靠医疗科技的进步和经济社会的发展，也要依靠合道德性的制度安排和社会道德环境的改善，需要公共卫生学、法学、社会学、管理学、伦理学等多学科的共同努力，艾滋病危险性性行为干预作为艾滋病防治的一个重要方面也不例外。艾滋病危险性性行为干预是以促使有艾滋病危险性性行为的人群改变行为、阻止艾滋病性传播为目标的活动。在艾滋病危险性性行为干预中，相关法律、政策、措施的制定实施，行为干预的方案、计划和组织以及具体的行为干预活动都蕴含着一定的伦理价值取向，体现着在认识和处理各方面利益、价值关系时的"应当"或"应该"。而伦理学正是一门关于"应当"或"应该"的学问，应该成为认识和处理艾滋病危险性性行为干预所涉及的利益、价值关系的一个重要视角。

从学界关于艾滋病危险性性行为干预伦理学研究的状况看，国外此项研究大多是在医学伦理或生命伦理框架下把它作为艾滋病问题伦理学研究中的一个方面进行的。艾滋病问题伦理研究在国外起步早，相关成果在实践中应用广泛；不仅许多医学伦理或生命伦理论著对之予以了关注，不少学者还对其进行了专题研究。其中，许多论著都涉及艾滋病危险性性行为干预伦理研究。主要包括：一是艾滋病危险性性行为干预的伦理合理性，如诺尔·西马德（Noel Simard）的著作 *Aids：Ethical and Spiritual Considerations* 考察了异性与同性、主动与被动等各类性行为的艾滋病危险性及其干预的伦理合理性与限度；二是艾滋病危险性性行为干预面临的道德挑战，如凯文·T. 凯利（Kevin T. Kelly）在其著作 *New Directions in Sexual Ethics：Moral Theology and the Challenge of AIDS* 中论述了贫困和边缘人群的艾滋病易感性及性传播因素，分析了性行为干预面临的道德挑战；三是性行为和性关系的道德责任，如罗纳德·拜耳（Ronald Bayer）的 *AIDS Prevention：Sexual Ethics and Responsibility* 在性伦理学视域下探讨了艾滋病感染者对性伴的责任问题；四是艾滋病危险性性行为干预中个人性隐私的保护问题，如克里斯汀·皮尔斯（Christine Pierce）等在 *AIDS：Ethics and Public Policy* 一书中讨论了个人性隐私的保护限度及公共政策建议；五是安全套使用和推广涉及的伦理问题，如布兰达·阿尔蒙德（Brenda Almond）在其著作 *AIDS, a Moral Issue：the Ethical, Legal, and Social Aspects* 中论及了这一问题。

从国内的情况看，学界对艾滋病危险性性行为干预的研究大多是从社会学、法学等角度进行的，如杨廷忠的《艾滋病危险行为扩散的社会学研究》、赵然的《危险与拯救：高危妇女艾滋病危险行为现状及干预研究》、潘绥铭的《"男客"的艾滋病风险及干预》以及张北川、刘殿昌的《对男同性性接触者的艾滋病干预》等都是代表性论著。相比之下，我国艾滋病危险性性行为干预的伦理学研究还比较薄弱，研究者和研究成果均不多。20世纪90年代后，一些学者开始从生命伦理视角研究艾滋病问题，艾滋病危险性性行为干预则作为其中的具体问题受到关注。如邱仁宗在《艾滋病、性和伦理学》一书中对艾滋病与性行为之间的联系、"不安全行为""避孕套"及"有效而合乎伦理的政策"等进行了研究；翟晓梅在《生命伦理学导论》《艾滋病防治中的伦理问题》等论著中对艾滋病相关"不安全行为""不道德行为"和"非法行为"进行了探讨；王延光在其著作《艾滋病预防政策与伦理》中对青少年性教育、同性恋和卖淫人群的艾滋病预防进行了研究；韩跃红等在《生命伦理学维度：艾滋病防控难题及对策》一书中分析了"卖淫合法化"争论、"安全套推广"和"同性恋人群的生活环境"等问题。此外，还有一些研究散见于各种医学伦理或生命伦理论著之中。迄今尚未发现专门从伦理学角度研究艾滋病危险性性行为干预问题的专著。

正是由于艾滋病危险性性行为干预的伦理学研究相对薄弱，我国以往的艾滋病危险性性行为干预政策吸取的更多是公共卫生学、法学、社会学等方面的论证和建议，而伦理学方面的贡献相对较少。不言而喻，艾滋病危险性性行为干预政策措施的合理性不仅应该涵盖科学合理性、法律合理性，也应该涵盖道德合理性。只有那些坚持了正确的价值导向、具有道德合理性的政策才能在实践中得到社会的理解与支持。本课题立意从伦理学角度出发，研究艾滋病危险性性行为干预面临的伦理难题，提出解决这些难题的对策建议，以期为进一步推进我国艾滋病危险性性行为干预提供有益思路。

为此，课题组在云南开展了两年多的调查研究。我们之所以选取云南为目标地进行调查，主要是由于云南是我国艾滋病问题的典型省份。云南是我国最早发现艾滋病集中感染人群的地区之一，也是我国艾滋病疫情最为严重的地区之一。截至2015年10月底，云南全省估计存活艾滋病病毒感染者和病人 87634 例，死亡 26510 例。2015 年 1 月至 10 月，云南省新增艾滋病病毒感染者和病人 9768 例，新报告艾滋病死亡 2283 例。① 同时，云南也是我国艾滋病防治工作的先进地区，从 2005 年开始连续开展了三轮 "防治艾滋病人民战争" （分别是 2005—2007 年、2008—2010 年、2011—2015 年），艾滋病感染人数上升的趋势终于得到了有效遏制，云南也从艾滋病疫情重灾区转变成为艾滋病综合防控示范区，在全国率先实施了一系列艾滋病防治新举措，形成了一系列艾滋病防治先进经验，使云南的艾滋病防治工作走在了全国的前列。因此，选取云南为目标地进行调查研究，可以更好地把握我国艾滋病防治工作的现状和最新动向。同时，民族地区是我国艾滋病防治的主战场，云南、新疆、广西等民族地区艾滋病感染率远远高于汉族地区；而云南、新疆、广西等民族地区的艾滋病问题具有共通性，这些省区在制定艾滋病防治政策时可以而且应该相互借鉴。因此，在云南的调查研究可以为这些省区甚至全国的艾滋病防治工作提供有益借鉴。

我们的调查包括两次集中调查与一些分散调查。其中，两次集中调查（第一次是 2014 年 8 月 25 日至 2014 年 9 月 7 日在普洱和昆明；第二次是 2014 年 9 月 25 日至 10 月 6 日在大理和楚雄）运用问卷调查、小组访谈和个人访谈等方法，主要针对一般公众和艾滋病感染者两个群体展开。问卷调查方面，以一般公众、艾滋病感染者两个群体为基础进行定额抽样，一般公众采用主观判断抽样方法，艾滋病感染者采用滚雪球的方法进行全面调查；所有调查对象当场填写调查问卷，当场回收。其中，发放一般公众问卷 610 份，回收有效问卷 605 份；发放艾滋病感染者问卷 357 份，回收有效问卷 351 份。开展小组访谈 10 次（一般公众和感染者各 5 次）；开展个人访谈 42 次（一般公众和感染者各 15 次、商业性性工作者 5 次、男同性恋者 7 次）。对问卷调查所得的资料运用社会统计软件 SPSS17.0 进行统计分析，采用频数和双变量交互分析等；对于访谈资料主要运用定性分析和投入理解的方法进行研究。同时，课题组主要成员针对各自所承担的任务还进行了许多分散调研。比如，2015 年 11 月 20 日至 2015 年 12 月 1

---

① 人民网：《云南新报告艾滋病感染者逾九成系性传播》。（http://politics.people.com.cn/n/2015/1130/c70731—27873546.html）。

日课题组几位成员再一次到普洱进行回访；课题组成员曾多次到北京、湖南等地进行过专家咨询或调研；另外，我们在昆明市进行过多次调研。

在调查的过程中，云南省防治艾滋病局和四个州（市）及所辖区县的卫生局（防艾办）、疾控中心（高危行为干预工作队）、公安部门、医院、社区居委会、村委会对我们的调查给予了大力支持，使我们对一些艾滋病自愿咨询检测点、美沙酮维持治疗门诊、艾滋病定点治疗医院、社区居委会、村委会（包括村卫生室、村医）以及一些娱乐场所、发廊等顺利地进行了实地考察，根据需要或作问卷调查，或作小组访谈、个人访谈。这些实地调查使我们有机会与艾滋病感染者、暗娼、嫖客、"妈咪"、同性恋者以及娱乐场所业主等近距离接触，使我们获得了大量宝贵的第一手材料，为本课题的研究奠定了坚实的基础。特别值得一提的是，我们访问了云南本土的一个"同志"社区组织——"云南省彩云天空工作组"（这是一个专门为同性恋者提供交流、艾滋病免费咨询检测、免费发放安全套以及为艾滋病感染者提供健康咨询等方面的服务的民间组织），零距离接触、访谈了几位男同性恋者。另外，我们还认识了一位著名的"跨性别者"赵飞燕（这是他的艺名；2008 年他创办了从事防艾工作和跨性别人群权益倡导的民间组织"跨越中国"），通过他我们接触了几位跨性别者和男同性恋者。这为本课题相关问题特别是男男同性性行为干预的研究提供了鲜活的第一手资料。

专家咨询也是本课题研究的一个重要方法。2013 年 10 月，在课题组集体研讨的基础上，我们邀请了云南大学崔运武教授、高力教授，昆明理工大学韩跃红教授、樊勇教授，云南省社科规划办邹颖同志等专家进行了项目开题会。在开题会上，各位专家对本课题的前期准备、研究内容和方法等给予了高度肯定，并在研究思路、调查设计等方面提出了一些建设性意见。随后，我们就伦理学相关理论问题咨询了中国人民大学伦理学与道德建设研究中心主任葛晨虹教授。特别值得一提的是，在课题研究的过程中，我们始终与云南省防治艾滋病局保持着密切联系，云南省防治艾滋病局郑吉生处长、游孟昆副处长对课题组给予了大力支持，我们多次就本课题研究、云南艾滋病疫情、国家艾滋病防治政策在云南的执行情况以及云南省制定的相关政策措施等方面向他们进行咨询，获得了许多宝贵的资料和信息，为本课题的研究特别是开展实地调查创造了非常好的条件。

　　本书包括绪论和正文七章。各章主要内容是：第一章"艾滋病危险性性行为及其干预面临的伦理难题概述"，在把握我国艾滋病疫情和性传播概况、危险性性行为为主要类型的基础上，阐述我国艾滋病危险性性行为干预的基本历程和实施情况，提出我国艾滋病危险性性行为干预面临的主要伦理难题，确立本报告的分析框架。第二章至第六章分别论述商业性性行为干预、男男同性性行为干预、多性伴行为干预、非保护性性行为干预以及性教育面临的伦理难题及对策。第七章从宏观整体的视角分析艾滋病危险性性行为干预伦理难题的焦点和社会成因，提出解决艾滋病危险性性行为干预伦理难题的总体思路。

　　本书有三个特点。一是研究视角：以伦理学特别是生命伦理学为主要视角。从总体上看，我国艾滋病危险性性行为干预的伦理学研究还比较薄弱，在以往的相关政策措施中伦理学方面的贡献相对较少，我国艾滋病危险性性行为干预走了一些弯路。本课题的主要任务就在于揭示艾滋病危险性性行为干预面临的伦理难题，提出解决这些难题的对策建议，以期为进一步推进艾滋病危险性性行为干预提供有益思路。因此，伦理学特别是生命伦理学视角就自然成为本报告的主要视角。当然，由于伦理难题涉及的是深层的价值观、道德观问题，而覆盖在其表层的却是政策、法律、社会等方面的难题，我们的研究既要透过表层的政策、法律、社会问题来洞彻其深层的伦理难题，又要通过深度挖掘其价值观、道德观根源来探寻解决各种政策、法律和社会难题的现实途径。显然，这是任何一门学科所无法独立完成的任务。为此，我们在突出伦理学视角的基础上，还综合运用了社会学、法学等学科的理论和方法，以期打通艾滋病危险性性行为干预深层的伦理难题与表层的政策、法律和社会问题的研究视野，力求通过分析、解决艾滋病危险性性行为干预面临的伦理难题，为解决相关政策、法律和社会难题提供有益思路。

　　二是分析框架：根据性行为的特点及其艾滋病危险性确立本报告的分析框架。艾滋病危险性性行为是指有感染和传播艾滋病危险的性行为。从艾滋病传播的角度看，危险性性行为应该包含所有可能导致艾滋病感染和传播的性行为。因此，艾滋病危险性性行为十分复杂，其面临的现实问题和伦理难题更为繁杂，必须确立一定的分析框架，才能把握问题的全貌。为此，我们把艾滋病危险性性行为分为商业性性行为、男男同性性行为、多性伴行为及非保护性性行为四大类，在这一基本框架下，依次讨论各类艾滋病危险性性行为干预面临的伦理难题及对策。

三是问题意识：本书立足于艾滋病危险性性行为干预中的具体现实问题，透过这些现实问题，深度挖掘其伦理难题和政策困境。即在上述分析框架下，以问题为中心，讨论各类艾滋病危险性性行为干预面临的各种具体伦理难题，并提出相应的对策建议。具体而言，商业性性行为干预面临的伦理难题主要是对商业性性行为的立法选择困境和道德认识差异、对商业性性工作者的伦理定性的分歧、对商业性性行为的干预策略选择面临道德两难（对商业性性行为的严打面临伦理及法律质疑、商业性性行为合法化面临现实与伦理困境）；男男同性性行为干预面临的伦理难题主要是同性恋者面临"道德多数"的社会道德环境、歧视与污名的生存境遇、婚姻选择的伦理困境、同性恋者的自我歧视与拒绝义务；多性伴行为干预面临的伦理难题主要是性权利限度的争议和性道德标准的不确定性、多性伴行为动机的复杂性、多性伴行为伦理定性的分歧、多性伴行为干预手段的伦理争议；非保护性性行为干预面临的伦理难题主要是保护性干预与惩罚性干预的价值冲突、推广使用安全套与性道德的相斥或背反、安全套广告的伦理争议、中国特有的伦理文化对推广使用安全套的阻力；性教育面临的伦理难题主要是多元性道德之间的差异和对立、性知识教育与性道德教育的冲突、性教育的单一性与性行为的多元性之间的鸿沟。

第一章 艾滋病危险性性行为及其
干预中的伦理难题概述

从 1985 年艾滋病传入我国到现在,我国的艾滋病疫情总体上经历了
从国外传入和扩散、快速上升到有所减缓的大致历程。目前,从总体上
看,我国艾滋病疫情保持低流行态势,但形势仍不容乐观;虽然毒品注射
传播得到了较好的控制,但性传播一直未能得到有效遏制,目前超过九成
的新发艾滋病感染者都是性传播造成的。从我国艾滋病危险性性行为干预
的历程和实施情况看,虽然取得了一定进展,但危险性性行为仍广泛存
在,性传播比例仍在持续上升,艾滋病危险性性行为干预仍然面临法律、
政策和社会等方面的诸多难题。从伦理学的角度看,这些现实难题的深层
根源在于价值观、道德观层面的伦理难题。正视和解决艾滋病危险性性行
为干预面临的伦理难题,是进一步推进艾滋病危险性性行为干预、遏制艾
滋病性传播的观念基础和伦理依据。

一 危险性性行为:当前艾滋病传播的主要途径

艾滋病危险性性行为是指有感染和传播艾滋病危险的性行为。目前,
从总体上看,我国艾滋病疫情整体保持低流行态势,但形势仍不容乐观。
其中,最突出的问题是艾滋病的主要传播途径——性传播未能得到有效遏
制:商业性性行为、男男同性性行为、多性伴行为以及非保护性性行为等
各类艾滋病危险性性行为广泛存在,艾滋病性传播比例持续攀升。

(一) 我国艾滋病疫情及性传播概况

随着我国艾滋病宣传教育、行为干预、检测监测和治疗救助等方面工

作的不断推进，艾滋病防治形势出现了一定程度的好转。目前，我国艾滋疫情整体上处于低流行态势，但形势仍不容乐观。联合国艾滋病规划署于2015年11月24日发布的题为《聚焦地区与人口：2030年快速通道终结艾滋病》的报告认为，人类15年后可以摆脱艾滋病威胁；而要实现这一目标，必须发动一场大规模的战斗。① 中国即属于这场战斗的15个重点国家之一。根据中国疾病预防控制中心性病艾滋病预防控制中心2015年11月30日发布的数据，目前我国估计存活的艾滋病病毒感染者和病人约占全国总人口的0.06%，即每1万人中可能有6人感染了艾滋病病毒；截至2015年10月底，全国报告存活的艾滋病病毒感染者和病人共计57.5万例，死亡17.7万人；其中，2015年1月至10月新增9.7万例。②

同时，我国艾滋病疫情在传播途径、地区分布以及人群分布等方面都呈现出一些新的特点：从传播途径看，性传播是艾滋病传播的主要途径，男男同性性传播异军突起。2014年12月1日国家卫计委在在线访谈中表示，我国2014年1月至10月新报告的8.7万病例中，性传播占91.5%；新报告的艾滋病病毒感染者和病人中，超过七成的省份性传播比例超过90%，吉林省甚至高达99.8%。③ 在2015年1月至10月新增的9.7万例艾滋病病毒感染者中，性传播占93.8%，其中，异性性行为传播占66.6%，男男同性性行为传播占27.2%，男性同性性行为传播比例快速上升（2010年为12%；2006年仅为2.5%）。在我国目前各类感染艾滋病的人群中，男同性恋者感染的比率最高，2015年平均达8%④，而2011年、2010年、2007年全国男同性恋人群艾滋病感染率分别为6.3%、5.7%和2%。⑤

① 中国疾病预防控制中心性病艾滋病预防控制中心：《联合国艾滋病规划署：15年后世界摆脱艾滋病威胁》。（http://www.chinaaids.cn/fzdt/gwxx/yqzk/201511/t20151127_122290.htm）。

② 中国新闻网：《中国疾病预防控制中心发布数据我国艾滋疫情呈低流行态势》。（http://www.chinanews.com/jk/2015/12-01/7649744.shtml）。

③ 中国新闻网：《中国1—10月新报告艾滋病8.7万例性传播超九成》。（http://www.chinanews.com/gn/2014/12-01/6832929.shtml）。

④ 新华网：《我国报告存活艾滋病病毒感染者及病人57.5万例》。（http://news.xinhuanet.com/health/2015-11-30/c_1117308884.htm）。

⑤ 财新网：《中国今年新增艾滋病感染者超10万人》。（http://datanews.caixin.com/2015-12-01/100842812.html）。

从地区分布看，大部分省份处于低流行态势，但局部地区流行形势严峻。目前，我国所有省份都存在艾滋病疫情，虽然大部分都还属于低流行地区，但云南、广西、河南、四川、新疆和广东等六省区的艾滋病疫情相对严重，累计报告的艾滋病病毒感染者和病人数占全国总数的四分之三以上。以云南为例。云南省是我国艾滋病的重灾区，流行时间长，艾滋病感染者数量较多。截至 2015 年 10 月底，云南全省估计存活艾滋病病毒感染者和病人 87634 例，死亡 26510 例。2015 年 1 月至 10 月，云南省新增艾滋病病毒感染者和病人 9768 例，新报告艾滋病死亡 2283 例。① 艾滋病疫情在云南各州（市）的分布也发生了一些新变化：一是一些传统的艾滋病重灾区疫情严重。昆明、德宏、红河、临沧、文山、大理六个市（州）的艾滋病感染者人数占全省总数的 68.7%；二是西双版纳州疫情发展迅速，新增感染数比去年同期增加了 15.3%；三是边境地区艾滋病疫情不容忽视，边境地区外籍人员艾滋病感染数增加迅速，占全省总数的 10.3%。②

从人群分布看，感染人群向多样化发展。由于性传播成为艾滋病传播的主要途径，艾滋病逐渐从高危人群向一般人群蔓延。其中，老年人、青年学生等人群疫情上升明显。可以说，老年人艾滋病感染率上升是一个世界性的趋势。相对于年轻人而言，老年人的艾滋病防范意识更为缺乏，发生性行为后感染艾滋病的几率更大。近年来我国各地新报告的老年人感染艾滋病的比例上升明显。仍以云南省为例。云南省 2015 年 1 月至 10 月新发艾滋病感染者中，60 岁以上老年人占 13.7%，比去年同期增长 1.7%。③ 同时，近年来我国青年学生艾滋病感染率也呈快速上升趋势：2011 年到 2015 年，我国 15 岁至 24 岁青年学生艾滋病病毒感染者净年均增长率达 35%（扣除检测增加的因素），其中，65% 是 18 岁至 22 岁的大学生④；到 2014 年 10 月，我国报告学生艾滋病感染者超过百人的省份就

①　人民网：《云南新报告艾滋病感染者逾九成系性传播》。（http://politics.people.com.cn/n/2015/1130/c70731—27873546.html）。

②　同上。

③　同上。

④　人民论坛网：《中国艾滋病三十年，学生成重灾区》。（http://www.rmlt.com.cn/2015/1201/410289.shtml）。

达到 10 个（2013 年仅 5 个）[①]；2015 年 1 月至 10 月，我国新增学生艾滋病病毒感染者和病人 2662 例，比 2014 年同期增加了 27.8%。[②]

从我国艾滋病性传播的情况来看，根据中国卫生部、联合国艾滋病规划署和世界卫生组织发布的数据，从 2005 年开始，我国艾滋病估计新发感染中性传播超过注射吸毒传播，成为我国艾滋病传播的主要途径，性传播比例持续攀升。2005 年估计新发的 7 万感染者中性传播占 49.8%，注射吸毒传播占 48.6%；截至 2005 年年底估计存活的 65 万（54 万 ~ 76 万）艾滋病病毒感染者和病人中，性传播占 43.6%，注射吸毒传播占 44.3%。[③] 2007 年估计新发的 5 万感染者中，性传播比例为 56.9%，其中，异性性传播占 44.7%，男男同性性传播占 12.2%；截至 2007 年年底估计存活的 70 万（55 万 ~ 85 万）艾滋病病毒感染者和病人中，性传播占 51.6%，其中，异性性传播占 40.6%，男男同性性传播占 11.0%。[④] 2009 年估计新发的 4.8 万（4.1 万 ~ 5.5 万）感染者中，性传播的比例为 74.7%，其中，异性性传播占 42.2%，同性性传播占 32.5%；截至 2009 年年底估计存活的 74 万（56 万 ~ 92 万）艾滋病病毒感染者和病人中，性传播占 59%，其中，异性性传播占 44.3%，同性性传播占 14.7%。[⑤] 2011 年估计新发的 4.8 万（4.1 万 ~ 5.4 万）感染者中，性传播的比例为 81.6%，其中异性传播占 52.2%，同性传播占 29.4%；截至 2011 年年底估计存活的 78 万（62 万 ~ 94 万）艾滋病病毒感染者和病人中，性传播占 63.9%，其中经异性传播占 46.5%，经同性传播占 17.4%。[⑥]

另据中国疾病预防控制中心性病艾滋病预防控制中心公布的数据，

---

① 新华网：《全国已有 10 省份报告学生艾滋病感染者超过百人》。（http://news. xinhuanet. com/politics/2014 - 11/29/c_ 127261484. htm）。

② 新华网：《我国报告存活艾滋病病毒感染者及病人 57.5 万例》。（http://news. xinhuanet. com/health/2015 - 11/30/c_ 1117308884. htm）。

③ 卫生部、联合国艾滋病规划署和世界卫生组织：《2005 年中国艾滋病疫情与防治工作进展》。

④ 国务院防治艾滋病工作委员会办公室、卫生部、联合国艾滋病中国专题组：《中国艾滋病防治联合评估报告（2007 年）》。

⑤ 中华人民共和国卫生部、联合国艾滋病规划署、世界卫生组织：《2009 年中国艾滋病疫情估计工作报告》。

⑥ 中华人民共和国卫生部、联合国艾滋病规划署、世界卫生组织：《2011 年中国艾滋病疫情估计》。

1985 年到 2005 年的 20 年间，毒品注射传播占 44.2%，而性传播仅占 11.6%。2005 年以后，性传播比例快速上升。从 2006 年到 2014 年性传播所占比例分别为 33.1%、40.3%、47%、57.4%、70.4%、80.4%、87.1%、90.8%、92.2%。

以下是 1985 年至 2014 年中国艾滋病各传播渠道所占百分比：

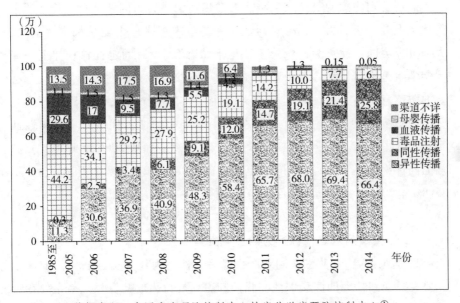

数据来源：中国疾病预防控制中心性病艾滋病预防控制中心①

这一数据与前述卫生部、联合国艾滋病规划署和世界卫生组织历年的中国艾滋病防治评估或疫情估计的数据有所不同。之所以出现这种情况，原因是：卫生部、联合国艾滋病规划署和世界卫生组织公布的数据均为估计，而中国疾病预防控制中心性病艾滋病预防控制中心公布的数据为实际报告数。尽管如此，这些数据所反映的性传播作为我国艾滋病传播的主要途径呈现快速上升的趋势是一致的。

目前，我国超过九成的新发艾滋病感染者都是性传播造成的。2015 年 1 月至 10 月新增的 9.7 万例艾滋病病毒感染者中，性传播占 93.8%。各地的情况也是如此，性传播是艾滋病传播的主要途径。比如，云南省

---

① 转引自人民论坛网：《中国艾滋病三十年，学生成重灾区》。（http：//www.rmlt.com.cn/2015/1201/410289.shtml）。

2015 年 1 月至 10 月报告的 9768 例艾滋病病毒感染者中，性传播占 91.4%，比 2014 年同期增加 1.9 个百分点（2014 年同期为 89.5%）[①]；广东省 2015 年 1 月至 10 月新报告艾滋病病毒感染者 5866 例。其中，性传播占 91.9%，比 2014 年同期增加 1.7 个百分点（2014 年同期为 90.2%）。[②]

需要特别注意的是，在艾滋病的性传播中，男男同性性行为传播所占的比例上升迅速。由于社会对同性恋者的歧视与排斥未能从根本上消除，大部分男男同性性行为仍然处于"地下状态"，少有固定性伴；加上一些青年学生是抱着一种好奇和寻求刺激的心态参与男男同性性行为，缺乏必要的防范意识和能力，从而使男男同性性行为传播艾滋病的比率持续上升。1985 年到 2005 年的 20 年间在总计 11.6% 的性传播比例中，异性性行为传播占 11.3%，同性性行为传播仅占 0.3%。从 2006 年开始，艾滋病的同性性行为传播比率迅速上升：2006 年为 2.5%，2014 年上升到 25.8%。2015 年 1 月至 10 月同性性传播进一步上升到 27.2%。

（二）艾滋病危险性性行为的主要类型

20 世纪 80 年代艾滋病问题产生以后，性行为作为艾滋病传播的一个主要途径受到社会的广泛关注。我们知道，性行为的艾滋病风险主要在于性行为双方的体液交换，即艾滋病病毒感染者和健康者在性行为中发生了体液交换，从而使健康者受到感染。特别是在未能正确使用安全套的情况下，性行为传播艾滋病的风险大大增加。在艾滋病的预防和控制实践中，危险性性行为的概念被提了出来，指的是有感染和传播艾滋病危险的性行为。从艾滋病传播的角度看，危险性性行为包含所有可能导致艾滋病感染和传播的性行为。归纳起来，艾滋病危险性性行为可以分为以下四大类：

一是商业性性行为。商业性性行为历来被视为一种传统的艾滋病高危性行为。所谓商业性性行为，是指不特定的异性之间或同性之间以金钱、财物为媒介而发生的性行为。新中国成立后，国家通过政权力量强行消灭

---

① 人民网：《云南新报告艾滋病感染者逾九成系性传播》。（http：//politics. people. com. cn/n/2015/1130/c70731—27873546. html）。

② 新浪网：《前 10 月粤新增"染艾"者 5866 例　男男同性性传播快速上升》。（http：//news. sina. com. cn/c/2015－12－01/doc—ifxmainy1503473. shtml）。

了卖淫嫖娼现象；但改革开放后，这一现象在我国死灰复燃，商业性性交易甚至"性产业"虽被多次"扫黄""严打"，却不仅没有销声匿迹，反而呈持续蔓延态势。长期以来，商业性性行为一直都是导致艾滋病性传播的危险性性行为。世界艾滋病防控实践充分证明，在性工作者人群中开展包括健康知识教育、同伴教育、推广使用安全套等在内的行为干预是预防商业性性传播的有效途径。但这一措施在我国的实践效果并不理想，商业性性传播仍然是导致我国艾滋病传播的一条重要途径，商业性性行为干预仍然是我国艾滋病防控的一个重要方面。

二是男男同性性行为。同性恋人群的性行为十分复杂，性伴的数量也存在明显差异。其中，既有单纯的同性恋者，也有双性恋者；既有单一固定性伴者，也有不固定的多性伴者；同时，很多同性性行为者还与商业性性行为交织在一起，从而使同性性行为的危险性呈现出不同的程度。由于男男同性性行为的主要方式是肛交，由于肛门的脆弱性，肛交更容易导致黏膜破损，这是导致男男同性性行为传播艾滋病的主要因素。因此，是否使用安全套又使同性性行为的危险性呈现出两种不同的情形。非保护性的男男同性性行为成为男同性恋人群感染艾滋病的一个主要危险因素。艾滋病在西方曾经被认为是同性恋者的疾病，70%的艾滋病感染者是男同性恋者。在我国，同性恋、双性恋人口占社会性成熟人口的 3%～4%，约 3600 万～4800 万人，同性恋者感染艾滋病的比率远远高于普通人群，特别是男男同性性行为传播艾滋病的比例呈快速上升趋势。

三是多性伴行为。多性伴行为是指与一个以上的性伴发生过性行为的情况，包括婚前性行为、婚外性行为和离婚造成的多性伴。无论是对异性恋者还是对同性恋者而言，多性伴都是导致艾滋病性传播的一个重要危险因素：在其他条件一定的情况下，性伴的数量越多，性伴更换频率越高，艾滋病传播的危险性就越大。随着人们性观念的日益开放，多性伴的发生率迅速增加。中国人民大学性社会学研究所所长潘绥铭教授主持的"中国人的性行为与性关系"课题调查结果显示，2000 年，我国多性伴发生率为 1/8，2006 年达 1/4，2010 年高达 1/3；21 世纪前 10 年，"中国 18 岁到 61 岁的完全异性恋男性中，一生中累计有过多伴侣的在总人数中所占比例已经增加到大约一半"；"中国成年女性自报的累计发生过多伴侣性行为的比例出现了显著增长（2000 年、2006 年、2010 年分别为 9.0%、

15.6%、21.5%）"①。由于多性伴行为导致的性关系网状结构，夫妻之间的性关系特别是非保护性性行为的危险性也日益增加，并使日常的甚至是夫妻之间的性生活在一定条件下也成为艾滋病向一般人群扩散的中介。

四是非保护性性行为。所谓非保护性性行为，是指未能每次都使用安全套的性行为。可以说，在目前尚无能够治愈艾滋病的药物、也没有研制出艾滋病有效疫苗的情况下，安全套是预防艾滋病最强有力的阻断工具。世界卫生组织（WHO）认为，安全套防止艾滋病传播的有效率可达90%。既然如此，不难想象，如果所有的性行为都能100%正确使用安全套，阻止艾滋病性传播就不难了。可事实并非如此。在我们的实地调查中，针对艾滋病病毒感染者的问卷调查显示，感染者在性行为中使用安全套的情况是，每次都使用的占32.0%，大部分都使用的占28.1%，偶尔使用的占28.1%，从来不使用的占11.8%，艾滋病感染者的不安全性行为（后三种情况）达68%。针对一般群众的问卷调查显示，一般人群在性行为中每次都使用安全套的占23.7%，大部分都使用的占31.3%，偶尔使用的占28.6%，从来不使用的占16.4%，一般群众的不安全性行为达76.3%。中国卫生部、联合国艾滋病规划署、世界卫生组织发布的数据显示，有32%的暗娼不能坚持每次使用安全套；有87%的男男性行为者最近六个月与多个同性性伴发生性行为，只有44%的男男性行为者在肛交时坚持使用安全套。②

当然，商业性性行为、男男同性性行为、多性伴行为及非保护性性行为之间存在一定的交叉或重叠，上述分类主要是基于这些行为的特点和艾滋病危险性作出的。比如，商业性性行为也可能发生在同性之间；商业性性行为者、同性性行为者如果在同一时期内与多个性伴发生性关系，那么，他们同时也是多性伴行为者；商业性性行为者、同性性行为者及多性伴行为者如果未能坚持每次正确使用安全套，那么他们同时也是非保护性性行为者。因此，后面我们所阐述的各类危险性性行为的干预措施也不是互相孤立的，而是一个紧密联系、互相联动的综合干预过程。

---

① 潘绥铭、黄盈盈：《性之变　21世纪中国人的性生活》，中国人民大学出版社2013年版，第286—294页。

② 中华人民共和国卫生部、联合国艾滋病规划署、世界卫生组织：《2011年中国艾滋病疫情估计》。

二 我国艾滋病危险性性行为干预概况

艾滋病危险性性行为干预历来是我国艾滋病防控的一个重要方面。从1985 年艾滋病传入我国到现在，我国的艾滋病危险性性行为干预经历了从"严厉打击卖淫嫖娟"到"严厉打击与推广使用安全套相结合"再到"综合干预"的大致历程。目前，面对艾滋病性传播的新形势，中央和地方各级政府高度重视艾滋病危险性性行为干预，在"政府组织领导、部门各负其责、全社会共同参与"下，我国艾滋病危险性性行为干预取得了一定进展。

（一）艾滋病危险性性行为干预的含义

艾滋病危险性性行为干预是相关主体通过一定的途径或措施对有艾滋病危险性性行为的人群施加影响，促使其改变或减少危险性性行为，从而阻止或减少艾滋病性传播。

艾滋病危险性性行为干预可以从狭义和广义两个层面来理解。狭义的艾滋病危险性性行为干预是指由高危人群干预工作队组织实施的，相关民间组织、同伴、志愿者等社会力量参加的，针对有艾滋病危险性性行为的人群开展的以小媒体宣传、同伴教育、外展服务、安全套的推广与使用、规范性病诊疗服务和生殖健康服务等为主要内容和措施的活动。2004 年 8月 20 日，卫生部发出《关于在各级疾病预防控制中心（卫生防疫站）建立高危人群干预工作队的通知》、2005 年 5 月 20 日卫生部印发《高危行为干预工作指导方案（试行）》，两个文件明确规定了艾滋病危险性性行为干预的主体和总体方案；2004 年 6 月中国疾控中心印发《娱乐场所服务小姐预防艾滋病性病干预工作指南（试用本）》、2011 年 4 月中国疾控中心印发《男男性行为人群艾滋病综合防治试点工作方案》等，则明确了性工作者和男男性行为者等目标人群干预的具体方案。显然，这些文件所指向的都是狭义层面的干预。

本课题讨论的艾滋病危险性性行为干预是广义层面的概念。广义的艾滋病危险性性行为干预是指"政府组织领导、部门各负其责、全社会共同参与"的对有艾滋病危险性性行为的人群施加影响、促使其改变行为的所有活动。艾滋病危险性性行为干预的主体，包括各级政府、各级卫生、疾控机构（特别是高危人群干预工作队）和政府其他部门、相关民间组织、同伴、志愿者等。其中，各级政府是组织领导者；各级卫生、疾控机构和政府其他部门是实施者；相关民间组织、同伴、志愿者等是重要的参与者。艾滋病危险性性行为干预的内容，主要包括五个方面：一是政府的组织领导，特别是政府、卫生、公安等多部门参与的各级艾滋病防治领导小组对艾滋病危险性性行为干预的领导。二是相关法律、政策、措施及方案的制定实施，如以《艾滋病防治条例》、《国务院关于进一步加强艾滋病防治工作的通知》为代表的法律法规；以《中国预防与控制艾滋病中长期规划》、《中国遏制与防治艾滋病"十二五"行动计划》等为代表的政策体系；以卫生疾控部门制定《高危行为干预工作指导方案（试行）》、《娱乐场所服务小姐预防艾滋病性病干预工作指南（试用本）》、《男男性行为人群艾滋病综合防治试点工作方案》等为代表的艾滋病危险性性行为干预的具体措施和方案。三是卫生疾控、公安等部门对艾滋病危险性性行为干预的计划、组织和其他活动。如卫生疾控部门对危险性性行为干预工作小组的组织、培训（包括从卫生、计生、妇联及非政府组织等部门选择规划和管理人员、健康教育宣传员和性病诊疗服务和咨询人员；从性工作者、同性恋者中间挑选具有一定影响力和人际交流能力的服务小姐、同性恋者作为同伴教育宣传员等）、公安部门对商业性性行为和一些具有违法性质的多性伴行为的打击和干预，等等。四是针对商业性性行为、同性性行为、多性伴行为以及非保护性性行为等各类艾滋病危险性性行为，由高危行为干预工作队、民间组织、同伴及志愿者等各方面开展的具体的行为干预活动。五是经费投入等其他活动。

（二）艾滋病危险性性行为干预的基本历程

从1985年艾滋病传入我国到现在，我国艾滋病防控经历了三十年的历程。回顾这三十年的历程，可以把艾滋病危险性行为干预大体分为三个阶段：

第一阶段（1995年以前）：严厉打击卖淫嫖娼。从总体上看，1995年以前我国的艾滋病防控措施主要包括两个方面：一是把艾滋病视为从西方传入的疾病，因而要拒艾滋病于国门之外。1981年在美国发现全球第一例艾滋病，包括中国在内的几乎所有国家都认为艾滋病是来自美国的疾病，严防死守就成为当时各国的政策选择。我国也不例外。1984 年 9 月 17 日卫生部、对外经济贸易部、海关总署联合下发了《关于限制进口血液制品防止 AIDS 病传入我国的联合通知》，"在目前 AIDS 病因未完全确定，且又缺乏相应检测手段的情况下，应严格限制进口国外的血液制品"。1985 年 8 月 26 日卫生部、海关总署联合发布《关于禁止Ⅷ因子制剂等血液制品进口的通知》；1986 年 1 月 30 日，卫生部发布了《关于禁止进口Ⅷ因子制剂等血液制品的通告》。1986 年 11 月 24 日，卫生部发布了《关于对外国留学生进行"艾滋病"检查的通知》，对每年新来华的外国留学生进行艾滋病检查。1987 年 8 月 17 日，卫生部制定了《全国预防艾滋病规划（1988—1991 年）》也指出，"随着我国国际交往的增多，预防艾滋病传入、发生和蔓延已成为我国卫生工作的重要任务之一"。1988 年 1 月 14 日，国家出台的《艾滋病监测管理的若干规定》第一条明确指出，制定该规定的目的是"为预防艾滋病从国外传入或者在我国发生和流行"。

二是严厉打击卖淫嫖娼行为。就艾滋病危险性性行为干预而言，主要是通过对卖淫嫖娼行为的严厉打击，防止艾滋病性传播，尚无现在施行的危险性性行为干预措施和活动。从最初的认识看，艾滋病被与西方、资本主义生活方式、同性恋等紧密联系在一起，艾滋病被视为来自西方的、由资本主义生活方式引发的、常见于同性恋者之间传播的疾病。比如，1984 年 9 月 17 日卫生部、对外经济贸易部、海关总署联合下发的《关于限制进口血液制品防止 AIDS 病传入我国的联合通知》指出："鉴于资本主义国家中同性恋和静脉注射毒品已成为一种严重的社会问题，AIDS 又常见于男性同性恋者，而国外用于制造血液制品（如白蛋白、丙种球蛋白、浓缩Ⅷ因子制剂等）的血浆供应者中同性恋者又占很大比例。如果用污染了 AIDS 病原因子的带毒血浆制备血液制品，无疑有传播 AIDS 病的潜在危险。"1985 年我国发现的第一例艾滋病病毒感染者是美籍阿根廷人，更加深了"艾滋病是从西方传入、由资本主义生活方式引发的疾病"的认识。因此，艾滋病防控主要措施仍然是通过加强监测、严防传入；同时要严厉打击卖淫嫖娼活动。1985 年 12 月 10 日卫生部向国务院提交《关于加强监测、严防艾滋病传入的报告》："艾滋病主要是通过性接触传播的一种传染病，为此，需要公安、司法、民政、妇联等部门的配合，打击取缔卖淫活动，以防止传播。对已发现的这类人员，特别与外籍人员有性关系的需常规送检艾滋病。"1991 年 8 月 12 日卫生部发布的《性病防治管理办法》第十五条也规定，"性病防治机构要积极协助配合公安、司法部门对查禁的卖淫、嫖娼人员，进行性病检查"。1991 年 9 月 4 日全国人大常委会第 21 次会议通过了《关于严禁卖淫嫖娼的决定》明确规定，要"严禁卖淫、嫖娼，严惩组织、强迫、引诱、容留、介绍他人卖淫的犯罪分子"。

这一阶段的艾滋病危险性性行为干预对象是卖淫嫖娼，干预措施是严厉打击，干预主体以卫生部门为主、公安等其他部门为辅。1988 年 1 月 14 日国家出台的《艾滋病监测管理的若干规定》明确指出："公安、外事、海关、旅游、教育、航空、铁路、交通等有关部门及企业、事业单位和群众团体，应协助卫生行政部门采取措施，防止艾滋病传播"；"民政、公安、司法行政等部门在执行公务时，发现有可能传播艾滋病者，应立即送卫生部门进行艾滋病检查。"

由于社会对艾滋病的认识存在偏差，艾滋病被视为由资本主义腐朽生活方式产生的疾病，艾滋病与卖淫嫖娼、同性恋紧密联系在一起，由于性传播途径而被认为是一种"道德的疾病"。大众对艾滋病没有正确的认识，也没有采取必要的措施，政府对卖淫嫖娼的严厉打击并未收到预期效果，我国艾滋病病毒感染者数量快速上升。

第二阶段（1995 年至 2002 年）：严厉打击与推广使用安全套相结合。1995 年，我国艾滋病病毒感染者数量增加到 1567 例。疫情的迅速上升促使国家对艾滋病防治政策作出调整。在艾滋病危险性性行为干预上，主要围绕两个方面展开：一是继续对卖淫嫖娼实施严厉打击；二是开始推广使用安全套。

1995 年 9 月 26 日卫生部发布《关于加强预防和控制艾滋病工作的意见》规定从两方面预防和控制艾滋病。一方面，仍然是严厉打击卖淫嫖娼行为，"要把预防和控制艾滋病的工作作为社会主义精神文明建设的一项内容切实抓好。预防艾滋病与禁毒禁娼，净化社会空气，坚持社会主义精神文明建设密切相关"。"只有坚持禁止吸毒、卖淫、嫖娼等丑恶行为，才能防止艾滋病蔓延流行，保障社会主义精神文明建设。"另一方面，规定要"在高危险行为人群中宣传推广使用避孕套","在高危险行为人群中宣传推广使用避孕套是目前国外预防控制艾滋病、性病传播的主要措施之一，我国一些地区也在部分高危险行为人群的预防控制性病、艾滋病的宣传和预防措施中开展了此项工作。各地可以根据本地情况与计划生育等有关部门配合，继续开展这项工作"。1998 年 11 月 12 日国务院印发《中国预防与控制艾滋病中长期规划（1998—2010 年）》。一方面，仍然坚持把艾滋病防治作为社会主义精神文明建设的一项内容，把"贯彻执行《中共中央关于加强社会主义精神文明建设若干问题的决议》"作为中国预防与控制艾滋病的第一个指导原则；另一方面，"把转变人群中高危行为作为防治工作的重点"，"加强宣传教育，改变人群中危险行为"，"减少重点人群（吸毒者、卖淫嫖娼者等）中的相关危险行为"，"要积极推广使用避孕套，宣传共用注射器的危害"。2001 年 1 月 5 日卫生部等七部委联合下发《中国预防和控制艾滋病中长期规划（1998—2010）实施指导意见》：公安部门要加大对卖淫、嫖娼、贩毒人员查处打击力度。"要严厉打击卖淫、嫖娼、贩毒、吸毒现象"，"加强对高危行为干预能力建设"，"支持在高危人群中宣传共用注射毒品可能引起艾滋病的危害以及推广使用避孕套等防护措施"。2001 年 5 月 25 日卫生部等 30 个部门和单位共同制定的《中国遏制与防治艾滋病行动计划（2001—2005 年）》：要"加强社会主义精神文明建设，依法打击卖淫嫖娼、吸毒贩毒违法犯罪活动"；"高危行为人群中安全套使用率达到 50% 以上"；"推行社会营销方法，健全市场服务网络，在公共场所设置安全套自动售货机，利用计划生育服务与工作网络和预防保健网络大力推广正确使用安全套"。

应该说，这一阶段的艾滋病危险性性行为干预较之第一阶段有了明显的进步。特别是安全套的推广使用，标志着国家在继续严厉惩罚卖淫嫖娼行为的同时，开始有意识地实施危险性行为干预。但是同时，严厉打击与干预、保护之间，即公安部门的严打行动与卫生部门的干预行动之间存在明显的冲突。对卖淫嫖娼者的打击，加上社会对艾滋病的恐慌与歧视，成为艾滋病危险性性行为干预的突出障碍，使得卫生部门的干预行动、安全套的推广使用效果并不理想。

第三阶段（2003 年以来至现在）：协调打击与干预之间的矛盾，实施综合干预。从总体上看，我国艾滋病危险性性行为干预的第一阶段和第二阶段所采取的基本上是一般的公共卫生进路（主要表现为对外抵御、对内严打、隔离、把艾滋病视为精神文明建设的一个方面等）。2003 年抗击"非典"的措施和经验，成为我国包括艾滋病防治在内的应对公共健康危机的转折点。在艾滋病防治领域，为了应对日益严峻的艾滋病疫情，探索艾滋病综合防治的有效机制，卫生部从 2003 年起，在全国范围内建立127 个艾滋病综合防治示范区（首批 51 个），并于 2003 年印发《艾滋病综合防治示范区工作指导方案（试行）》、2004 年 5 月修订并印发《艾滋病综合防治示范区工作指导方案》，对艾滋病综合防治示范区工作的目标、原则、内容和要求做了明确规定；"四免一关怀"政策也在示范区内率先实施；2004 年 2 月 20 日国务院成立了以副总理为主任的艾滋病防治工作委员会。

就艾滋病危险性性行为干预而言，这一阶段有两大特点：一是开始有意识地协调行为干预中打击与保护之间的矛盾；二是逐渐形成艾滋病危险性行为的综合干预。2004 年 3 月 16 日国务院发出《关于切实加强艾滋病防治工作的通知》，规定"有关部门要大力支持宣传推广使用安全套预防艾滋病的工作"，"公共场所经营、管理单位要采取适宜的形式宣传推广使用安全套，设立安全套自动售套机"。2004 年 6 月中国疾病预防控制中心印发了《娱乐场所服务小姐预防艾滋病性病干预工作指南（试用本）》，把"针对性服务小姐开展艾滋病预防干预工作"作为控制艾滋病流行的关键性工作，并对此项干预工作的背景、目的、干预策略与干预活动予以了十分详尽的说明和规定。2004 年 7 月 7 日卫生部等六部委专门就推广使用安全套下发《关于预防艾滋病推广使用安全套（避孕套）的实施意见》，提出"大力宣传并推广使用安全套（避孕套，以下统称安全套）是预防和控制艾滋病经性途径传播的一项有效措施，也是一种低投入、高效益的干预手段"，"推广使用安全套预防艾滋病是一项涉及面广、政策性强的社会系统工程"。2004 年 8 月 20 日，卫生部发出《关于在各级疾病预防控制中心（卫生防疫站）建立高危人群干预工作队的通知》，决定在全国各级疾病预防控制中心（卫生防疫站）建立高危人群干预工作队，全面开展高危人群的干预工作。2005 年 5 月 20 日卫生部印发《高危行为干预工作指导方案（试行）》，针对暗娼、性病病人、男男性接触者、长期打工人员或外来务工人员、吸毒者以及艾滋病病毒感染者（病人）及其配偶等不同的目标人群，以适当的方式实施综合干预措施；特别是对安全套的推广与正确使用作了进一步细化规定。

2005 年 11 月 18 日国务院印发《中国遏制与防治艾滋病行动计划（2006－2010 年）》提出了到 2007 年、2010 年的艾滋病防治目标。到 2007 年底的目标是："有效干预措施覆盖当地 70% 以上的主要高危人群和流动人口"，"各类高危人群艾滋病基本知识知晓率达到 85% 以上，安全套使用率达到 70% 以上"；到 2010 年底的目标是："有效干预措施覆盖当地 90% 以上的主要高危人群和流动人口"，"各类高危人群艾滋病基本知识知晓率达到 90% 以上，安全套使用率达到 90% 以上"，并对艾滋病性传播的预防干预工作予以了详细规定。2006 年 1 月 18 日国务院第 122 次常务会议通过的《艾滋病防治条例》明确规定："县级以上人民政府、卫生、人口和计划生育、工商、药品监督管理、质量监督检验检疫、广播电影电视等部门应当组织推广使用安全套，建立和完善安全套供应网络"；"省、自治区、直辖市人民政府确定的公共场所的经营者应当在公共场所内放置安全套或者设置安全套发售设施"。

2010 年 12 月 31 日国务院发出《关于进一步加强艾滋病防治工作的通知》，提出"切断经性途径传播是防止艾滋病从有易感染艾滋病病毒危险行为人群向普通人群扩散的关键。要在严厉打击卖淫嫖娼、聚众淫乱等违法犯罪活动的同时，重点加强对有易感染艾滋病病毒危险行为人群综合干预工作，在公共场所开展艾滋病防治知识宣传，摆放安全套或安全套销售装置"。2011 年中国疾控中心推出《男男性行为人群艾滋病综合防治试点工作方案》，对男男性行为人群艾滋病综合防治的目的和目标、组织管理和实施以及督导和评估等各个方面都作出了详尽的说明。

2012 年 1 月 13 日国务院印发《中国遏制与防治艾滋病"十二五"行动计划》，指出"性传播已成为主要传播途径，传播方式更加隐蔽，男性同性性行为人群疫情上升明显，配偶间传播增加"。在这样的情况下，一方面，"公安部门要继续依法打击卖淫嫖娼、聚众淫乱等违法犯罪行为"；另一方面，要"扩大综合干预覆盖面，提高干预工作质量。突出重点，遏制艾滋病经性途径传播"。2013 年 11 月 30 日卫计委等五部委联合发出《关于进一步推进艾滋病防治工作的通知》，进一步强调要"加强对高危行为人群的艾滋病危害警示教育和综合干预，创新干预方法，提高干预质量，促进其主动检测、减少高危行为"。"全面开展使用抗病毒治疗药物预防配偶间传播工作，积极探索在男性同性性行为人群中使用抗病毒治疗药物预防传播的有效模式。"

（三）艾滋病危险性性行为干预的实施情况

从艾滋病危险性性行为干预的实施情况看，我国各级政府高度重视，建立了相关组织领导机构和艾滋病危险性性行为干预的专门机构，制定实施了一套完整的法律政策和措施体系，形成了"政府组织领导、部门各负其责、全社会共同参与"的工作局面，针对各类艾滋病危险性性行为，探索、实施了一系列行为干预活动。

1. 建立了相关组织领导机构和专门机构

组织领导方面，政府作为我国艾滋病防治的组织领导者，自然也是艾滋病危险性性行为干预的组织领导者。1996 年 10 月 3 日原国务委员彭珮云主持召开了由 33 个部委领导参加的防治艾滋病性病协调会议，提出把每年一次的防治艾滋病性病协调会议作为一种制度固定下来。从此，国务院建立了防治艾滋病性病协调会议制度。1998 年施行的《中国预防与控制艾滋病中长期规划（1998—2010 年)》提出"卫生、宣传、教育、民政、公安和司法等有关部门应制定本部门的具体行动计划，各司其职，密切配合，实施综合治理"；2004 年国务院成立了防治艾滋病工作委员会，成员包括 23 个部门领导和疫情较重的 7 个省（自治区）的分管副省长（主席），进一步加强了对全国艾滋病防治的领导和协调；2006 年国务院制定施行的《艾滋病防治条例》规定了政府及各部门在艾滋病防治中的责任；《中国遏制与防治艾滋病行动计划（2006—2010 年)》明确提出了艾滋病防控要坚持"政府组织领导、部门各负其责、全社会共同参与"的工作原则。同时，各省、市、自治区政府也建立了艾滋病防治的领导机构。以云南省为例，2005 年 1 月成立了云南省禁毒防艾工作领导小组；2007 年 3 月，云南省成立了全国第一个防治艾滋病局。省防治艾滋病工作委员会和省防治艾滋病局担起了组织、协调、督促各地、各部门参与防治艾滋病工作的职责，各级政府都成立了防治艾滋病的领导机构。

艾滋病危险性性行为干预的专门机构方面，2004 年 8 月 20 日，卫生部发出《关于在各级疾病预防控制中心（卫生防疫站）建立高危人群干预工作队的通知》，决定在全国各级疾病预防控制中心（卫生防疫站）建立高危人群干预工作队，作为全面开展高危人群干预工作的专门机构。各省、市、自治区根据卫生部的要求，在各级疾病预防控制中心建立了高危人群干预工作队。比如，云南省截至 2004 年 10 月 28 日全面完成了在各级疾控中心建立高危人群干预工作队的任务，全省高危人群干预工作队队员达 1343 人。

2. 制定实施了相关法律政策和措施体系

法律政策方面，艾滋病危险性性行为干预的法律政策体现在国家关于艾滋病防治一系列法律政策文件之中。如上所述，以 2006 年国务院制定施行的《艾滋病防治条例》为标志，我国的艾滋病防治工作被纳入了法治化轨道。国务院先后颁布了《中国预防与控制艾滋病中长期规划（1998—2010 年）》、《中国遏制与防治艾滋病行动计划（2001—2005 年）》《中国遏制与防治艾滋病行动计划（2006—2010 年）》、《中国遏制与防治艾滋病"十二五"行动计划》、《国务院关于进一步加强艾滋病防治工作的通知》（2010）；卫计委等五部委联合发出《关于进一步推进艾滋病防治工作的通知》（2013）。在这些《条例》、《规划》、《行动计划》或《通知》中，艾滋病危险性性行为干预都是一个十分重要的内容。比如，《艾滋病防治条例》就对艾滋病危险性性行为干预特别是推广使用安全套作出了明确规定："省、自治区、直辖市人民政府确定的公共场所的经营者应当在公共场所内放置安全套或者设置安全套发售设施"；《中国遏制与防治艾滋病"十二五"行动计划》也明确指出："公安部门要继续依法打击卖淫嫖娼、聚众淫乱等违法犯罪行为"，同时，要"扩大综合干预覆盖面，提高干预工作质量。突出重点，遏制艾滋病经性途径传播"。

措施方案方面，卫生、疾控等部门专门针对艾滋病危险性性行为干预先后印发了一系列文件，如专门就推广使用安全套下发《关于预防艾滋病推广使用安全套（避孕套）的实施意见》（卫生部等六部委 2004 年）、《高危行为干预工作指导方案（试行）》（卫生部 2005 年）、《娱乐场所服务小姐预防艾滋病性病干预工作指南（试用本）》（中国疾病预防控制中心 2004 年）、《男男性行为人群艾滋病综合防治试点工作方案》（中国疾控中心 2011 年），等等。这些文件针对艾滋病危险性性行为干预，特别是针对暗娼、男男性接触者、性病病人、吸毒者以及艾滋病病毒感染者

（病人）及其配偶等不同的目标人群，以及安全套的推广与正确使用提出了一系列具体的干预措施。

同时，各省、市、自治区政府在贯彻执行中央艾滋病防治法律政策的基础上，制定了适合当地实情的政策措施，对中央确定的政策框架予以了细化和具体化。以云南省为例，云南先后制定了《云南省艾滋病防治办法》、《云南省人民政府办公厅关于实施艾滋病防治六项工程的通知》；2007年1月开始实施《云南省艾滋病防治条例》；云南省防治艾滋病局于2008年8月制定了《云南省艾滋病防治十项行动计划》，对包括综合干预在内的艾滋病防治的十个方面制订了详尽的行动计划。另外，还专门针对艾滋病性传播，制定了关于危险性性行为干预、推广使用安全套的具体实施方案或办法：《云南省推广使用安全套防治艾滋病工程实施方案》（云南省人民政府办公厅2004年）、《云南省推广使用安全套管理暂行办法》（云南省人民政府2007年）。

3. 形成了"政府组织领导、部门各负其责、全社会共同参与"的工作局面

在长期的探索和实践中，目前我国艾滋病危险性性行为干预形成了政府组织领导，卫生、公安、宣传、教育、司法等多部门密切配合，包括相关民间组织、同伴和志愿者等在内的全社会支持与参与的工作局面。

（1）部门负责和合作的情况。第一，各级防治艾滋病工作委员会是艾滋病防治的组织、领导和协调机构，也是艾滋病危险性性行为干预的组织、领导和协调机构，全面负责组织、协调、督促艾滋病危险性性行为干预各方面的工作。第二，各级卫生、疾控部门是艾滋病防治的组织者和实施者，也是危险性性行为干预的组织者和参与者。其主要职责和任务是：制订艾滋病危险性性行为干预方案；对艾滋病防治业务人员进行技术培训，开展疫情监测；开展艾滋病宣传教育、医疗咨询和治疗工作；开展对高危人群、重点人群的免费初筛工作；收集、统计、分析和上报综合干预工作情况；为其他部门提供专业技术支持，等等。第三，公安、司法、文化、工商、旅游、宣传、教育、交通等部门在艾滋病危险性性行为干预中都承担着重要职责。如公安、司法部门要加强对娱乐、羁押等场所的监管，配合开展相关场所高危人群的行为干预和宣传教育工作；文化、工商、计生、旅游部门负责宾馆和娱乐服务场所艾滋病防治宣传，推进和改

进安全套发放工作；宣传部门负责协调当地媒体开展宣传工作，为艾滋病危险性性行为干预营造良好氛围；教育部门要在学校中开展艾滋病宣传教育工作；交通部门负责督促落实如汽车站、候车室等公共场所设置艾滋病公益广告或宣传栏，协助开展相关人群的艾滋病预防宣传教育培训工作；劳动保障部门为目标人群提供职业技能培训和提供就业等服务，等等。

（2）其他组织和个人参与的情况。随着艾滋病形势的发展，我国先后出现了一些由国家部门建立的组织，如"中国预防性病艾滋病基金会""中国性病艾滋病防治协会"等；在各地也相继出现了一些民间组织，如云南的瑞丽妇女儿童发展中心、云南省彩云天空工作组、个旧胡杨树自救互助组织等；此外，一些国际性的艾滋病防治民间组织，即海外机构驻中国（包括驻各省、市、自治区）的办事处，也积极投身于我国的艾滋病防治工作，如英国救助儿童会、香港乐施会等。这些组织承担了政府在艾滋病防治中的部分职能，与政府部门的艾滋病防控工作相互补充，开展了较为广泛的合作，合作领域涉及政策倡导、工作人员培训、目标人群行为干预、安全套推广，等等。同时，同伴、志愿者也是艾滋病危险性性行为干预的重要力量。参与艾滋病防控的民间组织、同伴、志愿者发挥自身工作方式灵活、深入基层、运行成本较低等优势，成为我国艾滋病危险性性行为干预中不可或缺的一支重要力量。

4. 针对各类艾滋病危险性性行为，探索、实施了一系列行为干预活动

世界艾滋病防控的实践充分证明，通过对艾滋病危险性性行为实施有效的干预，可以改变危险行为，进而有效阻止和遏制艾滋病性传播。早在2000 年 7 月，第十三届世界艾滋病大会（南非）就提出了"行为干预是目前预防艾滋病的有效疫苗"的观点。此后，一些行为干预理论，如健康信念模式（HBM）、社会认知理论（Social Cognitive Theory）、合理行为理论（Theory of Reasoned Action）、行为转变理论模式（Transtheoretical Model of Behavior）、计划行为理论（Theory of Planned Behavior）等，都被广泛应用于艾滋病防控的现实实践。美国疾病控制与预防中心（CDC）将上述四种理论作为艾滋病行为干预的理论基础。从实践看，世界各国广泛实施了宣传教育、减少静脉吸毒者的危害、改变男同性恋和双性恋人群的性行为、避孕套推广、推广性病的规范化治疗、对艾滋病病毒感染者和

病人的社会支持与关怀等一系列艾滋病行为干预措施。其中，艾滋病危险性性行为干预是艾滋病行为干预的重点。在长期的艾滋病危险性性行为的干预实践中，世界各国总结出了一系列的干预措施，主要包括：宣传教育、改变男同性恋和双性恋人群的性行为、减少与危险性伴发生性行为、减少性伴数、拒绝肛交、使用安全套、及时治疗性病等，并在很多国家取得了显著效果。

在国家政府、社会民间组织以及一些国际组织的推动下，我国适时引入了上述艾滋病危险性性行为干预措施。特别是在性传播成为我国艾滋病传播主要途径的背景下，我国更是加大了艾滋病危险性性行为干预的力度，在实践中，针对各类艾滋病危险性性行为，探索、实施了一系列具体的干预活动。

（1）商业性性行为干预方面：从国际经验看，各国对商业性性行为干预主要是在性工作者人群中实施减少艾滋病危害的行为干预，如对性工作者进行健康知识教育、开展同伴教育、推广使用安全套、对性工作者进行劳动技能培训、促进性工作者就业等。同时，一些国家从自身实际出发，还采取了一些有针对性的干预策略。比如，在瑞典，国家出台法律，对性工作者和嫖娼者予以区别对待，对性工作者主要以教育、救济和帮助为主。瑞典国家设立一笔基金，专门用以对性工作者进行就业培训、预防性病和实施其他教育、保护和帮助。在泰国，泰国的国家艾滋病委员会在全国范围内实施了100%安全套项目，收到了十分显著的效果，全国新发艾滋病感染者数量大大减少。在我国，一方面，引入了国际社会通行的行为干预措施，如娱乐场所100%推广使用安全套、开展同伴教育、健康知识教育和技能培训等；另一方面，仍然保留了一些传统的做法，如对卖淫嫖娼行为和现象由公安部门实施严厉打击。

（2）男男同性性行为干预方面：虽然目前世界各国对待同性恋的态度仍然存在很大差异，但在同性性行为干预问题上，在各国政府、学术界的共同努力下，形成了一些共同的行之有效的干预措施，即通过广泛宣传安全性行为（拒绝无保护肛交、固定性伴、使用安全套等）在艾滋病预防中的作用、争取同性恋组织的支持和同性恋者的参与、发挥同伴和志愿者的作用，促使同性恋者改变行为。特别是在发达国家，20世纪90年代以来，同性恋者的行为普遍发生了明显变化，越来越多的同性恋者有固定同性伴侣、减少或停止无保护肛交、坚持使用避孕套、拒绝与异性的婚姻。在我国，在政府、学术界、媒体和社会各界的共同努力下，对同性性行为干预在艾滋病预防中的作用也达成了共识。在实践中实施的干预活动主要有：一是一些从事艾滋病预防和同性恋问题研究的有识之士针对同性恋人群的艾滋病干预活动。如 1998 年青岛医学院（今青岛大学医学院）附属医院性健康中心开展了一项针对同性恋人群的艾滋病干预项目《朋友通信》。二是争取同性恋组织和个人的支持和参与，广泛宣传安全性行为在预防艾滋病中的作用，免费发放安全套和艾滋病防治宣传册。三是由同伴、志愿者对同性恋人群开展性健康、艾滋病预防、使用安全套等方面的宣传教育。四是由预防艾滋病的专业机构对同性性行为干预活动予以指导和帮助。如 2002 年在北京，中国性病艾滋病防治协会主办、北京同志热线协办"艾滋病预防与控制"志愿者培训班。

（3）多性伴行为干预方面：多性伴行为由于动机复杂，对多性伴行为的干预广泛渗透在经济、法律、道德等各个领域，没有（客观上也不可能）形成专门针对多性伴行为的干预措施和干预活动。如对恋爱失败和婚姻失败导致的多性伴，一般不予干预；对重婚、"包二奶"、聚众淫乱等，法律上以重婚罪、聚众淫乱罪进行刑事处罚；对婚外情、通奸、一夜情、换偶等造成的多性伴，一般是道德和社会舆论的谴责。

（4）非保护性性行为干预活动主要是两个方面：一是开展性健康知识方面的教育，广泛宣传安全性行为在艾滋病预防中的重要作用。二是全面推广使用安全套，如在高校、社区等单位或地方，在同性恋等特殊人群中免费发放安全套；在宾馆、娱乐场所摆放安全套；倡导在正当的性行为中使用安全套，等等。

三　艾滋病危险性性行为干预的伦理关涉和面临的伦理难题

从伦理学的角度看，艾滋病危险性性行为干预总是蕴含着一定的伦理价值取向，体现着在认识和处理各方面利益、价值关系时的"应当"或"应该"。从基本历程和实施情况看，我国艾滋病危险性性行为干预取得了一定进展，但艾滋病危险性性行为仍然广泛存在、艾滋病性传播比例仍在持续上升的情况表明，我国艾滋病危险性性行为干预仍然面临法律、政策和社会等方面的诸多难题，其深层根源则在于价值观、道德观层面的伦理难题。正视和解决这些伦理难题是增强艾滋病危险性性行为干预实效、遏制艾滋病性传播的观念基础和必由之路。

（一）艾滋病危险性性行为干预的伦理关涉

艾滋病危险性性行为干预是以促使有艾滋病危险性性行为的人群改变行为、阻止艾滋病性传播为目标的活动。在艾滋病危险性性行为干预中，相关法律、政策、措施的制定实施，行为干预的方案、计划和组织以及具体的行为干预活动都蕴含着一定的伦理价值取向，体现着在认识和处理各方面利益、价值关系时的"应当"或"应该"。而伦理学正是一门关于"应当"或"应该"的学问，应该成为认识和处理艾滋病危险性性行为干预中所涉及的利益、价值关系的一个重要视角。

艾滋病危险性性行为干预活动所涉及的利益、价值关系包含多方面的内容。人们必须思考，在艾滋病危险性性行为干预中，应该制定实施何种法律政策和措施、应该如何认识和处理各种利益关系、应该如何对待性工作者、同性恋者等"少数人"群体，等等。显然，对这些问题的认识和处理，都会体现出一定的价值取向和价值选择，如价值目标上公共健康与公民权利的选择、现实实践中政府干预与公民自主的限度、伦理关系上健康权利与健康义务的导向以及道德原则上对健康正义的理解等。

1. 价值目标：公共健康与公民权利

公共健康与公民权利是艾滋病危险性性行为干预的两个基本价值目标。我国《艾滋病防治条例》明确指出，制定条例的目的是"为了预防、控制艾滋病的发生与流行，保障人体健康和公共卫生"。其中，"人体健康"显然是就公民个人的健康而言的，生命健康是公民一项最基本、最重要的权利。而"公共卫生"实质上就是公共健康，它来源于英文 public health 一词，我国学者有的把它译为"公共卫生"，有的则把它译为"公共健康"，因而出现了"公共卫生"与"公共健康"两种提法。可见，公共健康与公民权利是艾滋病防控的两个基本价值目标。就艾滋病危险性性行为干预而言，不言而喻，作为对有艾滋病危险性性行为的人群施加影响、促使其改变或减少危险性性行为的活动，艾滋病危险性性行为干预的直接目标是阻止或减少艾滋病性传播，维护公共健康；其中，不可避免地涉及公民个人的健康和权利。可以说，公共健康和公民权利与艾滋病危险性性行为干预历程的各个方面相互矛盾。

显然，公共健康与公民权利在价值选择上存在明显的差异。这种差异直接表现为公共善与个体善的差异。所谓公共善，"是个人与社会所共享的价值与利益，其实质就是公共利益"[①]。不言而喻，公共健康关注的是群体和社会整体的健康，追求社会最大的整体性利益，它超越了个人，囊括了整体人口的健康，因而追求的是公共的善。而社会整体中不同群体、不同个体之间的利益并不总是一致的，所以对公共健康的维护不可避免地会引发一些价值冲突。其中，最重要的一个方面就是维护公共健康与公民权利之间的冲突。公民权利是具有普遍意义的个人权利，即每个人都拥有或应当拥有的基本权利。在涉及健康方面的问题上，公民权利是以个人健康为直接对象，重视个体的相关权利，如知情同意权、隐私权等。可见，公民权利主要指向的是个体善，所要张扬的是个体拥有的公平和自主的权利。在公民权利的主旨中，个体具有优先性。

由于公共健康与公民权利在价值选择上的差异与对立，在某些情况下，为了维护公共健康，需要对某些个体或某些特殊群体的权利作出限制甚至牺牲，从而导致公共健康与个体健康之间的矛盾和冲突。但这并不意味着公共健康与公民权利之间是绝对冲突、非此即彼的关系。相反，公共健康与公民权利之间也存在相辅相成、不可分割的密切联系：二者在理论上以及在一般实践过程中都是一致的，没有对个体健康权利的维护，也就没有公共健康；没有公共健康，个人健康权利也就无从谈起。在艾滋病危险性性行为干预中，可以而且应该把公共健康与公民权利两种价值目标有机统一起来，实现二者的相互促进和双赢。

2. 现实实践：政府干预与公民自主

如前所述，我国形成了"政府组织领导、部门各负其责、全社会共同参与"的艾滋病危险性性行为干预工作局面。其中，政府的组织领导以及卫生、疾控、公安等相关部门的密切协作是团结各方面力量推进艾滋病危险性性行为干预的根本保证和主导环节。而政府干预不可避免地会对

---

① 史军：《权利与善：公共健康的伦理研究》，中国社会科学出版社 2010 年版，第 55 页。

公民自主造成一定的限制。我们知道，自主是生命伦理学的基本原则之一，我国学者肖巍甚至把它视为现代生命伦理学的核心原则。① 自主性又称自我决定权，"是一个人按照她/他自己选择的计划决定她/他的行动方针的一种理性能力"，"一个人的自主性就是她/他的独立性、自力更生和独立作出决定的能力"②。可见，作为尊重人的自主性的一种道德要求，尊重自主性原则就是人的行为的自主性不应受到他人或社会的控制。在艾滋病危险性性行为干预中，公民自主包括多方面的要求或表现。其中，最重要的是两个方面：一是知情同意，作为尊重自主性的一项基本要求，知情同意体现了对公民人格尊严和个性化权利的尊重，在艾滋病危险性性行为干预的各个方面和环节都应尊重公民的知情同意权；二是隐私及保密，"隐私是一个人不容许他人随意侵入的领域"，包括"一个人的身体与他人保持一定的距离，并不被人观察""不播散人的私人信息"③ 等内容。在艾滋病危险性性行为干预中，必须重视对性工作者、同性恋者等相关目标人群的隐私和保密。

政府干预与公民自主是艾滋病危险性性行为干预的一对基本矛盾，也是公共健康与公民权利两种基本价值目标在实践中的现实表现。如何认识和处理政府干预与公民自主之间的关系，也蕴含和体现着一定的伦理价值取向和对公共善与个体善的关系的理解：政府干预的根本目标是维护社会公共健康，追求社会最大的整体健康利益，基本价值取向是公共善；而公民自主作为一项具有普遍意义的公民个人权利，基本价值取向无疑是个体善，其基本要求是公民行为的自主性不应受到他人和外部力量的控制。当然，政府干预与公民自主之间在价值取向上的差异，并不意味着二者之间是绝对对立的关系；相反，政府干预与公民自主之间既存在价值选择上的差异和对立，也存在相互依存、相互促进的关系：没有对公民自主权利的尊重，或公民不具备按照自己选择的计划来决定自己行动方针的理性能力，政府干预就得不到广大公民的理解与配合，政府干预就不能落到实处；没有必要的政府干预，就没有公共健康和必需的社会秩序，公民个人

---

① 肖巍：《应用伦理学导论》，当代中国出版社 2002 年版，第 193 页。
② 邱仁宗：《生命伦理学》，中国人民大学出版社 2010 年版，第 234 页。
③ 同上书，第 239 页。

自主权利的实现也就无从谈起。从这个意义上可以说，公民自主是政府干预有效发挥作用的重要基础，有效的政府干预是实现公民自主的基本保障。正确认知处理政府干预和公民自主的关系，关键是要把握二者的限度，即政府干预的范围和限度如何；公民自主的边界在哪里；政府干预在何种情况下可以对公民自主造成限制等。

3. 伦理关系：健康权利与健康义务

所谓健康权利，是一种人人享有的具有普遍性的权利，是"人人享有可能达到最高标准的，维持身体的生理机能正常运转以及心理良好状态的权利"①，它"至少包括通常的、无限制的健康维护权，医疗保障权，基本医疗需求权，医疗保险权及其他内容"②。健康权利的主体是所有人，"只要是伦理意义上的人，都应该享有健康权"③，包括所有的个人、群体和国家都是健康权利的主体，主体完全平等是健康权利的本质特点。不论社会成员的身份与社会地位如何，每一个社会成员都应该享有平等的健康权利，国家都应该为每一个社会成员提供平等的健康保障，"尽管人们之间存在各种差异，但是，他们不应当被不平等地对待"④。健康权利作为人人具有的一项基本权利，在任何情况下都应该受到保护。

艾滋病危险性性行为干预作为对有艾滋病危险性性行为的人群施加影响的活动，从终极意义上说就是为了保障每一位社会成员的健康权利。但是，由于受到国家经济与社会发展程度、医疗卫生水平以及健康政策等各方面条件的制约，各国不同人群健康权利的地位和实现状况呈现出不同的特点，如老年人、残疾人、儿童、妇女、难民、犯人、少数民族、经济弱势群体及其他边缘人群的健康权利在不同国家的地位和实现状况千差万别。在艾滋病危险性性行为干预中，不同人群健康权利的地位和实现状况也是如此。在这样的情况下，除强调健康权利主体的普遍性和平等性之外，应该特别关注其特殊权利主体，如艾滋病患者、同性恋者、性工作者等处于社会弱势地位的人群的健康权利。这是因为，"财富和权力的不平

---

① 林志强：《健康权研究》，中国法制出版社 2010 年版，第 33 页。

② Amanda Littell, *Can a Constitutional Right to Health Guarantee Universal Health Care Coverage or Improved Health Outcome: A Survey of Selected States*, Conn. L. Rev., Vol. 1, No. 35, 2002: 289.

③ 林志强：《健康权研究》，中国法制出版社 2010 年版，第 129 页。

④ 卢风、肖巍：《应用伦理学导论》，当代中国出版社 2002 年版，第 196 页。

等，只有在他们最终能对每一个人的利益，尤其是对地位最不利的社会成员的利益进行补偿的情况下才是正义的"①。就健康权利的分配而言，分配的正义性首先应该体现在它的平等性，但这种状况只有在社会医疗卫生资源完全充足的情况下才可能做到。事实上，由于受到经济与社会发展水平的限制，医疗卫生资源总是处于相对不足的匮乏状态，医疗卫生资源的相对不足与人的健康需要之间始终是一对矛盾。在这样的情况下，健康权利的正义分配并不意味着完全平等分配，但这种不平等必须有利于处于社会最不利地位的弱势人群。

同时，权利与义务总是紧密联系在一起的，健康权利也不例外。健康权利的实现离不开各相关主体健康义务的履行；在健康权利与义务关系中，一方为权利主体；另一方即为义务主体。在艾滋病危险性性行为干预中，义务主体主要包括政府及相关部门、卫生专业人员、公民个人。其中，政府及相关部门是主要的义务主体。有学者甚至把健康义务直接规定为"国家在可资利用的资源范围内确保个人和人群健康所需条件的义务"②，强调的就是政府作为主要的义务主体所应承担的特殊的重要的责任。在艾滋病危险性性行为干预实践中，政府及相关部门的义务主要是通过各种法律政策和措施的制定实施，维护社会整体的健康利益，保障公民个人的健康权利，协调公共健康利益与公民个人健康利益之间的关系。卫生专业人员要承担预防和治疗艾滋病的义务。公民个人要承担对自己和他人健康负责的义务，既要珍视自己的生命和健康，讲究个人卫生和公共卫生，又要自觉服从公共健康利益，尊重、关爱艾滋病患者，不以任何方式故意传播艾滋病。

4. 道德原则：健康正义

健康正义即健康领域的正义问题，是社会正义的一个重要方面，即正义的价值理念在健康领域的现实关照。从伦理学角度把握健康正义，首先涉及对"正义"这一概念的理解。目前，国内外学界对"正义"都还存有很多不同的阐释。在道德哲学视域中，正义是一项基本和重要的道德原

---

① ［美］约翰·罗尔斯：《正义论》，何怀宏等译，中国社会科学出版社 1988 年版，第 16 页。

② Burris S, Lazzarini Z and Glstin L. O. , *Taking Rights Seriously in Health*, Journal of Law, Medicine & Ethics Vol. 4, No. 30, 2002: 490—491.

则，"它集中反映着社会对人们道德权利与道德义务的公平分配和正当要求"，是"社会通过其制度安排与价值导向所体现的公正合理的伦理精神与规范秩序"①。可见，正义是人类对自身存在的目的价值与工具价值以及存在方式的正当性与合理性进行的道德反思，表达的是人类对自身存在方式和意义的价值诉求和终极关怀。健康正义作为社会正义的一个重要方面，旨在通过现实的体现正义理念和原则的医疗卫生制度来引导和约束人们的行为和活动，实现医疗卫生资源的公平分配，协调人与人、人与社会之间的各种健康利益关系。可见，健康正义是一个批判性反思的范畴，是对人类健康实现方式所进行的正义与否的哲学反思和价值评价，表达了人类对当下医疗卫生领域状况的深切忧虑和深刻反思，既是应对和解决健康问题的基本价值原则，也是一种要求超越现实健康状况的价值诉求。人类正是在对健康问题的正义追问和反思中，不断超越已有的健康观念和生活方式。

就艾滋病危险性性行为干预而言，健康正义也是认识和协调各种健康利益关系的基本价值原则，内在地包含着对健康观念、健康制度、活动和资源的正义检视。归纳起来，它主要包括以下四个方面的内容：一是健康正义理念，即艾滋病危险性性行为干预中健康正义的思想基础、价值观念和伦理精神。二是健康制度正义，即在艾滋病危险性性行为干预中体现正义理念和价值原则的制度安排，是从道德哲学的价值层面对艾滋病危险性性行为干预相关法律、政策、措施所进行的正义性规定，是基于对人的生命健康、人的尊严和价值及人的自由全面发展的基本理解而对相关制度所作的道德合理性规范。三是健康活动正义，是以正义的价值观为依据对主体在艾滋病危险性性行为干预中的各种行为和活动所作的价值评判与指导，包括对各级政府、各级卫生、疾控机构（特别是高危人群干预工作队）和政府其他部门、相关民间组织、同伴、志愿者等主体的行为和活动的正义检视。四是健康资源正义，是对医疗卫生资源分配问题的正义审视，是在医疗卫生资源相对稀缺的现实条件下，认识和处理医疗卫生资源相对不足与人的健康需要之间矛盾的价值依据和原则，包括宏观层面国家医疗卫生资源总投入占国家现有全部资源的比重，中观层面医疗卫生资源

---

① 万俊人：《现代性的伦理话语》，黑龙江人民出版社 2002 年版，第 97 页。

用于艾滋病预防和治疗的比例，微观层面公民个人的资源平等权利，等等。

总之，健康正义作为艾滋病危险性性行为干预的正义追问和价值原则，是对艾滋病危险性性行为干预动机和效果、目的与手段等方面正义与否的哲学反思和道德关照，充分体现了对人的生命与健康、人的尊严与价值乃至人类前途和命运的理解和尊重，是艾滋病危险性性行为干预伦理关涉的集中体现。

（二）艾滋病危险性性行为干预面临的主要伦理难题

在我国艾滋病防治政策日益科学理性、毒品注射传播得到较好控制的情况下，性传播比例之所以持续上升，除了由性行为本身的广泛性和私隐性所决定的危险性性行为干预具有特殊难度这一客观因素之外，我国艾滋病各类危险性性行为干预都仍然面临诸多伦理难题是一个重要的深层因素。

1. 商业性性行为干预面临的伦理难题

一是对商业性性行为的立法选择困境和道德认识差异。从世界各国对待商业性性行为的立法情况看，虽然大部分国家对商业性性行为的立法选择比较明确，但在现实实践中，各国经常出现在禁止、合法、限制性合法之间摇摆不定，这反映了各国立法选择面临的困境。就我国而言，虽然在立法选择上已经明确，商业性性行为是违法行为，但这并不意味着社会形成了统一的认识。相反，目前我国对商业性性行为仍然存在违法或合法、是道德或不道德的行为等多种不同意见。二是对商业性性工作者的伦理定性的分歧，如认为商业性性工作者是违法者、不道德者、需要救助者等不一而足。三是对商业性性行为的"严打"面临伦理和法律质疑，如伦理正当性质疑、公正性质疑和有效性质疑等。四是商业性性行为合法化面临现实和伦理困境，如"红灯区"设置与管理面临的现实困境、性工作者注册及健康检查面临的现实困境、商业性性行为合法化难以维护性工作者的身心健康等。

2. 男男同性性干预面临的伦理难题

一是同性恋者面临"道德多数"的社会道德环境。同性恋者是一个典型的"少数人"群体。由于"道德多数"往往以"正确""正统"的面目出现，同性恋者不得不面对的"道德多数"的影响甚至"道德暴力"。二是同性恋者仍然面临歧视与污名的生存境遇。随着经济与社会发展特别是社会性观念的变化，人们对同性恋的认识日益理性，对同性恋者予以了越来越多的理解与宽容。但从总体上看，社会对同性恋者排斥的基本态度仍未从根本上改变，社会对同性恋者的歧视和污名以及同性恋者的自我歧视仍然普遍存在。由于同性恋违背社会主流婚恋伦理和性道德，而被很多人视为变态。在实际生活中，同性恋者往往会遭受"道德污名"和"艾滋污名"，很多人在"谈艾色变"的同时，也"谈同色变"。这样的社会环境促使大部分同性恋者处于"地下状态"，同性性行为干预不能实现普遍可及。三是同性恋者的婚姻选择面临伦理困境。目前，我国同性恋者之间的婚姻尚未以婚姻立法的形式得到认可，同性恋者的婚姻选择有传统婚姻、抵触婚姻、互助婚姻等几种情况，其中任何一种选择都面临诸多尴尬和伦理问题。四是同性恋者的自我歧视和拒绝履行相应的义务。目前，仍有一些同性恋者由于社会的歧视和排斥，也由于不能正确对待自身的性取向和行为方式，而对自身产生怀疑、否定和自暴自弃心理，对社会则产生不满和敌意，在实际生活中拒绝履行义务，表现出严重的社会责任缺失。正是由于同性恋者受到社会歧视、婚姻选择面临伦理困境以及社会责任缺失，危险性性行为大量存在，加上多数同性恋者处于隐匿状态，对同性恋者的行为干预难以实现普遍可及，已经成为我国艾滋病传播的"急先锋"。

3. 多性伴行为干预面临的伦理难题

一是性权利限度的争议和性道德标准的不确定性。目前，我国社会对一些多性伴行为在法律和道德层面都还存在很大争议。其之所以如此，从理论依据或前提看，主要在于性权利限度的争议和性道德标准的不确定性。性权利限度的争议和性道德标准的不确定性，导致对一些多性伴行为态度和政策争议的一个重要因素。二是多性伴行为动机的复杂性，在实践中无法完全拒斥。根据性行为与婚姻的关系，多性伴行为包括婚前性行为、婚外性行为以及婚姻不稳定，即离婚导致的多性伴；从多性伴行为的发生看，既有因正常恋爱或婚姻失败造成的多性伴，也有因"包二奶"、重婚、聚众淫乱行为等违法、犯罪行为造成的多性伴；既有婚外情、通奸等行为造成的多性伴，也有因一夜情、换偶行为等造成的多性伴。同时，商业性性交易、同性性行为也往往和多性伴行为交织在一起。多性伴行为动机的复杂性，也是导致在干预中面临法律、道德方面诸多争议的一个重要因素。三是多性伴行为伦理定性存在分歧。目前，社会对一些多性伴行为的定性是确定的。比如，对正常恋爱和婚姻失败造成的多性伴，法律和道德都持肯定态度；对重婚和"包二奶"、聚众淫乱行为，法律明确规定为犯罪行为；婚外情、通奸则是不道德的行为。但是同时，社会对性工作者、一夜情、换偶、性虐恋游戏等的伦理定性仍然存在很大分歧。四是社会对一些多性伴行为干预的手段仍然存在伦理争议，如对聚众淫乱行为处以刑罚的伦理争议、通奸该否入罪的伦理争议、对一夜情与换偶的道德谴责的伦理争议等。

4. 非保护性性行为干预面临的伦理难题

一是保护性干预与惩罚性干预的价值冲突。不言而喻，推广使用安全套是对艾滋病危险性性行为的一种保护性的干预措施。而在我国艾滋病危险性性行为的干预历程中，传统的公共卫生进路，如围堵、隔离、打击、把艾滋病问题视为精神文明建设的一个方面等，是一种迥异于保护性干预的惩罚性干预。目前，在我国艾滋病危险性性行为干预中，保护性干预与惩罚性干预并存，二者之间面临的价值冲突，如对干预对象的伦理定性（违法者或道德不良者还是需要救助的生命个体或普通公民）、价值考量的伦理原则（传统集体主义、功利论还是现代人道主义、道义论）、权利义务的伦理导向（限制、牺牲少数人权利还是尊重、保护少数人权利）等，是非保护性性行为干预面临的一大伦理难题。二是推广使用安全套与性道德的相斥或背反。各国艾滋病防治实践已经充分证明，推广使用安全套是预防艾滋病的有效手段。中国也于 2000 年开展 100% 安全套使用项目合作试点，并逐渐推广，在预防艾滋病方面发挥了积极作用。但是目前，仍有许多人对推广使用安全套的政策不理解，安全套使用率不高。其之所以如此，一个直接原因是推广使用安全套与性道德，特别是与性行为的目的、性伦理原则之间存在一定的背反现象，从而使这一被世界艾滋病防治实践所充分证明、被国际社会所广泛认可的政策在我国现实实施的过程中，遭遇了很多尴尬。三是安全套广告的伦理争议。在相当长一段时期内，安全套都由国家计生部门免费发放，厂家不存在销售难题，因而根本不用做广告。后来，随着市场经济的发展，安全套虽面临销售竞争，但广告也一直被禁止。个别安全套生产企业在电视上播出或在广告牌挂牌的广告均很快被叫停。即便是安全套广告解禁以后，争议也仍未停止。安全套广告争议的背后，实质上是伦理观念和价值争议，即传统道德观念与公共健康需要的冲突：究竟把维护传统的道德观念放在首位，还是把维护公共健康需要放在首位。反对安全套广告的伦理依据是，安全套属于性用品，用广告来宣传安全套"有悖于我国的社会习俗和道德观念"；支持安全套广告的伦理依据是安全套广告有利于维护公共健康，保障安全套生产企业和消费者利益；禁止这种对大众有益的广告，是社会文明发展停滞不前的表现。四是中国特有的伦理文化对推广使用安全套的阻力。目前许多人对推广使用安全套的政策之所以还不理解，甚至坚决反对，直接原因是他们认为推广使用安全套"违反我国传统文化、伦理"，推广安全套等于"发放性执照""默许卖淫嫖娼""全面放开性行为"。

5. 性教育面临的伦理难题

一是多元性道德之间的差异和对立。性道德作为社会生活中评价性事的善恶标准和调整两性关系和性生活应遵守的道德准则，具有相对性和不确定性，在不同的社会历史条件下，不同的阶级和阶层、不同的主体都可能存在不同的性道德标准。当前，我国社会的性道德呈现出多元化的态势，多元性道德之间的差异和对立，如中西方性伦理观念的差异、保守和开放两种性道德与保守的性道德之间的差异和对立、性道德领域中"主文化"与"亚文化"之间的冲突等，也是当前我国性教育面临的一大伦理难题。二是性知识教育与性道德教育的冲突。性知识教育与性道德教育是性教育的两个基本的方面，二者具有不同的内容与功能，科学的性教育应该是性知识教育与性道德教育的统一。但是目前，在我国的性教育中二者之间在很大程度上是相互脱节甚至冲突的：一方面，性道德教育对性知识教育存在排斥的局面。从总体上看，由于我国传统文化的影响，目前我国的性教育在很大程度上仍然表现出禁欲型的特质。性教育的一个直接目的是限制、约束人们的性行为和性关系，通过减少和阻止基于爱与婚姻之外的性行为和性关系，如婚前性行为、婚外性行为、低龄青少年的性行为等，达到防止非婚怀孕、疾病传播的目的。显然，这属于性道德教育的内容。但在性知识教育中，不可避免地涉及避孕和安全套的有关知识，很多人担心性知识教育会导致婚前性行为、婚外性行为和青少年性行为的低龄化。因为传播避孕和安全套的有关知识，可能使人们特别是青少年产生错觉，即只要使用安全套就可以发生性行为，这无异于"诱导青少年发生婚前性行为"。另一方面，性知识教育对传统性道德提出了挑战，如"以谈性为耻"的传统性道德观念、婚前禁欲和传统生殖观念等。三是性教育单一性与性行为多样化之间的鸿沟。目前我国社会性行为的多样化已是一个不争的事实，多元化的性取向、婚前性行为、婚外性行为、离婚以及青少年性尝试的低龄化等因素造成的多性伴行为广泛存在。但是同时，目前我国的性教育在对象、内容和目标导向等方面都仍然比较单一，难以适应规范多元化性行为的客观需要。

第二章　商业性性行为干预中
的伦理难题及对策

  商业性性行为是一种"传统"的艾滋病高危性行为。新中国成立后，我国政府一直坚持对商业性性行为的"坚决取缔、严厉打击"，这一现象曾一度被基本禁绝。但20世纪80年代初期，这一现象在沿海地区再度重现，并很快蔓延至全国许多地方。艾滋病问题产生以来，商业性性行为一直是一种多风险因素共同交织的艾滋病危险性性行为。目前，我国政府对商业性性行为除继续通过公安部门实施严厉打击之外，还通过卫生部门开展了性病艾滋病疫情监测、提供检测咨询和治疗以及推广使用安全套等综合服务。应该说，这种"打防结合"的干预策略取得了一定效果。但是同时，艾滋病通过商业性性行为的传播并未从根本上得到遏制，商业性性行为人群的艾滋病感染率远高于全国0.06%的平均水平，仍然属于艾滋病的高危人群。究其原因，除了商业性性行为对象不特定、性交方式多样化、安全套使用率不高、与吸毒行为交互作用、与流动人口、老年群体、男男性行为者等易感人群紧密联系等因素之外，我国商业性性行为干预仍然面临诸多伦理难题是一个重要的深层因素。进一步推进商业性性行为干预，必须正视和解决这些伦理难题。

一　商业性性行为及其干预概况

（一）商业性性行为：一种"传统"的艾滋病高危性行为

  近年来，学界关涉"商业性性行为"的论著并不鲜见，但并未形成统一的学术定义。其中较为接近的是潘绥铭教授有关"性交易"的学术解释——性交易是指当事双方以提供性行为来交换利益的活动。① 性交易既包括卖淫嫖娼，也包括任何形式的"以利谋性"和"以性谋利"。本课题所讨论的商业性性行为，主要是指前一个方面，即法律及民间惯常使用的"卖淫嫖娼"。公安部在《关于对同性之间以钱财为媒介的性行为定性处理问题的批复》（公复字〔2001〕4 号 2001 年 2 月 28 日）中规定："不特定的异性之间或者同性之间以金钱、财物为媒介发生不正当性关系的行为，包括口淫、手淫、鸡奸等行为，都属于卖淫嫖娼行为，对行为人应当依法处理。"

由于"卖淫嫖娼"概念主要强调该行为需要打击、惩罚的特点，而本文基于艾滋病防治的需要，主要关注该行为的艾滋病风险性，因此用艾滋病防治语境下的惯常用语"商业性性行为"替代法律用语"卖淫嫖娼"。所谓商业性性行为，是指不特定的异性之间或同性之间以金钱、财物为媒介而发生的性行为（包括阴道性交、口交、肛交）。这些性行为的共同特点是存在体液交换，艾滋病传播风险较大，而按摩、手淫等不存在体液交换的性行为不在此列。商业性性行为的出卖方是"商业性性工作者"或"商业性性服务者"（官方术语称为"暗娼"）；商业性性行为的购买方是"商业性性消费者"（官方术语称为"嫖客"）。

从我国艾滋病疫情的发展情况看，商业性性行为是一种"传统"的艾滋病高危性行为。全国艾滋病/性病监测数据显示，1995—2002 年间，娱乐场所服务小姐的艾滋病病毒感染率从 1995 年的 0.02% 上升到 2002 年的 1.3% 左右，个别地方性服务小姐的感染率甚至高达 10% 以上。② 《2005 年中国艾滋病疫情与防治工作进展》报告也显示：截至 2005 年年底，现有的 65 万艾滋病病毒感染者和病人中，暗娼和嫖客人群约为 12.7 万人，占评估总数的 19.6%；2005 年新发感染者中，经性传播的占 49.8%，其中商业性性行为又是主要的性传播途径，云南、重庆、湖南、广东、广西、四川等省（自治区、直辖市）的一些地区中，暗娼人群的

---

① 潘绥铭：《生存与体验——对一个地下"红灯区"的追踪考察》，中国社会科学出版社 2000 年版，第 6 页。

② 中国疾病预防控制中心：《娱乐场所服务小姐预防艾滋病性病干预工作指南（试用本）》 2004 年 6 月。

感染率超过 1%。① 2005 年以后，由于全国范围内以暗娼人群为目标的艾滋病综合干预措施力度不断加大，暗娼人群的艾滋病感染率有所下降。2008—2012 年，中国 31 个省市的横断面调查结果显示，暗娼人群 HIV 感染率为 0.6%。② 2011 年，云南、新疆、广西、四川、贵州 5 个省份的一些地区的暗娼 HIV 抗体阳性检出率超过 1%。③

目前尚未发现近两年全国暗娼人群艾滋病感染率的数据。中国疾病预防控制中心性病艾滋病预防控制中心 2015 年 12 月 1 日发布的数据显示，2015 年 1 月至 10 月新报告的 9.7 万病例中，异性性接触传播占 66.6%，男性同性性行为传播占 27.2%，性传播共占 93.8%。性传播中有多大比例是经商业性性行为传播未能得知，但根据历年全国暗娼艾滋病感染率的估计数和本课题组对 357 名艾滋病感染者的调查结果（357 名艾滋病感染者中，247 名为经性途径感染，其中自报通过异性商业性性行为感染 HIV 的为 40 人，占比 16.2%）来推测，这个比例不会太小。

可见，虽然我国暗娼 HIV 抗体阳性检出率总体上处于较低水平，但形势仍不容乐观，商业性性行为人群 HIV 感染率远高于全国 0.06% 的平均水平，属于艾滋病传播的高风险人群。另外，需要特别注意的是，由于全国艾滋病暗娼人群监测哨点仅监测从事商业性性服务的女性，而未包含数量正日益扩大的主要服务于男男性行为者的男性；哨点监测难以覆盖到危险性更高的流动暗娼；每年约有 1/5 的暗娼新进入和退出等因素，都在一定程度上稀释了暗娼人群的 HIV 感染率。④ 此外，暗娼监测哨点仅监测商业性性行为的服务方，而未监测其消费方，因而难以从总体上反映出商业性性行为对艾滋病传播的影响程度。这就是说，艾滋病经商业性性行为传播的比率肯定高于已有的暗娼人群感染率数据。

究其原因，商业性性行为本身行为对象不特定，性交方式多样化，安

---

① 卫生部、联合国艾滋病规划署、世界卫生组织：《2005 年中国艾滋病疫情与防治工作进展》。

② 宋本莉、刘倩萍等：《敏感问题随机应答技术在西昌市女性性工作者调查中的应用》，《中华疾病控制杂志》2015 年第 3 期。

③ 卫生部、联合国艾滋病规划署、世界卫生组织：《2011 年中国艾滋病疫情估计》。

④ 王岚、王璐等：《中国 1995—2009 年艾滋病哨点监测主要人群艾滋病病毒感染流行趋势分析》，《中华流行病学杂志》2011 年第 1 期。

全套使用率普遍不高，与吸毒行为交互作用，与流动人口、老年群体、男男性行为者等易感人群紧密联系等特点，使其成为多风险因素共同交织的艾滋病高危性行为。

首先，商业性性行为的多性伴和非保护性特征增加了艾滋病传播的风险性。中国医学科学院韩琳博士对德宏、乐山、沈阳中低档性服务场所 968 名女性性工作者的调查数据显示，461 人（47.6%）有主要性伴（指调查对象的丈夫、男朋友或情人），133 人（13.7%）有其他性伴（指除主要性伴及金钱交易性伴外的其他性伴）。从安全套的使用情况看，女性性工作者主动要求"客人"使用安全套的比例最高（95.6%），其次为其他性伴（78.9%）与主要性伴（62.1%）。[①] 该结果与潘绥铭教授对 13 个"红灯区"超过 1000 位"小姐"的定性访谈结果基本一致：大多数"小姐"虽然在"做生意"的时候要求对方戴套，但是在与她们的非商业性性伴过性生活时，安全套使用率却并不高。"男客"也基本如此，与"小姐"过性生活"每次都使用安全套的"为 64.2%，"经常使用安全套的"为 15.4%，"偶尔使用安全套的"为 13.1%，"从来没有用过安全套的"为 7.2%；但他们与老婆做爱时却很少使用安全套。[②] 从艾滋病传播的角度来看，这是非常危险的。商业性性行为双方在性交易中均未能确保百分之百使用安全套，多性伴显著增加了他们感染 HIV 的风险；而双方在商业性性伴之外，大多数均存在非商业性性伴，他们也因此可能作为艾滋病传播的桥梁人群，加剧艾滋病的婚内传播及二代传播。

其次，多样化的性交方式增加了商业性性行为的艾滋病危险性。在一项关于"与小姐做过哪些事情"的全国性抽样调查中，"阴茎插入肛门（肛交）"为 9.6%，"阴茎插入阴道（性交）"为 52.4%，"小姐给我口交"为 38.3%，"我给小姐口交"为 6.6%，"我与两个小姐（或更多）一起玩（群交）"为 5.6%，"还有其他活动"为 2.8%。[③] 可见，部分在

---

① 韩琳：《我国三地区女性性工作者对女性主导 HIV/STI 预防措施的可接受性及其影响因素》，博士学位论文，北京协和医学院/中国医学科学院，2009 年，第 3 页。

② 潘绥铭、黄盈盈：《性之变 21 世纪中国人的性生活》，中国人民大学出版社 2013 年版，第 237、332 页。

③ 同上书，第 320、321、332 页。

非商业性性行为中较少使用的性交方式，如肛交、口交、群交等，在商业性性行为中出现的频率更高。肛交比一般的阴道性交具有更高的艾滋病感染风险；加上肛交、口交因为不会导致女性怀孕，这两种性行为中安全套的使用率往往比阴道性交更低，艾滋病传播风险更大。

再次，商业性性行为与吸毒行为交互作用，大大增加了艾滋病传播的风险。《2005 年中国艾滋病疫情与防治工作进展》《2011 年中国艾滋病疫情估计》均显示，全国大多数地区暗娼 HIV 感染率处于较低水平，检出率超过 1% 的暗娼监测哨点主要集中在云南、新疆、广西、四川、贵州 5 省（自治区）吸毒较为严重的局部地区。但近年来，合成毒品的滥用加剧了商业性性行为艾滋病传播的危险性。有学者对山东省 3460 例女性性工作者的调查表明，11.2% 的对象承认有吸毒史，吸食的毒品主要为冰毒，也有 4.5% 的同时吸过"麻谷"和"K 粉"。[1] 一般人在吸食合成毒品之后，往往会产生幻觉、性欲增强、自我控制力减弱等心理变化，从而导致交换性伴、群交、同性性交、找"小姐"等危险性性行为显著增加。2014 年中国国家药物滥用监测中心监测数据显示，合成毒品滥用人群 HIV 感染率为 1.4%。[2] 商业性性行为和吸毒交叉的暗娼人群中 HIV 感染率普遍较高。[3] 可见，商业性性行为及合成毒品滥用两种艾滋病高危行为交互作用，加剧了艾滋病传播、扩散的风险。

最后，商业性性行为与流动人群、老年群体、男男性行为者等易感人群紧密相连，增加了艾滋病传播的风险。众所周知，商业性性行为的地点大多发生在发廊、酒店、宾馆、夜店、洗浴中心等场所，性工作者大多是异地特别是农村进城谋生的人，相当部分的"消费者"也是流动人群。男性老年人群体也是目前艾滋病的一个易感人群。从 2005 年到 2014 年，我国 60 岁以上男性新报告艾滋病病毒感染者和病人的数量迅速上升，2005 年 60 岁以上男性艾滋病病毒感染者只占 2.2%，到 2010 年，这一比

---

① 廖玫珍：《山东省女性性工作者艾滋病高危行为变化及抽样方法研究》，博士学位论文，山东大学，2010 年，第 5 页。

② 新华网：《我国吸毒者超过 1400 万人》（http：//news. xinhuanet. com/live/2015 - 06/24/c_ 1115707750. htm）。

③ 卫生部、联合国艾滋病规划署、世界卫生组织：《2011 年中国艾滋病疫情估计》。

例达到 8.9%①；2014 年 60 岁以上老年人群体艾滋病感染者上升到 13.9%（以男性为主）②。2013 年云南对 209 名 50 岁至 68 岁的老年感染者进行的专项调查表明，90% 以上是由商业性性行为引起，主要是男性感染者。③ 老年人受收入等因素的制约，其商业性性行为多与低档性交易相关，交易双方经济条件、文化程度、健康维护意识等相对较差，均属艾滋病易感人群。此外，商业性性行为还与男男性行为者相联系。在男男性工作者向男性提供有偿性服务的过程中，由于处于天然的弱势地位，具有更高的患艾滋病危险性。

（二）我国对商业性性行为的干预概况

新中国成立后，政府对待卖淫嫖娼问题，一直秉持"坚决取缔、严厉打击"的态度。据有关学者估计，新中国成立以前全国有近万家妓院；在有的大城市，妓女与当地人口的比例达 1∶150—1∶200。④ 新中国成立以后，各大城市在完成政权接管之后，就着手开展禁娼工作。1949 年 11 月 21 日，北京市第二届各界人民代表会议通过了《关于北京封闭妓院的决议》，决定封闭一切妓院，对妓院老板、鸨儿等人员予以惩处，对妓女进行安置、救助，包括思想改造、治病、组织学艺、生产等。此后，上海、天津、武汉等大城市纷纷采取封闭妓院、惩处老鸨、安置、救助妓女等方式开展了禁娼工作。50—70 年代中国禁娼运动取得了显著成效，全国相继封闭妓院 8400 多所⑤，使得禁娼这一世界性难题在中国曾一度得到基本解决，娼妓制度得以从根本上消除。这一方面源于私有制被基本消灭，全国统一的计划经济体制瓦解了性交易生存的土壤；另一方面也源于热情高涨的群众运动和相对封闭、人口不流动的社会环境。

但改革开放以后，一度基本禁绝的卖淫嫖娼现象在沿海地区再度重

---

① 新华网：《我国 60 岁以上男性艾滋病感染数量明显上升》。（http：//www. yn. xinhuanet. com/newscenter/2012 – 08/23/c_ 131802615. htm）。

② 《2014 年全国艾滋病流行特点》。（http：//wenku. baidu. com）。

③ 《云南老年人艾滋病感染率上升 90% 因商业性性行为》，昆明信息港—昆明日，2014 年 4 月 10 日。

④ 马维纲：《建国初期禁娼述略》，《公安研究》1994 年第 2 期。

⑤ 牟新生等：《治理卖淫嫖娼对策》，群众出版社 1996 年版，第 44 页。

现，并很快蔓延至全国各地。面对死灰复燃的卖淫嫖娼现象，我国政府主要采取了严厉打击卖淫嫖娼和卫生部门开展性病艾滋病疫情监测、推广使用安全套、提供检测咨询和治疗等综合服务的"打防结合"的治理策略。归纳起来，我国政府对商业性性行为干预主要包括以下三个方面。

一是依法惩治。涉及卖淫嫖娼的法律政策文件主要有：1981年6月10日公安部发布的《关于坚决制止卖淫活动的通知》；1982年1月21日国务院转发、公安部发布的《中华人民共和国劳动教养试行办法》；1987年1月1日起施行的《中华人民共和国治安管理处罚条例》（2006年3月1日《中华人民共和国治安管理处罚法》施行后，该《条例》已废止）；1991年9月4日全国人民代表大会常务委员会颁布的《关于严禁卖淫嫖娼的决定》；1993年国务院发布的《卖淫嫖娼人员收容教育办法》；《中华人民共和国刑法》第八节"组织、强迫、引诱、容留、介绍卖淫罪"的相关规定。法律将一般卖淫嫖娼行为定性为违法行为（"明知自己患有梅毒、淋病等严重性病卖淫、嫖娼的"则属犯罪行为），处罚措施包括罚款、行政拘留、收容教育、劳动教养（2013年废止）。与卖淫嫖娼相关联的组织、强迫、引诱、容留、介绍他人卖淫的行为，则定性为犯罪，接受刑法处罚。此外，中共党员还需接受《中国共产党纪律处分条例》的约束。《中国共产党纪律处分条例》（2003）第一百五十六条规定："嫖娼、卖淫，或者组织、强迫、介绍、教唆、引诱、容留他人嫖娼、卖淫，或者故意为嫖娼、卖淫提供方便条件的，给予开除党籍处分。"2015年修订后的《中国共产党纪律处分条例》第一百二十七条规定："与他人发生不正当性关系，造成不良影响的，给予警告或者严重警告处分；情节较重的，给予撤销党内职务或者留党察看处分；情节严重的，给予开除党籍处分。"

二是多部门协作的社会治安"综合治理"行动。1989年9月30日，公安部发布了《关于在全国开展扫除卖淫嫖娼等"六害"统一行动方案》；同年10月19日，最高人民检察院发布了《关于配合公安机关开展扫除"六害"统一行动的通知》。到1989年年末，全国性的联手协同代替了地区性的行动。1991年2月，中共中央、国务院作出《关于加强社会治安综合治理的决定》；5月14日，公安部、文化部、商业部、卫生部、国家工商行政管理局等中央综治委成员单位联合部署加强大中城市旅店业/公共娱乐场所治安管理、严厉打击取缔卖淫嫖娼活动的专项斗争。1996 年 3 月，江泽民在中央政治局常委会议上提出，"要开展'严打'斗争，狠抓社会治安综合治理，尽快扭转一些地方社会治安不好的状况"。此后，中央综治办和公安部不定期联合开展打击卖淫嫖娼专项行动，如"曙光"行动、"亮剑"行动和"猎狐"行动、"无声风暴"行动等。

三是卫生部门牵头的性病艾滋病防治行动。在公安、司法机关严厉打击卖淫嫖娼行为的同时，卫生部门也开展了针对卖淫嫖娼的性病、艾滋病防治工作。1986 年国务院发布《关于坚决取缔卖淫活动和制止性病蔓延的通知》，要求卫生部门对查获的卖淫妇女和嫖客进行性病检查和强制治疗、将性病列入传染病管理范围、在性病患者多的地区建立性病防治监测点。1991 年卫生部发布《性病防治管理办法》，要求性病防治机构积极协助配合公安、司法部门对查禁的卖淫、嫖娼人员，进行性病检查。2001 年国务院办公厅印发《中国遏制与防治艾滋病行动计划（2001—2005年)》，提出了"高危行为人群中安全套使用率到 2005 年年底达到 50% 以上"的工作目标。2004 年卫生部等六部委印发《关于预防艾滋病推广使用安全套（避孕套）的实施意见》。随后，中国疾病预防控制中心印发的《娱乐场所服务小姐预防艾滋病性病干预工作指南（试用本)》提出，为遏制艾滋病通过性服务小姐传播到一般人群，要积极开展艾滋病/性病健康教育、安全套推广与正确使用、规范的性病诊疗服务及生殖健康服务等有针对性的艾滋病预防干预服务。2004 年 8 月，卫生部办公厅印发《关于在各级疾病预防控制中心（卫生防疫站）建立高危人群干预工作队的通知》，要求针对静脉吸毒、卖淫嫖娼、同性恋等艾滋病传播高风险人群，组建干预工作队并在全国范围内开展高危人群艾滋病干预工作。2005年 5 月，卫生部印发《高危行为干预工作指导方案（试行)》，要求对在各类娱乐场所、饭馆、旅店和街头等场所进行卖淫活动的妇女，通过外展和同伴教育等方式，开展艾滋病健康教育、安全套推广使用、生殖健康服务等综合干预措施。2012 年国务院《中国遏制与防治艾滋病"十二五"行动计划》明确了十二五期间高危人群的艾滋病干预目标："高危行为人群有效干预措施覆盖率达到 90% 以上，接受艾滋病检测并知晓检测结果的比例达到 70% 以上；所有计划生育技术服务机构发放和推广使用安全套；95% 的宾馆等公共场所摆放安全套或设置自动售套机；高危行为人群安全套使用率达到90%以上。"

二 商业性性行为干预面临的伦理难题

如前所述，商业性性行为作为一种"传统"的艾滋病危险性性行为之所以仍然未能从根本上得到遏制，有着多方面的复杂因素。从伦理学的角度看，我国商业性性行为干预仍然面临诸多伦理难题是一个重要的深层因素。由于对商业性性行为的立法选择困境和道德认识差异，也由于对商业性性工作者伦理定性的分歧，导致对商业性性行为干预策略选择的道德两难：严厉打击卖淫嫖娼行为面临伦理正当性、公正性、有效性等各方面的质疑；而实行商业性性行为合法化则面临诸多现实和伦理困境。

（一）对商业性性行为的立法选择困境和道德认识分歧

可以说，对商业性性行为的立法选择是一个世界性难题。联合国1949年通过的《禁止贩卖人口及取缔意图赢利使人卖淫的公约》，强调"凡招雇、引诱或拐带他人使其卖淫，使人卖淫，即使得本人之同意者，一应处罚；开设或经营妓院，或知情出资或资助者；知情而以或租赁房舍或其他场所或其一部供人经营淫业者，一应处罚"。该《公约》认为淫业以及因此而导致的人口贩卖是侮辱人格尊严与价值、危害个人、家庭与社会幸福的"罪恶行为"，因而要对招雇、引诱及拐带、强迫他人卖淫及提供或经营卖淫场所的行为予以打击；但未明确是否对淫业的直接参与者予以处罚。1981年生效的《联合国消除所有形式的对妇女歧视的国际公约》第十一条规定："公约要求妇女有自由选择职业和工作的权利。"后来为实施该公约而设立的"消除对妇女歧视委员会"（CEDAW）确认说："自愿卖淫包括在'自由选择职业'的范围之内。"① 按此精神理解，卖淫者理当不受法律的惩处，但对组织、招雇、经营妓院等行为是否应继续按照《禁止贩卖人口及取缔意图赢利使人卖淫的公约》的规定予以处罚未予明确。

---

① 人民网：《国际社会对待性交易合法化的态度》。（http://voice.people.com.cn/html/2014/02/12/288189.html）。

　　鉴于对联合国有关淫业管理旨意的不同理解，各国对待淫业的立场和法律规范也不尽相同。大多数国家的淫业法律规范主要涉及个人卖淫、经营妓院和充当淫媒三个方面。2009 年 10 月，一家公共慈善机构对世界范围内 100 个国家有关淫业的法律规定进行了统计分析："个人卖淫合法、限制性合法及非法的国家分别为 50%、10%、40%，经营妓院合法、限制性合法及非法的国家分别为 19%、1%、80%，充当淫媒合法、限制性合法及非法的国家分别为 9%、1%、90%。"① 各国不同的立法选择折射出对商业性性行为的不同价值认同、对道德与人权的不同考量，也折射出各国在经济、政治、文化、卫生等各个领域以及对个人、家庭、社会等各种复杂因素的不同权衡和利益选择。同时，虽然大部分国家关于个人卖淫合法、限制性合法及非法的立法抉择都比较明确，但在现实实践中，各国经常出现在全面禁止、合法、限制性合法之间来回摇摆、更迭的情况。比如，韩国近年也加重了对性买卖的打击力度。2004 年以前，韩国虽在法律上禁止性买卖，但并未严格执行，"红灯区"及各种变相性交易广泛存在，以致性买卖日渐盛行，为保护和挽救受害妇女、建立良好的公共道德观念、净化社会风气，韩国于 2004 年颁布了《性买卖特别法》，将性买卖定性为刑事犯罪加以严厉打击，并在三年内全部取缔了全国 69 个"红灯区"。② 这表明各国对商业性性行为的立法选择面临的困境：全面禁止、合法、限制性合法中的任何一种立法选择都难以彻底解决商业性性行为这一历史性难题，各国往往只能基于某一时期的某些特殊需要作出相应的立法选择。

　　就中国而言，目前我国在立法选择上，个人卖淫、经营妓院和充当淫媒三者均被视为违法。比如，1986 年 9 月 5 日第六届全国人大常委会第十七次会议通过的《中华人民共和国治安管理处罚条例》、1991 年 9 月 4 日公布的《全国人民代表大会常务委员会关于严惩卖淫嫖娼的决定》、1993 年 9 月 4 日国务院发布的《卖淫嫖娼人员收容教育办法》、2005 年 8 月 28 日第十届全国人大常委会第十七次会议通过、2006 年 3 月 1 日起施行的《中华人民共和国治安管理处罚法》等都对打击卖淫嫖娼行为作出

---

① 《各国有关卖淫的法律规定》，《法律与生活》（*Law and Life*）2013 年第 16 期。

② 张锦芳：《韩国重拳打击卖淫嫖娼》，新华网，2004 年 9 月 26 日。

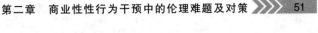

了明确规定。尽管如此，并不意味着我国社会对商业性性行为形成了统一的认识。相反，目前我国社会对商业性性行为还存在违法或合法、是道德的行为或不道德的行为等多种不同的意见。

在我们的实地调查中，针对一般公众和艾滋病感染者两个群体均设计了"您是如何看待商业性性行为的（可多选）"的问题。结果显示，在被调查的一般公众和艾滋病感染者两个群体中，认为"存在就是合理的，方便了有需求的人，减少了强奸犯罪率"的分别为 27.2%、23.1%；认为是"个人自愿行为，为实现人的性自由提供了条件，是社会进步的体现"的分别为 22.5%、17.4%；认为"增加了性病、艾滋病传播的风险"的分别为 54.4%、53.4%；认为"会引发一系列拐卖妇女、组织、强迫卖淫等社会问题"的分别占 49.7%、26.3%；认为"是对人性尊严的践踏，只有弱势的人才会被迫去出卖自己的身体"的分别占 29.9%、19.7%；认为"是对社会道德底线的践踏，影响家庭和谐、社会风尚"的分别占 45.4%、33.4%。其中，前两种观点大致可以归入合法行为和具有正价值的道德的行为；第三种、第四种观点大致可以归入违法行为；最后两种观点大致可以归入不道德的行为。可以说，对商业性性行为立法选择的困境及道德认识的分歧是我国商业性性行为干预面临的第一大伦理难题。

（二）对商业性性工作者的伦理定性的争议

与对商业性性行为道德认识的分歧相一致，目前我国社会对商业性性工作者的伦理定性也还存在很大争议。归纳起来，关于性工作者的伦理定性，我国社会主要有三种不同的看法：一是把性工作者视为违法者。这是对性工作者的一种传统认识，也是新中国成立以来我国政府一直坚持的政策。二是把性工作者视为不道德者。这也是对性工作者的一种比较普遍的看法，即性工作者是好逸恶劳的人，采取不正当的手段获取不义之财；性工作者从事的性行为违反婚恋伦理和性道德，与人类两性文明的进步背道而驰。三是把性工作者视为需要救助者。这是生命伦理学界的一种影响较大的主张，即认为由于性工作面临很高的感染性病艾滋病的风险而应得到政府和社会各界的宽容和救助，因而是需要救助者。此外，还有人认为性工作者是我国社会转型期制度性问题的受害者。这种观点认为，我国性工作者的大量存在与社会转型期面临的城乡差距、贫富差距、妇女地位等许多制度性问题密不可分，一些弱势女性由于文化程度不高、没有一技之长等因素抵制不住通过身体"轻松"赚钱的诱惑而从事性工作。

应该说，我们的实地调查结果也基本能够印证对性工作者的伦理定性的情况。在实地调查中，在被调查的艾滋病感染者和一般公众两个群体对"您是如何看待性工作者这一群体的（可多选）"的回答中，选择"鄙视，道德败坏是社会的毒瘤"的分别为21.9%、24.2%；选择"同情，为生活所迫"的分别为23.1%、30.3%；选择"担忧，她们的生命健康处于危险之中"的分别为36.8%、44.4%；选择"没什么特别的，和其他工作一样"的分别为11.4%、14.6%；选择"很复杂，说不清"的分别为40.5%、42.8%。

对商业性性工作者的伦理定性之所以存在很大争议，除了性工作者从事商业性性行为的原因和动机本身的复杂性因素之外，还有着深刻的思想、理论渊源。归纳起来，主要有以下三个方面。

一是"道德败坏与危害社会"论。西方各种宗教和中国"道学"都普遍主张，卖淫源于个人道德的堕落，纯粹是个人的道德操守问题。早在1882年和1885年就有人提出所谓的"骚女论"，认为妓女在其本性上就是风骚的，妓女之所以从事性工作，主要是为了追求"性快乐"，甚至是出于"被强奸的渴望"。[①] 在中国，很多人认为妓女都是好吃懒做、好逸恶劳、贪图享乐的人。正因为这样，妓女在中国历来与纵饮、赌博、吸鸦片相提并论。"嫖客"同"妓女"一样，也往往被视为道德堕落的人。

传统的禁娼主张认为，娼妓制度对家庭、妇女以及公众健康的影响是"致命性"的。[②] 在破坏家庭稳定、败坏社会道德、有伤风化、危及公共健康等理由中，健康危害位居首位。在19世纪梅毒盛行的时代，人们普遍认为花柳病（梅毒）的传播主要是因为娼妓的缘故。英国1871年正式立法禁娼，就是认为妓女所传播的性病已经严重地威胁到大英帝国陆海军

---

① 潘绥铭：《百年发展：对于性产业的10大类29种理论解释——对〈近代西方关于娼妓的13种理论〉的补充与修订》，《中国性科学》2004年第5期。

② ［美］贺萧：《危险的愉悦：20世纪上海的娼妓问题与现代性》，韩敏中、盛宁译，凤凰出版传媒集团、江苏人民出版社2010年版，第285页。

的战斗力。① 20 世纪 80 年代艾滋病蔓延后，卖淫嫖娼再次成为社会忧虑、恐惧和恐慌的焦点。改革开放后卖淫嫖娼在我国再度死灰复燃，不少学者也认为其对我国社会产生了严重的危害，如危害人的健康安全、破坏社会道德风尚、引发社会腐败、引发刑事犯罪等。因此，我国自 80 年代以来一直实施严厉打击卖淫嫖娼的法律政策，期望借此遏制卖淫嫖娼现象的蔓延。

　　二是"性工作权利与有益社会"论。这种观点主张卖淫是一种正当职业，应予以合法保护。其主要代表是西方自由主义者和女权主义者中的"妓权主义"派。其中，自由主义者认为，性欲和食欲同为人类的基本欲望，但食物可以购买，性却必须免费，这并不合理。他们坚称，在性交易过程中，性工作者出卖的只是性服务而非身体本身，性消费者花钱购买的也只是性工作者提供的性服务而非其身体。双方自觉自愿且互惠互利，同其他商品交易行为是一回事，应当允许性交易在双方自愿的前提下自由发展。女权主义者中的"妓权主义"派也认为，女性的身体是完全属于自己的，因而每一个女性都有权支配和使用自己的身体，用自己的身体谋生当然理应被允许。"人们所看到的一切性产业的丑恶方面，都是因为妓女没有获得合法的劳动权利而造成的，因此主张支持与帮助妓女合法地劳动。"② 尽管自由主义者和"妓权主义"派的观点不尽相同，但其核心观点却基本一致：其一，公民享有自由处置自身身体及性器官的基本权利，国家不得干预，允许自愿卖淫体现了对性工作者劳动选择自由权的尊重；其二，性交易并非肮脏、低贱的金钱交易，而是双方公平自愿的市场化选择，不仅交易双方能各取所需，还能减少性犯罪率、为国家创造税收③、实现财富的再分配④，是极其有益社会的行为；其三，当前性交易中普遍存在的妓女地位低贱、性病传播风险高等不良问题，其症结不在性交易本

① 潘绥铭：《生存与体验——对一个地下"红灯区"的追踪考察》，中国社会科学出版社 2000 年版，第 311 页。

② 潘绥铭：《百年发展：对于性产业的 10 大类 29 种理论解释——对〈近代西方关于娼妓的 13 种理论〉的补充与修订》，《中国性科学》2004 年第 5 期。

③ 《"卖淫合法化"可能会带来什么》，《政府法制》2012 年第 12 期。

④ 潘绥铭：《百年发展：对于性产业的 10 大类 29 种理论解释——对〈近代西方关于娼妓的 13 种理论〉的补充与修订》，《中国性科学》2004 年第 5 期。

身，而在性工作者缺乏法律的合法保护，因此，将性交易置于法律和政府规范管理的庇护之下，让其按市场经济规律自由运行，是改善性工作者工作环境，维护性工作者合法权益，降低性病艾滋病传播的不二选择。

基于将自愿卖淫视为性工作者基本人权的道德前提，国际性工作者人权委员会于1985年发表了《世界性工作者人权宪章》，呼吁给予性工作者法律、工作条件、健康、服务、税收、公众舆论等方面的人权保障。回望近三十年来国际性工作者人权委员会的人权实践，尽管《世界性工作者人权宪章》关于"成人性交易非罪化"的法律倡导在部分国家得到践行，但即便是在个人卖淫法律政策相对宽松的德国、荷兰等国，个人卖淫也只是做到了有限制的合法化，国际性工作者人权委员会所渴求的"不限定工作地区、不征收特别税、享受社会同等福利"等诉求至今仍难以企及。

三是"性剥削与男权压迫"论。在马克思、恩格斯看来，卖淫是私有制和剥削的必然产物，建立在资本和私人财产基础之上的家庭只存在于资产阶级，"无产者的被迫独居和公开的卖淫则是它的补充"①。恩格斯进一步道明了男权对女性的压迫。他认为，在人类两性文明从群婚制（蒙昧时代）到对偶制（野蛮时代）再到以通奸和卖淫为补充的专偶制②（文明时代）的发展进步中，一个显著特征是"妇女越来越被剥夺了群婚的性的自由，而男性却没有被剥夺"，"凡是妇女方面被认为是犯罪并且要引起严重的法律后果和社会后果的一切，对于男子却被认为是一种光荣，至多也不过被当作可以欣然接受的道德上的小污点"③。

女权主义者中的"解救"派承继了马克思、恩格斯的看法，认为卖淫的存在源于经济和社会中男女地位的不平等，是男权社会压迫和剥削女性的集中表现。他们强烈反对自由主义者"性是商品"的观点。认为性

---

① 中央编译局：《马克思恩格斯选集》（第一卷），人民出版社2012年版，第417、418页。

② 我们认为，恩格斯认为卖淫的存在不仅是男子对卖淫女性、也是对婚姻中的女性的压迫和奴役，他不仅贬斥这种阶级剥削和不利于两性关系平等发展的卖淫制度，并坚信当私有制被彻底消灭、两性关系实现真正平等之日，卖淫终将消失。部分人将其视为支持"卖淫合法化"的论据，实为一种曲解。

③ ［德］恩格斯：《家庭、私有制和国家的起源》，中央编译局译，人民出版社2009年版，第68、76页。

和自我难以分离，大部分卖淫活动中妓女出卖的都不是单纯的性服务，而是自我。因为在卖淫活动中妓女为了金钱利益不得不放弃自我，听任嫖客摆布，满足嫖客的各种无理需求。女权主义研究者贝莉把"妇女无法改变她们目前的生存处境、受制于性暴力和性剥削"等情况下的被迫卖淫视为对女性的性奴役，主张让卖淫无罪化，让那些选择卖淫的妓女有可能离开这种生活而不必觉得遭受了耻辱[①]，进而主张女性有自由支配自己身体的权利——包括卖淫，但男性把女性的身体当作商品一样剥削和消费是不可接受的，并呼吁通过逮捕、羁押、罚款等惩处方式严厉打击嫖客，把妓女从男权的铁蹄下解救出来。这一呼吁率先得到了瑞典立法上的支持。1999 年瑞典议会通过的法案规定："女人卖淫非罪，而男人嫖娼有罪，惩罚的方式是罚款或判有期徒刑，最长监禁期是 6 个月。"[②] 瑞典从"禁娼"到"禁嫖"立法决策思路的转变，正是基于这一道德价值判断。瑞典的这一举措，近年来正被越来越多的国家仿效，包括加拿大、北爱尔兰、挪威及冰岛等。

（三）　对商业性性行为的严打面临伦理及法律质疑

我国社会对商业性性行为和性工作者伦理定性的分歧，导致对商业性性行为干预策略选择的道德两难。传统的干预策略认为出于维护公共健康、维持社会道德规范和保护妇女家庭权益的需要，应该由政府执法部门严厉打击卖淫嫖娼行为，直至取缔。但这一策略的实际效果并不理想，而且面临伦理正当性、公正性、有效性等各方面的质疑。另一种意见正是从严打政策面临的问题出发，主张卖淫是一种正当的工作，应该为其提供合法化保护，出于预防性病艾滋病的需要，还应该考虑建立"红灯区"等专门营业场所，对商业性性行为进行规范化的统一管理，但这一策略也面临现实和伦理困境。由于商业性性行为干预策略选择面临的道德两难问题比较复杂，我们拟分两个方面来进行论述。这里主要论述前一个方面，即"对商业性性行为的严打面临伦理及法律质疑"；对商业性性行为合法化

---

① 潘绥铭：《生存与体验——对一个地下"红灯区"的追踪考察》，中国社会科学出版社 2000 年版，第 581、582 页。

② 夏国美：《商业性性交易：立法的两难与出路》，《探索与争鸣》2009 年第 12 期。

面临现实与伦理困境将放在下一个部分进行论述。

1. 严厉打击的伦理正当性质疑

如前所述，我国50年代在严厉打击卖淫嫖娼的行动中，妓女（性工作者）是救助、安置、教育、改造的对象，只有妓院老板、鸨儿才是打击的对象。改革开放后我国政府秉持了严厉打击卖淫嫖娼的一贯立场，但对妓女的定性却发生了根本性的变化，由原来"封建剥削制度的受害者，需要解放、拯救的弱势群体"转变为"好逸恶劳、自甘堕落、扰乱社会秩序、妨碍公共健康、败坏道德风尚的违法者"，是需要严厉惩罚、打击的对象。

尽管选择卖淫确有个人道德层面的因素，但仔细审视却不难发现，相对贫困、社会资源分配不公、社会转型引发的就业难等社会因素仍是推动部分弱势群体加入性交易行列的异己力量。贫困的人会借助不可剥夺的资源——身体来赚钱[1]，如果无须卖淫也能过上美好、幸福的生活，相信仍选择卖淫的人数将大大减少。而所谓"卖淫者纯属追求性快乐，其实根本不缺钱"的认识，更是不攻自破。因为在婚前性行为、一夜情普遍存在的今天，完全不用通过卖淫就能满足自己的性欲。因此，完全忽视社会因素，仅将卖淫行为责任归咎于个人道德操守而加以严厉打击、处罚的做法，是难以得到伦理辩护的。另一质疑的观点则认为，卖淫嫖娼属于道德问题，法律不应越界："有人厌恶卖淫嫖娼，但是厌恶不应该成为立法的依据。……双方如果行为自愿，但违反了社会道德，只应由道德来调节。"[2]

此外，民意的支持也正在悄然发生转变。新中国成立后基本禁绝了卖淫嫖娼现象，也在全社会树立了鄙视、痛恨"卖淫嫖娼"的道德立场。但近十几年以来，公众对卖淫嫖娼的观念却呈现日渐宽容的趋势，严厉打击卖淫嫖娼的政策也正逐渐失去民意的支持。潘绥铭、黄盈盈对全国的三次抽样调查结果显示：认为"法律处罚小姐过重的"的比例，从2000年的13.3%上升到2010年的26.0%；认为"法律处罚嫖客过重的"的比

---

① ［法］乔治·维加埃罗主编：《身体的历史——从文艺复兴到启蒙运动》（卷一），张竝、赵济鸿译，华东师范大学出版社2013年版，第155页。

② 李银河：《性的问题》，内蒙古大学出版社2009年版，第68、75页。

例，从 2000 年的 15.8% 上升到 2010 年的 23.0%。

2. 严厉打击的公正性质疑

公正是法的本质，法是公正的象征。《中华人民共和国宪法》第三十三条规定："中华人民共和国公民在法律面前一律平等。"严厉打击卖淫嫖娼的法律规范及执行过程两个方面的公正性都面临质疑。

首先，"传播性病罪"的设立有违公正性。在我国，单纯的卖淫嫖娼不构成犯罪，但依照《刑法》第三百六十条的规定，"明知自己患有梅毒、淋病等严重性病卖淫、嫖娼的"则构成故意传播性病罪，需"处五年以下有期徒刑、拘役或者管制，并处罚金"。传播性病罪的立法意图是为保护公民身体健康，而常识也告诉我们，某种性行为是否安全，是否会导致性病、艾滋病的传播，与性行为对象是谁及是否存在交易无关，仅与是否存在无保护的性行为并导致对方感染性病、艾滋病有关。既然如此，就应该对所有明知自己患有梅毒、淋病、艾滋病等严重性病而故意实施无保护行为并导致对方感染严重性病的主体进行处罚；但该罪的设立却只将卖淫嫖娼者视为犯罪主体，其他人即使故意实施传播行为并导致他人感染，也不受刑法制裁。这其实属于"同等情况不同等对待"，对卖淫嫖娼者有失公允。

其次，对一般卖淫行为的处罚力度明显超过其过错，显失公平。认为卖淫传播性病、破坏家庭稳定、败坏社会公序良俗，是将卖淫作为违法行为加以打击的主要理由。不可否认，卖淫确实会给社会带来不良影响，但是否达到了应给予行政处罚外的 6 个月至 2 年的收容教育甚至 3 年以下的劳动教养处罚呢？这需要从法理的角度加以分析：性病艾滋病传播风险高不能成为严厉打击卖淫行为的主要理据。从传播的风险来看，男男性行为、非商业性多性伴无保护性行为的传播风险同样很高，甚至比卖淫更高，但法律并未处罚此类行为；且嫖娼者多半都深知商业性性行为本身面临的健康风险，属于"明知而故买"，劳动教养处罚措施只用于妓女而不用于嫖客，是对妓女的不公平。

再次，执法程序不严谨导致执法不公。国务院《卖淫嫖娼人员收容

---

① 潘绥铭、黄盈盈：《性之变　21 世纪中国人的性生活》，中国人民大学出版社 2013 年版，第 46 页。

教育办法》第三条规定："收容教育工作由公安部主管。"因此，收容教育处罚措施不需要经过检察机关的调查与监督，也不需要法院的判决，仅由公安机关自行决定。这就赋予了公安机关极大的决定权与自由裁量权。因此，被罚款和收容教育的，又往往是卖淫群体中的弱势群体。大量的调查研究表明，高档妓女由于自身能力以及服务对象的强势地位，很少受到打击；而"经验丰富""人头熟"的一般妓女也有自己的办法逃脱打击；真正受到打击的是那些缺乏经验的低档妓女。本课题组此前在昆明市收容教育所调查了解的情况也证实了这一点，被处罚的绝大多数是卖淫群体中的弱势群体。

3. 严厉打击的有效性质疑

严厉打击卖淫嫖娼的主要目标是减少卖淫嫖娼违法行为、遏制性病艾滋病传播；其主要处罚方式包括：罚款、行政拘留、收容教育、劳动教养（2013年废止前），配合使用的手段主要是"扫黄打非"专项行动。从实践看，其实际效果并不理想，严厉打击政策的有效性也受到质疑。

先看使用频率最高的罚款这一处罚措施的有效性。不言而喻，罚款的主要目的，在于通过经济上的制裁，达到减少、纠正违法行为的目的。但西方学者的研究发现，高额的罚金非但不能减少性交易，反而可能驱使妓女进行更为频繁的性交易以挽回损失，此即所谓的"旋转门综合征"。[1]我国有关卖淫嫖娼的实证研究也证实了这一点，达到减少、纠正违法行为的作用十分有限，特别是对那些收入高的人来说意义很小。与此同时，罚款还驱动警察为"创收"而"抓嫖"，并形成相关的利益链：如果卖淫彻底消失就罚不出钱来，所以利益驱动使得卖淫不可以完全消失，而是细水长流地提供罚款。"在一些地方，'法治'被'罚治'所代替。卖淫嫖娼，只要交了罚款，就可立即放人。"[2] 可见，罚款不仅缺乏足够的警示意义，还容易滋生腐败。

再看处罚力度更强的收容教育和劳动教养制度的有效性。众所周知，收容教育和劳动教养不属于治安管理处罚方式，而是介于刑事处罚和治安

---

① 赵军：《惩罚的边界——卖淫刑事政策实证研究》，中国法制出版社2007年版，第257页。

② 李银河：《新中国性话语研究》，上海社会科学院出版社2014年版，第149页。

管理处罚之间的具有强制性的、独立的公安行政处罚的教育措施。收容教育和劳动教养制度设立的初衷是教育、挽救卖淫嫖娼者，但在实际执行中其惩罚的职能远重于教育挽救的职能。建国初期开办教养所，妓女入所后在里面接受治疗、教育和改造，出所后由政府帮助解决工作、成家等问题，教育改造成效显著。而改革开放后的收容教育，则因收容教育所容量有限，很难做到普遍可及；加上很多时候的以罚代教，不能实现预期目标。此外，市场经济条件下的人才自由流动政策，使被收容教育的妓女出所后难以解决就业问题，大多还会重操旧业，收容教育的意义难以体现。而劳动教养则主要变成一种惩罚手段了，许多劳教人员被强迫加班加点地劳动，学习和培训等本初的措施大量被强制劳动所替代。"一些观察者得出结论，劳动教养的主要后果是让一大批初犯接触了一小撮累犯，并从后者那里学到了新的招数。"① 因备受诟病，劳动教养制度已于 2013 年 11 月 15 日被《中共中央关于全面深化改革若干重大问题的决定》所废止。

再看严厉打击对遏制性病艾滋病传播的作用。公安部门几乎每年都会开展打击卖淫嫖娼专项行动。过去我国在娱乐场所一直以安全套为卖淫证据。2004 年，卫生部为遏制艾滋病疫情快速上升的疫情，开始推行从国外引进的"100% 安全套工程"。这一做法与公安部门的打击之间存在明显的冲突。后来经过多方面长时间的努力，公安部门才最终改变以安全套作为卖淫证据的做法。2010 年的严打则是近年来最严厉的一次，不仅力度空前而且持续时间更长，但运动式扫黄效果仍不尽如人意。"严打没有打掉客人的需要，没有减少卖淫嫖娼，只是使得'小姐'改变了营业方式（从依靠场所转为电话或网上联系），增加了不使用安全套的有风险的性行为。"② 另外，严打政策也有碍于卫生部门干预工作的顺利开展。商业性性服务者流动性较强，以娱乐场所及性病诊所为依托开展干预是目前最主要的举措。但因公共娱乐场所老板、妈咪所实施的容留、介绍卖淫等行为属于犯罪行为，随时面临被查处的风险，配合安全套推广使用等干预措施的积极性本来就不高，而每次"严打"后，工作人员又需再次花费

① ［美］贺萧：《危险的愉悦：20 世纪上海的娼妓问题与现代性》，韩敏中、盛宁译，凤凰出版传媒集团、江苏人民出版社 2010 年版，第 356 页。

② 潘绥铭、黄盈盈：《性之变 21 世纪中国人的性生活》，中国人民大学出版社 2013 年版，第 341 页。

精力去接近娱乐场所老板及新来的小姐。① 可见，严厉打击的策略不仅难以防范、遏制性病艾滋病传播，反而迫使这个性病艾滋病高危群体完全转入地下，不利于性病艾滋病的干预、检测和治疗，导致性病艾滋病在更大范围内流行。

最后看严厉打击政策的可及性和可持续性。从 1984 年到 1998 年全国累计查处卖淫嫖娼大约 237 万人次。社会学家估计，卖淫嫖娼人员的"查处率"才到 10%。② 但即便如此，相关部门在禁娼方面的人力、物力、财力投入已经超出各自的承受能力。而且随着互联网时代的到来，一系列新的通信工具和通信手段的使用，性交易不再完全依赖实体的场所。我国《宪法》第三十七条明确规定："中华人民共和国公民的人身自由不受侵犯。任何公民，非经人民检察院批准或者决定或者人民法院决定，并由公安机关执行，不受逮捕。"在这样的情况下，对商业性性行为的查处变得更为不易。

此外，受瑞典等国"抓嫖不抓娼"做法的影响，国内也出现了类似的呼声。但事实上，这种提议从交易双方不平等的地位来看虽有一定的道德合理性，但于艾滋病防治和性服务者权益保护却并无明显益处。从性病、艾滋病角度看，性行为安全与否仅与是否使用安全套有关，而与交易双方的地位无关。加大对嫖客的打击力度，也无法确保性行为本身的安全性。同时，从我国公众的态度来看，"抓嫖不抓娼"也缺少民意的广泛支持。我们的实地调查结果显示，在接受调查的一般公众和艾滋病感染者中，主张"不必区分性服务者和嫖娼者责任的"分别为 58.7%、69.7%，认为"性服务者责任重于嫖娼者的"分别为 9.4%、13%，认为"嫖娼者的责任重于性服务者的"分别为 31.9%、17.3%。可看出，尽管公众在道德情感上对性服务者的宽容略微胜过嫖娼者，但这种差异并不显著。在缺乏有效性支持的情况下，不宜在立法上对相互依存的双方进行区别对待。

---

① 中国疾病预防控制中心：《娱乐场所服务小姐预防艾滋病性病干预工作指南（试用本）》2004 年 6 月。

② 周季钢、魏敏钢：《大陆地下性产业"合法化"风波》，《大众生活报》2006 年 4 月 13 日。

（四）商业性性行为合法化面临现实与伦理困境

由于对商业性性行为的严厉打击，并未收到预期的效果，反而面临伦理和法律等方面的质疑，于是有人从严打政策面临的问题出发，提出实行商业性性行为合法化的主张。特别是荷兰、德国相继于 2000 年、2002 年调整了性交易法律，将卖淫纳入了合法范围，受此影响，国内近年来主张卖淫合法化的呼声持续不断，很多人呼吁"对性产业制定行规进行规范，以设置'红灯区'办法，把它从地下转到地上来，限制范围，严加管理，严把性工作者健康关，杜绝性病流行"①，并坚称"卖淫合法化"是解决性饥渴、消除性犯罪、保证社会安定、建立和谐社会的法宝。②

我们认为，"卖淫合法化，设置'红灯区'，推行性工作者注册登记、定期健康检查"的提议，至少蕴含三个假设性前提：第一，"红灯区"的设置及规范管理是现实可行的；第二，现有及潜在的性服务者都是愿意暴露身份，并积极进行注册登记的；第三，性服务者是性病艾滋病传播的源头，只要定期监测其健康状况，就切断了性病艾滋病经商业性性行为传播的源头。可是这三个假设性前提，果真如"卖淫合法化"呼吁者所预想那般吗？

1. "红灯区"设置及管理面临的现实困境

我们知道，德国实行了卖淫合法化，但妓院必须在规定的地区开设，并有开放时间的限制。假设我国也允许合法开设妓院，首先要解决的问题是：如何确立妓院开设的数量？如何划定"红灯区"设置的区域？德国的国土面积仅约 35 万平方公里，不如云南一个省大，荷兰更是只有 4 万多平方公里；德国总人口 8000 多万、荷兰仅有 1600 多万。无论国土面积还是人口数量，与中国相去甚远。那么在中国，是按人口密度、还是按行政区划面积来确定妓院和"红灯区"的开设数量呢？是仅在省会城市设立，还是市、县、甚至每个乡镇都设立呢？可以想见，如果"红灯区"设置的数量太少、地理分布过于集中，则难以满足消费人群的需要，"红

---

① 周瑞金：《地下"性产业"需要阳光管理》，《检察风云》2006 年第 4 期。

② ［荷］洛蒂·范·德·珀尔：《市民与妓女——近代初期阿姆斯特丹的不道德职业》，李仕勋译，人民文学出版社 2009 年版，第 221 页。

灯区"外的性交易无法杜绝；而如果"红灯区"设置数量过多、地理位置较分散，则公安、卫生部门难以管控。

即便第一个难题解决了，还有第二个难题：具体到某个城市、某个区域，"红灯区"又设在哪里？性服务者都愿意去红灯区吗？新中国成立以前，在上海对妓院实行"化零为整"，将它们纳入指定的"红灯区"的做法就遇到了很多阻碍。很多愤怒的居民向市长举报、申诉，反对将妓院设在居民区和学校旁。2011年，台湾重启"红灯区"计划时，台湾当局的一项民调也显示，尽管83%的民众赞成设立"红灯区"，但却有91%的民众反对将"红灯区"设在自家隔壁。台湾岛内各县市也反对在本辖区内设立"红灯区"，就连台湾日日春关怀互助协会秘书长王芳萍也认为，性交易是成人间的私人交易，政府不应该介入并设立"红灯区"进行管理，理想的性工作模式应该像香港那样，不限定性工作者、工作场所和区域，也不需要申领执照。① 台湾"红灯区"重启计划因此搁置不前。

第三个难题则来自文化、道德观念方面的差异。在中国，性长期属于"能做不能说"的禁忌话题；卖淫嫖娼者，至今仍饱受鄙视和排斥。因此，不难想象，由于面子问题，即使中国的法律明确宣布实施卖淫合法化，恐怕也很难有人愿意挂上"妓院"的招牌；即使有人这么做了，也很难有性工作者公开身份去"上班"；再退一步，即使有性工作者愿意公开身份去上班，敢于公开进妓院的嫖客恐怕也是个问题。我们在实地调查中，就此问题访谈了卫生部门的领导和工作人员，他们中的绝大多数都表示了大体一致的看法："有人主张学习外国建'红灯区'，但实际上根本行不通，嫖客不会愿意公开身份。"

2. "性工作者"登记注册及健康检查面临的现实困境

依照"卖淫合法化"主张者的观点，对性服务者应实行严格的准入制度，如明确规定最低就业年龄以及实名登记，已婚的妇女或者男人，在得到配偶的同意之后也可从事该工作。② 同时，由于实行"卖淫合法化"的主要理据是遏制性病艾滋病经商业性性行为传播，性行业准入还需附加苛刻的健康条件。我国重点防治的性传播疾病有梅毒、淋病、艾滋病等8

---

① 林瑞珠：《"熄灯"14年后，台湾重启"红灯区"》，《看天下》2011年第10期。
② 张雪：《关于卖淫嫖娼合法化问题的思考》，《华人时刊》2014年第4期。

种，性病多达 20 多种。在这样的情况下，怎样确立健康准入标准将成为第一个难题。

当然，最困难的还不是准入环节，而是进入"性工作"行业后的定期健康检查。性病感染和传播具有动态性、艾滋病检测还存在窗口期，健康检查的周期多长合适；体检机构的资质如何认定；体检费用的支出由政府还是性工作者个人承担；继续从业、暂停从业、永久禁业的健康标准如何确立；其性病艾滋病预防效果究竟如何，等等，都是不容回避的问题。

在回答以上问题之前，先让我们看看历史上类似的做法及成效。从 1945 年 8 月到 1949 年 5 月，上海市政府采取注册、领取执照、对妓女体检及限定开业区域的办法来治理娼妓业。当局明确把妓院的雇佣安排正式纳入劳资关系，并对妓院的工资和工作条件等作了具体的规定："每个房间都必须备有消毒措施；嫖客必须使用安全套；18 岁以下的女子及 20 岁以下的男子禁止在妓院出现；妓院老板不许虐待妓女，不许在妓女生病、怀孕四个月以上和产后三个月内逼迫她们工作；禁止拉客；妓女执照有限期为一年，需定期进行体检。"[①] 此外，还实施了抓捕拉客者、控制无照卖淫者、加强对伴舞、按摩等边缘性行业的管理等一系列措施，但仍然失败了。[②]

可是，在行业准入、劳资关系、配套管理等各方面均比今天的"卖淫合法化"主张者考虑还周全的方案，为何最终仍以失败而告终呢？这正源于设想和实际执行的差距。在治理方案中，警察局有权将患病妓女的执照吊销，并命令她们歇业和治疗；治愈后的妓女还要接受再检查，当卫生局通知她们确实治愈后，警察局将重新给她们颁发执照。但如此复杂的监管程序却难以落到实处。从 1946 年的 3 月到 12 月，市政当局对 3550 名妓女进行了一次性的体检。第一批中 85% 的妓女被查出患有梅毒或淋病。而在 1946 年全市接受治疗的 1310 名妓女中，只有 312 人得到健康证明；她们中的 233 人在治疗第一种性病期间又感染了第二种性病。通不过体检的妓女就会变成"无照经营"。尽管按照规定妓女每月要检查一次，

---

① ［美］贺萧：《危险的愉悦：20 世纪上海的娼妓问题与现代性》，韩敏中、盛宁译，凤凰出版传媒集团、江苏人民出版社 2010 年版，第 302—303 页。

② 同上书，第 302 页。

然而 10 个月中全市只有 3 名妓女勉强达到这一要求。警察局长曾建议卫生局设立流动检疫站到各个妓院去强行体检，但这一提议终因人员和资金的匮乏而搁置下来。至于警方提出的要求"嫖客戴安全套，妓女在每接待一个客人之后要消毒"的要求，几乎根本未予落实。在接受政府卫生部门检查的 500 名妓女中，94% 的妓女所在的妓院没有这样的设施，或者是妓女们根本就不用。①

仅一个上海市，合法化、登记注册、定期体检的规范化管理尚且失败了，不难推测放到整个中国，而且是网络化、信息化的今天，成功的可能性微乎其微。而且，合法登记、规范管理、定期检查为性病艾滋病预防提供的不过是"虚假的安全感"罢了。首先，性病艾滋病是由性交易的双方共同传播，但定期体检的对象只有性服务者（性消费者根本无法监测），而且持健康证上岗会给性消费者传递一种"干净、安全"的虚假信息，从而导致性交易的增加和安全套使用率的下降。如果已感染艾滋病的人来进行性消费，不仅性服务者自身面临更高的感染风险（2006 年一项研究发现，荷兰约有 7% 的女性性工作者感染艾滋病②），也更可能加剧艾滋病在更大范围的传播。其次，梅毒、淋病尚可治愈，所以 20 世纪 40 年代上海的妓女仍有机会重返旧业；而艾滋病至今尚无可治愈的药物（短期内也不可能有），那么一旦查出感染了艾滋病，就意味着这些性工作者从此丧失了从事性服务的机会。在此情况下，政府是将患艾滋病的性工作者供养起来还是为其提供其他合适的就业岗位呢？如果政府能做到，那么全国 50 多万艾滋病患者都应该获得同等的待遇；如果无法做到，为了生存，感染艾滋病的性工作者终究会走入地下从事性服务，遏制艾滋病传播的初衷不仅无法出现，甚至可能背道而驰，因为患病的性工作者会为了躲避打击而加速流动，尤其是向性防护意识更低的农村流动。

3. 合法化也难以维护"性工作者"的身心健康

帮助性工作者获得有效的法律保护、消除社会对性工作者的污名化和歧视，是"卖淫合法化"倡导者除预防性病艾滋病传播外另一最有力的

---

① [美] 贺萧：《危险的愉悦：20 世纪上海的娼妓问题与现代性》，韩敏中、盛宁译，凤凰出版传媒集团、江苏人民出版社 2010 年版，第 309—310 页。

② 《"卖淫合法化"可能会带来什么》，《政府法制》2012 年第 12 期。

理据，但历史和现实早已给出了否定的答案。

首先，卖淫合法化难以使性工作者身心免受伤害。性工作者除了面临感染性病艾滋病、怀孕、流产等健康方面的高风险之外，还可能面临暴力和变态性行为。不言而喻，性工作的进行离不开身体这个载体的直接参与。应该说，每项工作都离不开身体的参与，但在我们所知的各行各业中，再难找到一种与性工作如此相似的职业：在一个私密的空间里，身体与身体零距离的接触，谁都无法预知会不会发生对性工作者人身的伤害。各个行业都可以通过行业规范来保护从业者的权益，但对于性工作者而言，这种保护却只能是隔靴搔痒。这不仅因为性交易通常都发生在私密的空间，第三人（包括警察）难以监管；还因为性交易的双方地位的严重不平等，以及异性性交易中双方身体力量的过分悬殊。在性交易中，有些嫖客甚至会对小姐进行某些性虐待和精神上的摧残。即使是"高档"的嫖客，也不见得好到哪里去。"最近许多香港嫖客都喜欢用手、拳、物来搞小姐，据说是一种时髦。所以在 B 镇的医院里，最近越来越多收治到阴道被创伤的小姐。据这位医务工作者说，进行肛交的嫖客也越来越多。"[1] 旧金山"性交易研究和教育所"的资料也表明：买春男性中的大多数人会对女性表现出病态的行为[2]；另一项心理健康调查则显示，卖淫妇女存在多种心理问题。[3]

其次，合法化也难以消除社会对性工作者的歧视。可以说，不管卖淫多么猖獗，有多少人从事着这样的职业，不管是合法还是非法，人们的价值判断标准千百年来几乎是一致的："卖淫的女人是坏女人，她们什么都不是，什么也不配。她们是社会传统道德的破坏者，是疾病的传播者，是好逸恶劳的一类，她们只是人们唾弃和辱骂的对象。"[4] 正如莱基所说："尽管娼妓有她无可否认的贡献，尽管她保全了妻子和女儿的道德，但她

---

① 潘绥铭：《生存与体验——对一个地下"红灯区"的追踪考察》，中国社会科学出版社 2000 年版，第 175 页。

② 《性交易合法化后，管理为何还要如此"严苛"？》，《政府法制》2013 年第 30 期。

③ 曲洪芳、张蔚等：《卖淫妇女心理防御机制及心理健康状况研究》，《中国行为医学科学》2005 年第 11 期。

④ 张红：《从禁忌到解放——20 世纪西方性观念的演变》，重庆出版社 2006 年版，第 65 页。

仍是一个可怜的女人，为世人所不齿，被当成社会渣滓，而且不允许与普通人来往，除非她们在卖淫的时候。"① 这种道德上的鄙视、社会生活上的排斥，并不会因合法化就能得以消除。在德国，妓女被要求进行健康检查，但却不允许有健康保险；在荷兰，妓女可以合法从业，但是妓女并不享受从事其他工作的妇女所拥有的权利，并受到社会的歧视；在土耳其，妓女必须注册，不仅生活受到严格限制，还受到社会的排斥，找不到其他工作。② 即使在实施宽容策略防治艾滋病的过程中，我们或许可以宽容性工作者的行为选择，但也很难从潜意识里排除对她们的否定性评价。

正因为如此，实名登记注册难以真正维护性工作者的合法权益，反而使其招致终身的污名化，尤其是对那些只想短期或者兼职从事性服务的人而言，实名登记将其从偶尔通过性服务赚钱，变为职业女性，增加了其"转行"的难度。此外，性工作与伴侣排他的情感及性权利还如此矛盾，就连去进行性消费的男人，也没几个愿意将性工作者娶回家，实名登记将使性工作者更难获得幸福的爱情、婚姻。也因此，性工作者合法登记的意愿并不强烈。18 世纪维多利亚时期，欧洲许多国家的妓女登记都是通过暴力手段实现的。③ 而在今天的荷兰，"合法化"后性工作者出于名声的考虑，也不愿去登记。在荷兰阿姆斯特丹，外国妓女的比例惊人（占近80%），但70%没有合法登记。④

我们的实地调查结果也显示，民意对"商业性性行为合法化"的支持度并不高。一般公众选择"支持"的比例仅为 28.5%、选择"不知道"为 1.8%、但持"反对"态度的则高达 69.7%。公众反对合法化的理由主要包括（多选）："情感上接受不了，没有人可以接受自己的亲人从事这样的工作"的为 56.1%；"不赞同用肉体换取金钱的价值观"的为 53.1%；认为"合法化将导致性道德的沦丧，给婚姻、家庭和谐带来隐患"的为 56.1%；认为"将败坏社会风气，不利于未成年人的教育和培

---

① ［英］伯特兰·罗素：《性爱与婚姻》，文良文化译，中央编译出版社 2009 年版，第 157 页。

② 李银河：《新中国性话语研究》，上海社会科学出版社 2014 年版，第 160—161 页。

③ 张红：《从禁忌到解放——20 世纪西方性观念的演变》，重庆出版社 2006 年版，第 63 页。

④ 《"卖淫合法化"可能会带来什么》，《政府法制》2012 年第 12 期。

养"的为 50.0%；认为"合法化后，将导致性疾病传播更严重"的为
37.1%；认为"将增加人口买卖等违法犯罪活动"的为 35.6%；认为
"将让本来就处于弱势地位的性工作者更弱势"的为 25.8%。

综上所述，"卖淫合法化"并非我国干预商业性性行为的应有之策，
其不仅有违民意，还难以实现维护性工作者权益和预防性病艾滋病传播的
初衷。进一步推进商业性性行为干预、遏制艾滋病经商业性性行为的传
播，必须寻求更合理、有效的策略。

三 解决商业性性行为干预伦理难题的对策

按照马克思、恩格斯的观点，"随着生产资料转归社会所有，雇佣劳
动、无产阶级、从而一定数量的——用统计方法可以计算出来的——妇女
为金钱而献身的必要性，也要消失了。卖淫将要消失，而专偶制不仅不会
灭亡，而且最后对于男子也将成为现实"①。由此看来，在私有制被彻底
消灭、两性平等完全实现之前，我们需要正视商业性性行为还将长期存在
的客观事实。为遏制艾滋病经商业性性行为传播，在对商业性性行为实施
严厉打击面临诸多质疑且效果不佳、合法保护则存在诸多现实和伦理困境
的情况下，我国亟待在严厉打击和合法保护之外寻求更合理、有效的干预
策略。具体地说，解决商业性性行为干预面临的伦理难题，必须在统一对
商业性性行为的道德认识、明确商业性性工作者的伦理定性的基础上，重
树商业性性行为法律规范立场，实施宽容与权益保护相结合的干预策略，
推行卫生部门牵头、多部门合作的综合防治模式，营造良好的性道德
氛围。

（一）统一对商业性性行为的道德认识

统一对商业性性行为的道德认识，是消除争议、合理调整法律规范并
据此提出有效干预策略的前提。我们认为，商业性性行为是一种道德不当
行为。具体地说，商业性性行为的道德不当性主要表现为对公民身体权的

---

① ［德］恩格斯：《家庭、私有制和国家的起源》，中央编译局译，人民出版社 2009 年版，
第 77 页。

不当处置、背离了"身心和谐"的性道德、伤及社会公序良俗等三个方面。

1. 商业性性行为是对身体权的不当处置

商业性性行为首先涉及人的身体权问题,"人有没有权利按自己的意愿处置自己的身体?"① 这需要首先判断,人的身体究竟是神圣不可侵犯的主体性存在,还是可以自由处置的"私人财产"。

我们认为,人的身体并不是可以自由处置的"私人财产",而是神圣不可侵犯的主体性存在。康德有言:"他不是自己的财产,说他是财产是自相矛盾的;因为如果他是一个人,那么他就是一个具有对物的所有权的主体,如果他是他自己的财产,那么他就成为一件他具有所有权的物……同时成为一个人和一件物,成为所有者和财产是不可能的。"② 可见,在康德那里,人的身体不是物,不是私人财产。而在尼采那里,身体开始成为人的主体性存在:"我完完全全是身体,此外无有,灵魂不过是肉体上某物的称呼。"③ 从尼采开始,哲学思想史上的一个重要事件就是"身体转向",身体从被规训、被遮蔽的历史中走出来,成为个体存在与身份认同的准绳。④ 海德格尔说:"我们并非'拥有'一个身体,而毋宁说,我们身体性地'存在'。"⑤ 梅洛—庞蒂则断言:"身体是我们能拥有世界的总的媒介。"⑥ 经尼采、海德格尔、梅洛—庞蒂等哲学家的努力,长期被遮蔽、被规训的身体,终于翻转成为人存在的基础和准绳。可见,人的身体包括了人的概念,而并非一般意义上的代理者或替代物。身体应被作为人的值得尊重的、有尊严的主体,而不可视为工具或物质主义的器物。⑦

既然身体不是个人的私有之物,而是人的主体性存在,那么个人对身体所享有的就不是积极的物权,而只能是消极的人格权。物权与人格权的

---

① 李银河:《性的问题》,内蒙古大学出版社 2009 年版,第 83 页。

② 转引自〔美〕卡罗尔·帕特曼《性契约》,李朝晖译,社会科学文献出版社 2004 年版,第 213 页。

③ 〔德〕尼采:《苏鲁支语录》,徐梵澄译,商务印书馆 1992 年版,第 27 页。

④ 汪民安:《身体、空间与后现代性》,江苏人民出版社 2006 年版,第 10—12 页。

⑤ 转引自周与沉《身体:思想与修行》,中国社会科学出版社 2005 年版,第 399 页。

⑥ 〔法〕莫里斯·梅洛—庞蒂:《知觉现象学》,姜志辉译,商务印书馆 2012 年版,第 194 页。

⑦ 孙慕义:《后现代生命伦理学》,中国社会科学出版社 2015 年版,第 113 页。

根本区别在于：物权作为一种积极权利在法律许可范围内公民可自由处置；而人格权作为一种消极权利，更强调人的身体的完整性和不受侵犯性。也因此，公民对自己身体权的行使至少应受到三个方面的制约：一是不能伤害自己；二是不能伤害他人；三是不能损害人的尊严。[①] 由此检视，商业性性行为实属行为主体对自身及他人身体权的不当处置。其不当之处，就在于错误地应用物权中的"等价交换"原则，把身体用于商业化活动，导致人身体的商品化，不仅置自己的身体和健康于巨大的风险之中，也消减了自身的身体尊严，进而有损作为人类整体的身体尊严。

有人认为，"对于性可以买卖的社会恐惧，仅仅来自人类捍卫自己那残存的最后一点自尊心的背水一战"[②]。可是，身体的尊严、人的尊严难道是一文不值、可随意弃之的无谓之物吗？恰恰相反，身体尊严、人的尊严恰是每个人活得更自在、更个我、更尊贵的不可或缺之物。因此，只有伦理要素始终参与对人性的反省，才不至于将身体物化或仅仅作为失人性的符号。[③]

2. 商业性性行为背离了"身心和谐"的性道德

性的需要不仅是人的一种自然生理和心理需要，而且是人类繁衍和社会生存、发展的客观需要。"历史中的决定性因素，归根结底是直接生活的生产和再生产。但是，生产本身又有两种。一方面是生活资料即食物、衣服、住房以及为此所必需的工具的生产；另一方面是人类自身的生产，即种的繁衍。"[④] 1999 年第 14 次世界性学会通过的《性权宣言》指出："性是每个人人格之组成部分。"[⑤] 可见，性行为是人类的一种基本的存在方式。作为一种基本的存在方式，人们的性行为应该如何规范和调节，一直是一个重大的社会文化和伦理问题。一方面，性"本身是一种生物的和肉体的行为"；但另一方面，"它深深植根于人类事务的大环境中，是

---

① 陈桂荣：《基于身体伦理视角的人体器官交易合法化辩驳》，《昆明理工大学学报（社会科学版）》2015 年第 2 期。

② 潘绥铭、黄盈盈：《性之变　21 世纪中国人的性生活》，中国人民大学出版社 2013 年版，第 329 页。

③ 孙慕义：《后现代生命伦理学》，中国社会科学出版社 2015 年版，第 115 页。

④ 《马克思恩格斯选集》第 4 卷，第 2 页。

⑤ 《性权宣言》（1999 年 8 月 23—27 日世界性学会第 14 次世界性学术会议通过）。译文参见赵合俊《性：权利与自由》。（http://www.sexstudy.org/article.php? id = 671）。

文化所认可的各种各样的态度和价值的缩影"①。

　　基于对性的社会文化层面的理解，性道德被提了出来。一般地说，所谓性道德，指的是调整人们的性行为和性关系的道德规范、伦理精神的总和，是社会生活中用以评价人们的性行为和性关系的善恶标准。性道德作为一种社会建构，伴随人类发展的文明程度不断进步。从发展历程看，与人类发展的蒙昧时代、野蛮时代和文明时代三个阶段相适应，人类的两性关系经历了群婚制、对偶婚制和一夫一妻制三种婚姻形式。一夫一妻制的胜利是文明时代开始的一个重要标志，它"所体现的道德进步，在于从中发展起现代的个人性爱"②。但在现代社会，性爱或者爱情并未能成为调节两性关系的唯一标准；相反，人们的性行为模式在不同的国家和社会、不同人群之间都存在很大的差异。20 世纪之前判断的标准是生殖，不能生儿育女的性行为是不道德的；20 世纪中期则是婚姻：一切婚前或婚外的性都是不道德的；80 年代以来则是爱情，无爱之性是不道德的；21世纪以来，快乐开始成为首要的判断标准。但这里的"快乐"，不应被简单曲解为无所顾忌、自私自利和享乐主义。③ 罗素强调："性与人类生活中最大的幸福是密切相连的。所谓最大的幸福有三件：第一是奔放的爱情；第二是幸福的婚姻；第三是美妙的艺术。"④ 潘绥铭用"性福"这个新词语来表达这种"性快乐"的应有之义；胡晓萍则用"性和谐"来阐述"快乐"的特征："在性伦理中，幸福是主体对身体和精神的需求均获得满足的快乐感受。"⑤

　　事实上，人类社会性道德的构建，正日益摆脱传统身心二元论的不良影响。在基督教传统和禁欲主义者看来，肉体或生物的欲望会破坏灵魂的洁净；而在性自由主义者那里，肉体或人类动物的天性得到了彻底的释放，却又让人的心灵无处安放。于是，一种追求"身体和精神的双重满

---

① ［美］凯特·米利特：《性政治》，宋文伟译，江苏人民出版社 2000 年版，第 32 页。

② 罗国杰：《伦理学》，人民出版社 2014 年版，第 289 页。

③ 潘绥铭、黄盈盈：《性之变　21 世纪中国人的性生活》，中国人民大学出版社 2013 年版，第 49 页。

④ ［英］伯特兰·罗素：《性爱与婚姻》，文良文化译，中央编译出版社 2009 年版，第 303页。

⑤ 胡晓萍：《价值与伦理——关于性和谐的本体论分析》，西南财经大学出版社 2007 年版，第 200、201 页。

足，实现身心和谐"的性道德观正日益获得人们的广泛认同。如乔治·弗兰克尔主张将"人在爱的活动中将身心融为一体"①。

以"身心和谐"的性道德观来审视商业性性行为，就不难发现这一行为的不当之处。首先，商业性性行为背离了性道德中的无伤原则。无伤原则包括身体器官无伤害及精神心理无伤害两方面。身体器官无伤害，要求性交行为不能损害对方的身体健康。粗暴性、虐待性、隐瞒性病及不合时宜或过度频繁的性行为，都直接损害对方的身体健康。精神心理无伤害，要求性交行为必须出于双方自愿，且不给对方带来情感、心理和精神上的伤害。② 而在商业性性行为中，性仅仅只是消费品，是消费方生理欲望的宣泄，与情感无关；且因为掺杂了金钱、利益等因素，导致双方相互尊重平等关系的丧失，消费方为了满足个人性欲，经常伴生粗暴性、虐待性、侮辱性性行为，给对方造成身体、精神和心理上的伤害，导致性服务方身心健康及人格尊严受损。其次，性是身体最亲密的接触方式，应该是双方的共同享受。但调查表明，绝大多数的小姐在商业性性行为过程中，在生理上不会出现任何性的反应。③ 长期和陌生的、不相爱的人发生无正常性反应的性行为，不仅对身体和心灵产生伤害，还可能导致"快感的减退，不仅视知觉，而且触觉刺激也会失去性的意义"④。而对性消费者来说，虽然完成了性欲的宣泄，但总会在一定程度上产生负罪感，难以获得身心融合的愉悦。这种既无法增进自身幸福，又伤害对方的行为，是背离"身心和谐"性道德的不当行为。

3. 商业性性行为伤及社会公序良俗

性在其本质上远远超越了个人私生活的空间，总是与民众认同、家庭幸福、社会和谐紧密联系在一起。尽管商业性性行为主要是当事人对自身权益的不当处置，其首先损害的也主要是当事人双方的正当权益，但不可

---

① ［英］乔治·弗兰克尔：《性革命的失败》，宏梅译，国际文化出版社 2006 年版，第 7 页。

② 中国性科学百科全书编辑委员会：《中国性科学百科全书》，中国大百科全书出版社 2006 年版，第 425 页。

③ 潘绥铭、黄盈盈：《性之变　21 世纪中国人的性生活》，中国人民大学出版社 2013 年版，第 357 页。

④ ［法］莫里斯·梅洛—庞蒂：《知觉现象学》，姜志辉译，商务印书馆 2012 年版，第 138、194 页。

否认和忽视，该行为在客观上确实也对社会公序良俗产生了不良影响。

在课题组关于"如何看待商业性性行为（多选）"的调查中：认为"存在就是合理的，方便了有需求的人，减少了强奸犯罪率"的一般公众和艾滋病感染者分别为 27.2%、23.1%；认为"个人自愿行为，为实现人的性自由提供了条件，是社会进步的体现"的分别为 22.5%、17.4%；但认为"增加了性病、艾滋病传播风险"的分别为 54.4%、53.4%；认为"会引发一系列拐卖妇女、组织、强迫卖淫等社会问题"的分别为 49.7%、26.3%；认为"是对人性尊严的践踏，只有弱势的人才会被迫去出卖自己的身体"的分别为 29.9%、19.7%；认为"是对社会道德底线的践踏，影响家庭和谐、社会风尚"的分别为 45.4%、33.4%。调查结果表明，在绝大多数公众看来，商业性性行为存在的社会危害性远大于其存在的益处，其对社会的主要危害突出表现在：增加了性病、艾滋病传播的风险；践踏社会道德底线，影响家庭和谐、社会风尚；会诱发一系列拐卖妇女、组织、强迫卖淫等社会问题。

其实，除了上述公众能直观感受到的不良影响外，商业性性行为还降低了人类最重要的爱的价值。在爱情和婚姻中，双方的情感、忠诚和互信都是爱情延续、家庭和谐的重要道德基础。课题组的调查也显示："认为性行为只有在婚姻的基础上才能发生的"一般公众和艾滋病感染者分别占 40.5%、35.3%；"认为性行为只有在爱情的基础上才能发生的"分别占 40.5%、43.3%。但商业性性行为的存在却给社会公众传递了一种"性无忌"的错误性道德观——为了追求物质利益或性欲的满足，人可以不顾生理功能和社会规范的限制。这种性放纵不仅容易导致人性的堕落、精神的颓废、社会文化的衰败[①]，还容易对青少年的性价值观成长产生不利影响。

（二）明确商业性性工作者的伦理定性

如前所述，目前社会对性工作者的伦理定性主要存在违法者、不道德者和需要救助者等三类观点。这些观点都从一个特定的方面揭示了性工作者某一方面的性质。如认为性工作者是违法者这一定性，揭示了商业性性

---

① 江畅：《重建性禁忌观——当代性伦理冲突专辑》，金城出版社 2004 年版，第 113 页。

交易行为的非法性及其社会危害性，违背了我国《中华人民共和国治安管理处罚法》等相关法律法规；不道德者这一定性，揭示了部分性工作者好逸恶劳、贪图享乐的心理和通过不正当手段获取不义之财的动机；需要救助者这一定性揭示了性工作者面临很高的性病艾滋病风险以及在经济、社会发展各个方面均处于弱势地位的社会处境；制度性问题的受害者这一定性则揭示了之所以存在性工作者的一个制度因素——处于社会转型期的中国，目前还存在城乡二元体制、贫富差距明显、妇女经济社会地位有待进一步提升等一系列问题。

我们认为，对性工作者的伦理定性，不能仅根据某一个方面的情况进行，而要根据性道德标准，综合考量性工作者从事商业性性交易的动机和效果、商业性性交易的社会影响以及性工作者的社会处境等各个方面的因素。从性道德标准看，性工作者的行为不仅违背婚姻和爱情标准，而且直接违背性道德的底线，属于违法行为和不道德的行为。从动机和效果看，商业性性交易的客观效果都是违法的，对社会秩序和两性文明都具有不良的社会影响，但具体到性工作者个体而言，也存在某些善的动机。在实地调查中我们发现，并非所有性工作者都是出于好逸恶劳、贪图享乐、通过非法手段获取不义之财的心理和动机，一些性工作者是由于自己没有文化和一技之长，为了给父母治病、供弟妹上学等原因而从事这一行业。有的性工作者则是由于被迫。比如，2015 年 11 月 4 日宁夏银川公安在"扫黄"行动发现有多名男子让妻子卖淫，其中一名男子还胁迫母亲接客。[①]从性工作者的社会处境看，性工作者这一群体面临高感染风险而应得到政府和社会各界的宽容和救助。同时，对性工作者的伦理定性还必须能够在整体上符合性工作者这一群体的特征，而不能用部分性工作者的情况来定性整个性工作者群体。如不道德者和社会制度性问题的受害者这两种定性，揭示的就仅仅是部分性工作者的特性，而不能涵盖整个性工作者群体。这样，性工作者的伦理定性应该包括"违法者"和"需要救助者"两个方面。前者揭示了性工作者这一群体行为及其后果的违法性质；后者提示了性工作者这一群体面临高感染风险而应得到政府和社会各界的宽容

---

① 《男子让妻子和 60 岁母亲卖淫》。(http://news. 163. com/15/1107/10/B7QGI78G00014A EE. html)。

和救助的社会处境。

（三）重树商业性性行为法律规范立场

统一了对商业性性行为的道德认识和性工作者的伦理定性后，法律的立场就比较好确立了。"卖淫合法化"的主张显然违背"合法行为应对社会有益或至少无害"的本质要求。而且就法律与道德的关系来看，"法律是最基本的道德"①，恪守人性和道德底线，固守社会正义和良知，是"善法"的根本要求和法律之正义所在。如果肆意将突破"人的身体不可侵犯和有偿使用"这一重要价值理念和道德底线的不当行为合法化，势必置法律于"不义"的道德困境之下，消减法律的正当性和权威性。

既然商业性性行为作为道德不当行为不应当合法化，那是否意味着必须要定性为违法或犯罪行为苛以严厉制裁呢？答案也是否定的。因为，人的行为十分复杂，法律不可能也不应该把人的一切行为都纳入其调整范围。"鉴于法律运行所需耗费的时间、人力、物力等成本，法律只能择其要者加以调节。对显著有利于社会的行为予以保护，对严重危害社会的行为予以禁止。"② 就商业性性行为而言，该行为确实产生了一定的社会危害性，但其危害性远轻于扰乱公共秩序、妨害公共安全、侵犯人身权利及财产权利的行为；其主要属于对自身身体权利处置不当的"没有过度吓坏公众"③ 的道德不当行为，建议交由道德、习俗、纪律等来调节。恩格斯早就呼吁："在卖淫现象不能完全消灭以前，我认为我们最首要的义务是使妓女摆脱一切特殊法律的束缚。……决不应该损害她们的人格，也不应该损害她们的尊严。"④ 对英国乃至世界立法思想影响甚远的《沃芬顿报告（1957）》也提出："成年人有选择和规范自己的道德能力，没有受害者的性行为属于个人道德问题，它不应当受到法律

---

① 甘绍平：《人权伦理学》，中国发展出版社 2009 年版，第 287 页。

② 丁以升：《中性行为的法理学考察》，《贵州警官职业学院学报》2011 年第 4 期，第 6 页。

③ ［英］杰佛瑞·威克斯：《20 世纪的性理论和性观念》，宋文伟、侯萍译，江苏人民出版社 2002 年版，第 216 页。

④ 中央编译局：《马克思恩格斯全集》（第 38 卷），人民出版社 2006 年版，第 550 页。

的制裁。"[1] 1985 年性工作者国际人权委员会发表的《世界性工作者人权宪章》也指出："应当将各种由他们自行决定的成人性交易非罪化。"[2] 因此，对于没有直接受害者的商业性性行为，建议将其定性为不宜法律介入的中性行为。

明确此定性后，建议我国现行法律规范针对商业性性行为及其关联行为区别不同情况作出相应调整：（1）强迫卖淫、引诱卖淫、介绍未成年人卖淫、奸淫不满十四周岁的幼女，属于具有直接受害者且社会危害性严重的犯罪行为，根据刑法相关罪行进行处理；组织、容留成年人自愿卖淫，因其社会危险性相对较小，应不再受刑法处罚；（2）公共场所拉客招嫖，属于妨碍公共秩序和社会管理的违法行为，应按《治安管理处罚法》规定进行处罚；（3）已婚者参与商业性性交易，属于违反《婚姻法》"夫妻双方有相互忠实的义务"规定的有直接受害者的违法行为，但因其属于民事违法行为，处罚权由配偶行使，政府应尊重公民的情感自决和私权利自决原则，国家公权力不宜介入；（4）中共党员参与商业性性行为，属于损害党员形象并对社会产生不良影响的不当行为，应按照《中国共产党纪律处分条例》第一百二十七条给予党纪处分；（5）上述行为之外的商业性性行为，不再定性为违法行为，《治安管理处罚法》和《卖淫嫖娼收容教育法》的相应处罚措施应废止。

（四）　实施宽容与权益保护相结合的干预策略

尽管商业性性行为属于道德不当行为，但在应对艾滋病的广泛流行时，我们需要把这种道德评判搁置一边。因为在目前缺乏疫苗和治愈药物的情况下，预防艾滋病经商业性性行为传播的有效策略是行为干预和健康教育，而这些策略能否奏效则取决于该群体能否得到社会的宽容与关怀。在过去，商业性性行为者不仅受法律严厉打击、还为公众所排斥，成为社会边缘人群。这迫使他们不愿也无法有效获得艾滋病预防、检测、治疗、干预等服务，导致艾滋病在侵蚀他们自身的同时，向更多人群蔓延。针对

---

① 李银河：《性的问题》，内蒙古大学出版社 2009 年版，第 59 页。

② 人民网：《资料：国际社会对待性交易合法化的态度》2014 年 2 月 12 日。（http://voice.people.com.cn/html/2014/02/12/288189.html）。

我国艾滋病防治工作的紧迫需要，有学者提出了宽容策略，"所谓的宽容应该是：我知道你与我不同，我也并不打算学你，甚至我认为你是错的；但是我不歧视你，也就是不把你划为另类，不搞区别对待"①。因此，宽容策略主张的是公众能采取一种宽大为怀的态度，尽管商业性性行为是道德不当行为，但能够宽容它；并进而抛弃那种"不道德者"无权利的错误思想，尊重商业性性行为者的正当权益。

就商业性性行为的艾滋病干预而言，仅有健康知识的单方面灌输及性行为的干预是不够的，必须要唤起面临风险的当事人自身的健康意识及责任意识。因为只有当事人自身成为自己健康的掌控者，其他一切外部的干预措施才能行之有效。而商业性性行为者个人正当权益的实现，是他们获得艾滋病预防相关知识、信息，并愿意付诸行动积极参与到艾滋病防治中来的关键所在。为此，联合国艾滋病规划署在 2015 年 12 月 10 日国际人权日呼吁："在 2030 年终结艾滋病的流行是联合国可持续发展目标的一部分，这意味着我们要打破偏见、排斥、犯罪和歧视，这需要整个权力架构的进一步跨越——公民、文化、经济、政治、社会、性和生殖。这是对每一个人的人权的捍卫。"②

因此，在宽容的基础上，我们亟待解决的权益问题至少包括：及时对《治安管理处罚法》作出相应调整，避免商业性性行为者受到法律不公正的对待；在其合法权益遭受侵害时，能得到法律的平等保护；能与其他公民一样平等获得政府在教育、就业、医疗、社会保障等方面的服务。其目的是推动社会营造出有利于商业性性行为者尤其是商业性性服务者能够普遍获得艾滋病预防、检测、治疗和干预等服务，在保护自己免遭艾滋病侵蚀的同时积极参与到艾滋病防治中，降低艾滋病传播风险。

（五）推行卫生部门牵头、多部门合作的综合防治模式

政府主导、卫生部门牵头的多部门合作是艾滋病防治取得成功的关键所在。鉴于商业性性行为艾滋病传播的高风险性，建议围绕预防、治疗、

---

① 潘绥铭、黄盈盈：《性之变　21 世纪中国人的性生活》，中国人民大学出版社 2013 年版，第 81 页。

② 联合国艾滋病规划署全球执行主任米歇尔·西贝迪：《捍卫每个人的人权》2015 年 12 月 10 日，UNAIDSCHINA。

干预等艾滋病防治重要环节，开展综合防治工作。

第一，要完善监测、检测工作。在全国、尤其是艾滋病疫情较严重的省份，拓宽商业性性行为哨点监测范围，将男性性服务者纳入监测对象，并加强对该群体流行病学数据统计及分析研究，为防治工作改进提供科学依据。扩大商业性性行为人群艾滋病检测范围。考虑部分商业性性行为者害怕歧视等原因，不愿主动进行艾滋病检测，建议在传统的艾滋病自愿咨询检测（VCT）、高危人群监测和医务人员主动提供 HIV 检测咨询三种方式外，在疫情较严重的地区推广云南省唾液快速检测试剂进药店的先进经验，进一步提高商业性性行为者 HIV 感染检出率。

第二，要开展及早治疗及暴露性预防治疗。及早治疗不仅可以大大降低死亡率，还能显著降低感染者将 HIV 传播给性伴侣的风险。[1] 2015 年 9 月 30 日，世界卫生组织宣布，取消《使用抗逆转录病毒药物治疗和预防艾滋病毒感染合并指南（2013）》中对艾滋病毒感染者抗逆转录病毒疗法的资格限制，所有年龄段人群都具有获得抗病毒治疗的资格。[2] 对此，建议在扩大检测的基础上，积极动员感染艾滋病病毒的商业性性行为者，及早接受抗病毒治疗，在改善自身健康状况的同时，发挥"治疗即预防"的作用，降低艾滋病经性途径传播的风险。

同时，暴露后预防性服药的病毒阻断效果十分显著。但此前该举措仅针对医疗卫生人员及人民警察等职业暴露者。为减少艾滋病非职业暴露后的感染风险，云南省疾病预防控制中心于 2015 年 6 月组织制定了《云南省艾滋病病毒非职业暴露后预防性服药指导意见》。暴露后预防性服药的对象为：HIV 抗体阴性；发生了与职业暴露无关的风险行为（包括未使用安全套的同性和异性性行为；与 HIV 感染者共用针具吸毒及其他可能暴露 HIV 的情形）。建议暴露者尽早服药，原则上不超过暴露后 72 小时，费用由其本人承担，并签署知情同意书。[3] 在商业性性行为人群中开展暴露后预防性服药工作，能为面临高感染风险者提供及时阻断，降低 HIV

---

① 秦小超：《艾滋病抗病毒治疗研究进展》，《中外健康文摘》2012 年第 49 期。

② 世界卫生组织：《治疗所有艾滋病病毒感染者》2015 年 9 月 30 日。（http://www.who.int/mediacentre/news/releases/2015/hiv - treat - all - recommendation/zh/）。

③ 李佑芳：《云南省启动艾滋病病毒非职业暴露后预防性服药试点工作》，中国疾病预防控制中心性病艾滋病预防控制中心网站，2015 年 6 月 29 日。

感染风险。为此，建议在具备条件的地区，加大宣传力度，完善药物覆盖网络，确保商业性性行为者在暴露后能及时获得药物及规范、科学的治疗。

第三，要加强安全套推广及生殖健康服务。建议进一步加强卫生、人口计生、公安、文化、工商等执法部门的协作配合，做好娱乐场所、旅馆业等经营性公共场所监督和安全套推广工作，根据需要增设安全套免费及社会营销发放点。针对低档、流动性服务者等卫生部门干预工作推进较为困难的领域，可积极探索通过政府购买社会组织服务等方式，提高干预效果。针对商业性性行为本身涉及个人隐私，除了同伴之间他们很少谈及自身性行为的特点，应进一步增加同伴教育经费投入，扩大同伴教育骨干数量，充分发挥同伴教育在干预中的优势，提高干预可及性。

此外，受教育程度偏低、生殖健康知识匮乏是商业性性行为者不安全性行为及无保护性行为发生的主要根源所在。针对性服务者及流动人口、老年人群、男男性行为者等重点性消费人群，可充分利用网络、微信、微博、网络社交工具等新媒体和性病门诊、社区医院等开展生殖健康及艾滋病防治服务。针对梅毒等性病规范化诊疗比例低、传染源未得到有效控制，生殖健康及艾滋病传播风险加剧的问题，建议督促卫生医疗机构规范开展治疗，提高性病规范化诊疗和管理水平。

（六）营造良好的性道德氛围

商业性性行为的发生与社会环境密切相关：青少年性健康知识匮乏、社会不良风气影响等导致商业性性服务行业呈现低龄化趋势；部分已婚人士责任淡漠，不顾伤及配偶情感及家庭和谐，涉足性交易；老年人的性需求长期未得到正视，导致商业性性行为增加。凡此种种，都有赖于性道德环境建设。具体地说，营造良好的性道德氛围应该着力关注以下三个方面：

一是关注青少年的性健康成长。商业性性行为的发生既有社会因素，也有个人道德责任。但家庭、学校性教育的普遍缺失却增加了青少年受短期物质利益诱惑而选择出卖自己身体的可能性。课题组关于"性知识获取途径"的调查显示：性知识来源于"书报杂志"的一般公众和艾滋病感染者分别为 27.2%、33.5%；来自"影视录像"的分别为

11.3%、27.4%；来自"网络媒体"的分别为16.9%、13.4%；来自"同学和朋友"的分别为23.2%、7.6%；来自"公共场所谈论"的分别为6.6%、7.9%；但来自"老师"的仅为5.6%、2.9%；来自"父母"的则最低，仅为0.3%、1.7%。一般公众对性教育责任主体的认识是：学校38.2%、家长32.7%、政府18%、其他10.6%。由此可看出，公众的性知识主要来源于影视录像、书报杂志及网络媒体，而作为应承担主要性教育责任的学校和家长，性教育却几乎是缺失的。针对目前父母不谈性、学校性教育普遍缺失、社会性知识碎片化的现状，亟待达成关注青少年性健康成长的社会共识，努力构筑"家庭—学校—社会"三位一体的性教育网络，并围绕性健康知识教育、性道德取向教育和性价值实现教育等方面开展性价值观教育，帮助青少年尽快养成健康的性价值观。

二是积极提高婚内性和谐度。在理论上，已婚人群的性生活应该是最有规律的，但他们的商业性性消费率却远高于未婚人群。这或许是因为婚内性生活质量还有待提高。根据潘绥铭教授的调查，感情因素是帮助获得"性福"的重要因素，爱女方会减少58%的找"小姐"可能性，夫妻双方感情与性生活的不协调，会显著增加男性找"小姐"的可能性。[1] 可见，降低已婚男性商业性性消费的关键在于婚姻家庭的建设，将爱情作为结婚缔结的基础，并注重婚内情感和性和谐度的培养。但这不仅有赖于女性受教育程度及经济社会地位的提升，也有赖于公众对性的重要价值有正确的认识。恩格斯曾指出："结婚的充分自由，只有在消灭了资本主义生产和他所造成的财产关系，从而把今日对选择配偶还有巨大影响的一切附加的经济考虑消除以后，才能普遍实现。到那时，除了相互的爱慕以外，就再也不会有别的动机了。"[2] 尽管彻底消灭私有制还有一段很长的路，但可喜的是，随着女性地位的提高及受教育程度的提升，我国夫妻性生活的总体满意度正逐年提高，从2000年的26.8%提升到2010年的

---

① 潘绥铭、黄盈盈：《性之变　21世纪中国人的性生活》，中国人民大学出版社2013年版，第202、334页。

② ［德］恩格斯：《家庭、私有制和国家的起源》，中央编译局译，人民出版社2009年版，第84页。

33.3%。① 因此，积极倡导、营造性爱合一的高质量婚姻关系，是抑制杂乱的商业性性需求的重要利器。

三是重视老年人的性需求及性和谐。在艾滋病防治领域，"性的活跃期"被定为15—49岁。但受生活质量、营养状况和身体机能的提高以及治疗性功能障碍药物使用、性产业扩张等因素的影响，老年人尤其是老年男性的性活跃期持续更久，但这种性需求长期被家庭和社会所忽视，进而增加了老年男性经商业性性行为感染艾滋病的风险。对此，除积极开展老年人群预防艾滋病的性健康教育及干预外，还需打破女性绝经后就没有性需求、50岁以后人的"性寿命"就基本结束等传统的错误观念，正视老年人的性需求，倡导老年人的婚内性和谐的观念。

---

① 潘绥铭、黄盈盈：《性之变　21世纪中国人的性生活》，中国人民大学出版社2013年版，第200页。

第三章　男男同性性行为干预中
的伦理难题及对策

目前，我国艾滋病经男男同性性行为传播的比例呈快速上升趋势，成为艾滋病性传播的"急先锋"。虽然，国家和社会都已充分注意到这一新形势，对同性性行为干预予以了越来越多的重视，形成了同性恋人群的内部干预与卫生疾控等部门的外部干预相结合的综合干预模式，但由于我国传统道德环境等各方面因素的影响，多数同性恋者仍然处于"地下状态"，同性性行为干预未能实现普遍可及，同性性行为传播艾滋病的比例仍持续上升。从伦理学的角度看，男男同性性行为干预仍然面临诸多伦理难题。解决这些伦理难题，是进一步推进男男同性性行为干预的必由之路。

一　男男同性性行为及其干预概况

（一）中西方对同性恋的认识历程

同性恋现象古已有之，并在各种文化中客观、普遍地存在。一般地说，同性恋作为一种性取向或性倾向，是指对同性（即与自己性别相同的人）产生爱慕之情和性的吸引；具有这种性取向或性倾向的人即为同性恋者。

人类对同性恋的认识经历了一个复杂的历程。在西方，人们对同性恋的认识大致经历了"社会赞颂的爱情"、罪与非罪、病理化与非病理化的复杂过程。早在古希腊特别是英雄时代，由于社会风气是尚武的，尚武勇敢是英雄的最高美德，因而崇尚男性美甚至爱慕同性被视为具有男子气概的表现。同性恋（主要指男男同性恋）作为一种纯粹的爱情，社会持肯定、褒扬的态度，甚至受到大众的推崇。比如，柏拉图认为男性之间的爱情是神圣的，甚至认为只有男性之间的爱情才配得上如骑士和贵族一样的赞美。其《会饮篇》历来被视为捍卫同性恋的一部经典之作。

到了中世纪，由于同性恋违反了基督教的原罪说而被视为一种罪恶，长期受到法律惩罚和道德谴责。《圣经》作为西方文明的重要基础，将同性恋确立为罪行，成为现在西方国家一些人反对同性恋的重要依据。欧洲一些国家和教会创制了很多惩罚同性恋的刑罚，如长期监禁、苦役、火刑、绞刑等。16 世纪中叶，英国和北美地区制定了禁止同性恋的法律，同性性行为被以"反常性交罪"处以刑事处罚。1895 年，爱尔兰作家奥斯卡·王尔德就因为同性恋而被起诉。"第二次世界大战"前后，德国数十万同性恋者以"有辱德意志民族"而被关入集中营，后被处死。尽管如此，同性恋并未因为法律惩罚和道德谴责而销声匿迹，一些思想家开始从新的角度来研究同性恋现象。如 18 世纪的社会改革思想家杰洛米·本森从效用原则出发，认为禁止同性恋会导致社会福利的减少和人们生活质量的下降，因此同性恋不应该被禁止，更不应被视为犯罪。杰洛米·本森的这一思想影响很大。正是在这一思想的影响下，法国、意大利等国将同性恋去罪化。19 世纪德国一位律师卡尔·亨利希·乌尔利克斯认为同性恋是一种天生本性，主张不应将之列为道德败坏的行为。

1886 年，奥地利精神病医生理盘·冯·克拉夫特埃宾写成《性心理学》一书，提出同性恋是一种精神病的观点，认为同性恋是性倒错而不是犯罪。19 世纪末英国性心理学家哈夫洛克·霭理士在《性倒错》一书中提出同性恋非病理化、非罪化的观念。西格蒙德·弗洛伊德在《性学三论》一书中认为，同性恋"并未显现出与正常人所不同的其他严重病态……他们的功能并未受损；事实上，他们的智力发展以及伦理文化都拥有较高的修养"。1948 年，美国心理学家阿尔弗雷德·金西在实际调查的基础上写成《人类男性性行为》，认为同性恋与异性恋一样，也是普遍存在的现象；同性恋并不是精神疾病、反常或病态。20 世纪 50 年代，人类学家克利夫兰·福特和弗兰克·比奇出版著作《性行为模式》，提出了同性恋和异性恋都是文化训练的产物的观点，认为同性恋是与异性恋并行的正常性行为方式。法国著名的社会思想家、哲学家米歇尔·福柯从社会建构主义出发，认为是人为建构的"同性恋"把个体行为当作某个群体的特征，进而使该群体遭受压制。

1973 年，美国精神病学会举行会员公投，在一万多名精神病专家参加的投票中，58% 的人赞成将同性恋剔除出疾病分类。1990 年 5 月 17 日，世界卫生组织也将同性恋从疾病的分类中剔除，这是国际医学界确认同性恋正常性的重要标志，并有许多国家把每年的 5 月 17 日规定为"国际反恐同日"或"国际不再恐同日"。

在中国，同性恋也是一个古老的现象。我国有个成语叫"断袖之宠"，描述的就是同性恋行为。在我国历史上，同性恋现象或同性恋活动被称为"男风"，在中国古代好些时代都很盛行。虽然，由于受到儒家婚恋伦理和性道德的约束，同性恋现象在总体上并不为社会所认同，大多处于"地下"或半公开状态，但并未受到太严重的歧视，在有些时代甚至是被社会所接受的。比如，在奴隶社会一些时期，同性恋现象就被社会所认可，并不被视为异常。《诗经》作为我国文学史上第一部诗歌总集，就有一些描写同性恋的诗句。如《小雅·谷风》里的"将恐将惧，置予于怀。将安将乐，弃予如遗……忘我大德，思我小怨"，表达的就是"我"（一个男子）对另一名男子忘恩负义的哀怨之情；《王风·扬之水》里有"彼其之子，不与我戍申"的诗句，表达的也是一个男人对另一个男人的思念之情（作者是一个军官或战士；周朝当兵的都是男性）。而孔子说："诗三百，一言以蔽之，思无邪。"同性恋可以入诗，表明孔子也并不把同性恋视为异常。再如，春秋时期郑国公子公孙子都就因为长得好看而受到郑庄公的宠爱，连孟子一提到子都也赞叹不已："至于子都，天下莫不知其姣也。不知子都之姣者，无目者也。"① 在封建社会，好些朝代同性恋都未受到歧视，特别是从三国到南北朝、隋唐到明清时期，社会对同性恋都比较宽容。比如，晋朝就很盛行男风，人们不仅欣赏女子的美色，也欣赏男子的美色。张翰在《周小史》中就竭力赞美了一个美丽少年："翩翩周生，婉娈幼童"，"香肤柔泽，素质参红"，"尔形既淑，尔服亦鲜"。

新中国成立以来，同性恋在我国的法律地位一直都不明确，但在道德上对同性恋的基本态度一直是歧视和排斥。1997 年我国新刑法实施之前，有些地方根据 1979 年刑法，把同性恋视为"流氓罪"论处。随着新

---

① 《孟子·告子》。

刑法中"流氓罪"的取消，同性恋的法律惩罚丧失依据。因而新刑法的颁布成为我国同性恋非罪化的标志。但是，同性恋在医学上仍然被看作一种疾病。直到 2001 年 4 月，中华精神科学会出版了《中国精神障碍分类方案与诊断标准》（第三版），同性恋不再被列为病态，标志着我国精神医学界对同性恋的认识也逐渐与国际接轨。

在我国学界早期对于同性恋的研究中，同性恋长期被视为一种疾病。比如，1985 年陈仲庚在《变态心理学》一书中就把同性恋现象认定为一种变异；同一年，阮芳赋在《性知识手册》中认为同性恋是一种性变态；1989 年刘燕明在《性偏离及其防治》中也认为同性恋是一种性偏离。

1994 年邱仁宗在北京召开的"艾滋病和特殊性问题研讨会"上，提出了支持同性恋的政策建议。同一年，张北川出版了《同性爱》一书，首次对"同性爱"一词进行了阐释，并提出同性恋并非疾病的观念："在人类性本能的表达中，除去与异性相关或者说指向异性的性心理活动与行为、个体针对自身的性心理活动与行为外，最常见的是相同性别个体间的性活动，包括心理活动和实践。"① 并在此基础上，他从艾滋病预防的角度对同性恋人群进行了大规模的研究。此后，许多学者都支持认同这一观念。如方刚的《同性恋在中国》（1995 年），汪新建、温江红的《同性恋成因的理论探讨》（2002 年），刘达临、鲁光龙的《中国同性恋研究》（2005），李银河的《同性恋亚文化》（2009）等著作以及许多研究论文，都支持同性恋并非疾病的观点。

（二）男男同性性行为：艾滋病性传播的"急先锋"

同性恋与艾滋病本来并无直接的必然联系。但 1981 年在美国发现的第一例艾滋病病毒感染者是一名同性恋者，同性恋就与艾滋病紧紧联系在了一起，甚至在相当长的一段时期，艾滋病被视为同性恋者的疾病。虽然，后来的各种研究和世界艾滋病防治实践都已充分证明，艾滋病并不是同性恋者的疾病，同性恋也并不必然导致艾滋病的传播，但在事实上，男男同性性行为一直是导致艾滋病传播的一个高危因素。

---

① 刘景峰：《张北川：战斗在抗艾一线的中国公民》，《医药经济报》2007 年 A08 版，第1—4 页。

　　从我国艾滋病防治历程看，在相当长一段时期，同性性行为作为艾滋病的一种危险性性行为在艾滋病防控中并未受到足够的重视。由于毒品注射传播和商业性性行为一直被视为艾滋病的两种高危行为，遏制艾滋病的毒品注射传播、打击商业性性行为一直是我国艾滋病防控的重点。但从2005年开始，性传播成为我国艾滋病传播的主要途径，目前超过九成的新发艾滋病感染者都是性传播造成的。在艾滋病的性传播途径中，男男同性性行为传播艾滋病的比例可谓异军突起，尤其是近年来呈现出快速上升的趋势，成为艾滋病性传播的"急先锋"。

　　根据中国疾病预防控制中心性病艾滋病预防控制中心发布的数据（实际报告数），1985年到2005年的二十年间在总计11.6%的性传播比例中，异性性行为传播占11.3%，同性性行为传播仅占0.3%。从2006年开始，艾滋病的同性性行为传播比率迅速上升：2006年为2.5%，2014年上升到25.8%，2015年1月至10月同性性传播进一步上升到27.2%。在我国目前各类感染艾滋病的人群中，男同性恋者是感染率最高的人群，2015年全国男同性恋人群艾滋病感染率平均达8%。[①]

　　以下是1985—2014年中国艾滋病各传播渠道所占百分比：

　　各地的情况也大抵如此。比如，广东2008年男男同性性传播比例为6.0%，2015年1月至10月上升到31.1%，比2014年同期增加3.9个百分点（2014年1月至10月为27.1%）[②]。在北京，2015年1月至10月报告的3181例艾滋病病例中性传播占96%，其中，男男性行为传播达七成。[③] 在上海，2009年至2014年的五年间，在男性艾滋病感染者或病人中61%为男男同性性行为传播。[④] 在湖南，自2007年以来的8年间，艾滋病在男男同性性行为人群与青少年学生中的感染率上升了37倍；在感染艾滋病的学生中男性占90%以上，并以男男同性性行为为主要传播途

----

　　① 新华网：《我国报告存活艾滋病毒感染者及病人57.5万例》。（http：//news. xinhuanet. com/health/2015 - 11/30/c_ 1117308884. htm）。

　　② 新浪网：《前10月粤新增"染艾"者5866例男男同性性传播快速上升》。 （http：//news. sina. com. cn/c/2015 - 12 - 01/doc - ifxmainy1503473. shtml）。

　　③ 中国社会科学网：《北京累计报告艾滋病病例近2万六成为同性传播》。 （http：//www. cssn. cn/shx/shx_ gcz/201512/t20151201_ 2721991. shtml）。

　　④ 新民网：《男男同性传播已成为上海艾滋病传播重要途径》。（http：//shanghai. xinmin. cn/msrx/2015/11/21/28975584. html）。

径（近70%）。① 在云南，自 2004 年以来的 10 年间，学生中感染艾滋病的人数不断增加，2004 年仅 10 例，2014 年增加到 81 例（2015 年 1 月至 10 月增加到 94 例）。其中，男性占 79.4%，传播途径也以男男同性性传播为主（占 48.0%）。②

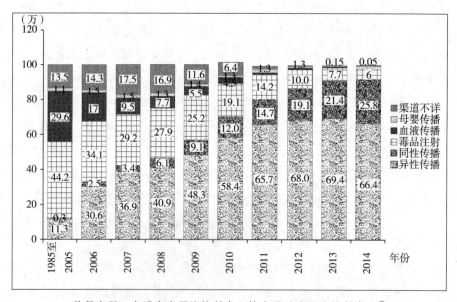

数据来源：中国疾病预防控制中心性病艾滋病预防控制中心③

　　男男同性性传播之所以成为艾滋病性传播的"急先锋"，主要有三方面的原因：一是男男同性性行为本身的艾滋病危险性。男男同性性行为的一个最基本的方式是肛交。与异性性行为相比，由于直肠弹性比阴道小，而且直肠黏膜薄、易于破损，男男同性性行为的艾滋病危险性比异性性行为更高。同时，男男性行为者安全套使用率不高、性伴数量多、有些男男性行为者同时伴有吸毒行为，这些情况都大大增加了艾滋病感染和传播的风险。在调查中我们发现，多数男男性行为者的性伴均在两位数以上；一一

---

　　① 中国网：《湖南感染艾滋病病毒的学生九成为男性　8 年上升了 37 倍》。（http：// hunan. china. com. cn/health/2015/1130/1010417. shtml）。

　　② 新华网：《云南染艾学生渐增 48% 为同性传播》。（http：//www. yn. xinhuanet. com/news-center/2015—08/19/c_ 134532304. htm）。

　　③ 转引自人民论坛网《中国艾滋病三十年，学生成重灾区》。（http：//www. rmlt. com. cn/2015/1201/410289. shtml）。

些男男性行为者同时也是双性恋者，在男男性行为中还常交叉着与异性的性关系，这可能导致艾滋病在男男同性间和男女异性间交叉感染或传播。

二是男男同性恋人群基数大。虽然，对同性恋人口很难作出像人口普查似的统计，但一些研究和实际调查都表明，同性恋人群在各国都不同程度地存在，在一些国家还占有较高比例。如美国政府 2014 年公布的数据显示，美国有 2.3% 的成人是同性恋或双性恋者；美国疾病控制与预防中心（CDC）2014 年 7 月 15 日公布的国民健康访问调查（NHIS）显示，1.6% 的受访者承认自己是同性恋；0.7% 的受访者承认自己是双性恋；96.6% 的受访者表示自己是异性恋；另有 1.1% 的受访者表示不知道或拒绝回答。① 2004 年我国卫生部首次公布了我国男性同性恋者的比例和人数：我国男性同性恋者的占比大约为 2%—4%；我国的同性恋者人数约 500 万至 1000 万。② 张北川认为，"在生物学的概念上，不分国家、种族、文化和贫富的差距，同性恋占总人口的比例一般为 2%—5%"，他认为"目前我国 15 岁至 60 岁的同性恋人数约为 3000 万，其中男同性恋和双性恋 2000 万，女同性恋为 1000 万"③。王延光在《艾滋病预防政策与伦理》一书中认为我国，同性恋、双性恋人口占社会性成熟人口的 3%—4%，约 3600 万—4800 万人。④ 在我们的实地调查中，在采用滚雪球的方法调查的 357 名艾滋病感染者中，同性恋和双性恋者占 6.8%；在采用主观判断抽样方法调查的一般群众中，同性恋者和双性恋者占 4.6%。正因为同性恋人群基数大，加上男男同性性行为具有更高的艾滋病危险性，导致男同性恋者感染艾滋病的比率远远高于普通人群。

三是男男同性性行为干预起步晚，大多数同性恋者处于"地下状态"，未能实现干预的普遍可及。在相当长的一段时期，遏制艾滋病的静脉吸毒传播、打击商业性性交易一直是我国艾滋病防控的重点，而对男男

<hr />

① 中国新闻网：《美官方最新统计：美 2.3% 成人是同性恋或双性恋者》。（http://www.chinanews.com/gj/2014/07－17/6394566.shtml）。

② 人民网：《我国首次公布男同性恋人数（社会调查）》。（http://www.people.com.cn/GB/paper447/13529/1211469.html）。

③ 新华网：《中国同性恋者生存状况调查》。（http://news.xinhuanet.com/globe/2005－08/03/content_3302692.htm）。

④ 王延光：《艾滋病预防政策与伦理》，社会科学文献出版社 2006 年版，第 252 页。

同性性行为并未予以足够的重视。应该说，目前社会各界已经充分认识到男男同性性行为传播艾滋病的严重性，开始重视对男男同性性行为的干预，但由于大多数同性恋者都处于"地下状态"，未能实现干预的普遍可及，干预效果尚不显著。特别是处于"地下状态"同性恋者的多性伴行为和非保护性性行为，有着极高的感染或传播艾滋病的风险。可以说，任何形式的多性伴行为都是艾滋病高危性行为。同性恋者的多性伴行为包括两类情况：一类是未选择传统婚姻的男性，与一个以上性伴发生性关系；另一类是选择传统婚姻的男性，在配偶之外寻求的长期或短期、固定或临时的性伴以及商业性的性伴。虽然同性恋者产生性的吸引和性行为的对象是同性，但由于工作、家庭及社会等各方面的原因，同性恋者往往选择传统婚姻。同时，在同性恋普遍不被社会所接受的情况下，客观上不易找到长期、固定的同性伴侣；也有一些同性恋者为追求刺激而寻找临时性伴。同性恋者的多性伴行为，加上缺乏应有的防护措施，未能正确使用安全套，大大增加了感染或传播艾滋病的风险。

（三）我国对男男同性性行为的干预概况

众所周知，同性恋现象在我国历史上一直存在。新中国成立以后，同性恋虽然一直受到强力抑制，但处于"地下状态"的同性恋人群的活动仍大量存在。如前所述，从法律上看，同性恋在我国的法律地位一直都不明确，1997年我国新刑法实施之前，有些地方根据1979年刑法，把同性恋视为"流氓罪"论处。随着新刑法中"流氓罪"的取消，同性恋的法律惩罚丧失依据。因而新刑法的颁布成为我国同性恋非罪化的标志。从道德上看，同性恋长期受到歧视与排斥，这一态度至今仍然被很多人所坚持。其之所以如此，主要原因在于人们认为同性恋违反了我国的婚姻制度与两性关系原则，特别是同性恋者的多性伴更是淫乱和道德败坏的表现。加上艾滋病问题的"介入"——艾滋病从一开始就被视为同性恋者的疾病，加剧了社会对同性恋的歧视与排斥。因此，在相当长一段时期，同性恋都被视为一种不道德的行为，甚至是一种可耻的行为。

正因为这样，我国针对男男同性性行为的干预起步较晚，最早开始于20世纪90年代初。与吸毒人员、性工作者等人群的行为干预首先由卫生部门发起不同，我国男男同性性行为干预首先是由男同性恋人群内部发起的。

在我国艾滋病危险性性行为干预三个阶段的总体历程中，第一阶段（1995 年以前）的"严打"主要针对卖淫嫖娼行为，并未涉及男男同性恋人群。第二阶段（1995 年至 2002 年）实行严厉打击与推广使用安全套相结合，虽然提出了针对高危人群推广使用安全套的措施，但仍未专门针对男同性恋人群提出相应的干预措施。如 1995 年 9 月卫生部《关于加强预防和控制艾滋病工作的意见》、1998 年 11 月国务院《中国预防与控制艾滋病中长期规划（1998—2010 年）》、2001 年 1 月卫生部等七部委联合下发的《中国预防和控制艾滋病中长期规划（1998—2010）实施指导意见》、2001 年 5 月卫生部等 30 个部门和单位共同制定的《中国遏制与防治艾滋病行动计划（2001—2005 年）》等，均提出了在高危行为人群推广使用安全套的措施，但均未专门提出男男同性性行为干预的政策措施。

值得欣慰的是，男同性恋人群自身在这一时期开始发起了行为干预。一些男同性恋者在参与艾滋病防治的过程中，与一些公共卫生学、社会学、生命伦理学等方面的学者交流，讨论同性恋与艾滋病的关系等问题。1992 年 11 月国家健康教育研究所主持召开了我国首次以同性恋者了解艾滋病为主题的会议。1997 年北京的一些同性恋者与一些国外同性恋者联合建立"北京同性恋热线"，在同性恋人群中展开健康教育和咨询服务。1998 年青岛医学院（现为青岛大学医学院）附属医院性健康中心开展了一项面对同性恋者的集健康干预与科学研究于一体的《朋友通信》项目，架起了同性恋者、学术界、媒体、政府及有关民间组织交流沟通的桥梁。2000 年 11 月，中国性病艾滋病防治协会与青岛医学院附属医院性健康中心在北京联合主办我国第一次针对同性恋人群的艾滋病预防与控制研讨会，与会专家学者、志愿者及其他一些关注这一问题的人士，围绕遏制艾滋病在同性恋人群中的传播进行研讨。随后，中国性病艾滋病防治协会吸纳同性恋者作为会员。2002 年在北京成立了为男同性恋者开展行为干预的志愿者和专业人士提供培训服务的"北京纪安德健康咨询中心"。2002 年 6 月中国性病艾滋病防治协会主办、北京同志热线协办的"艾滋病预防与控制"志愿者培训班在北京开班。在这一阶段，我国许多城市陆续成立了男同性恋人群的工作组。比如，2002 年 4 月在张北川教授的帮助下，由贝利马丁基金会通过"朋友通信"项目组提供资金支持，在江苏南京成立了"江苏同天工作组"。现在，这个工作组运行状况良好，设立了专门的网站和热线，志愿者每周都去同性恋者集中的酒吧、公园等场所进行健康知识宣传、发放安全套等工作。

第三阶段（2003 年至今）在艾滋病危险性性行为的综合干预模式下，同性性行为干预也实现了同性恋人群的内部干预与卫生疾控等部门的外部干预相结合的综合干预。2003 年，中国性病艾滋病协会成立了社会志愿者工作委员会，吸收了男同性恋者作为主要成员。同年在沈阳，中国性病艾滋病防治协会与沈阳市疾病预防控制中心联合举办了针对男同性恋者的"预防与控制艾滋病志愿者培训班"。针对同性恋人群行为干预的特殊性，从 2004 年开始，中央艾滋病防治专项经费对男同性恋人群行为干预予以支持。

卫生部 2004 年 8 月发布的《关于在各级疾病预防控制中心（卫生防疫站）建立高危人群干预工作队的通知》和 2005 年 5 月发布的《高危行为干预工作指导方案（试行）》，都明确要求各级疾病预防控制中心成立"高危人群干预工作队"，对艾滋病高危人群进行干预。其中，针对男男同性恋人群的干预包括："挑选、发展、培训同性恋人群中的积极分子（同伴教育者），鼓励和支持同伴教育者在同性恋人群较为集中的场所，以同伴教育方式开展预防艾滋病健康教育，促进安全套的使用，提供有关干预服务的转介信息。"2009 年，近 300 个男男同性恋人群的民间组织参加了中国全球基金项目国家协调委员会（中国 CCM）的代表选举工作会议。2011 年中国疾控中心推出《男男性行为人群艾滋病综合防治试点工作方案》，对男男性行为人群艾滋病综合防治的目标、组织管理和实施以及督导和评估等各个方面都作出了明确说明。在男男同性性行为干预方面，提出要"在 MSM 人群中开展以核心同伴宣传员预防干预为主的行为干预活动，提倡安全性行为，减少艾滋病相关高危行为，提高预防性病艾滋病的技能"，并规定了以核心同伴宣传员预防干预为主的行为干预的具体方案，即"核心同伴宣传员师资培训由各地疾病预防控制中心或与 MSM 民间组织共同组织实施，MSM 民间组织负责招募师资和选拔核心人物，疾控部门负责督导和评估"；同时，要"在开展同伴宣传员干预的同时，还要开展热线咨询、网络宣传、安全套推广及外展等预防干预活动"。目前，我国大部分大城市都成立了由专业人员提供技术指导、以同性恋志愿者为主体的男同性恋人群工作组。例如，2007 年 2 月，在中美艾滋病防治合作项目和云南省疾病预防控制中心的帮助下，在云南同志网的基础上成立了云南的同志社区组织——"云南省彩云天空工作组"，目前从周一至周六都为同性恋者提供艾滋病免费咨询检测、免费发放安全套、为艾滋病感染者提供健康咨询等方面的服务。

从目前我国男男同性性行为干预的具体实践看，主要有以下五个方面的内容：一是由卫生疾控等部门发布相关政策文件，如 2005 年 5 月卫生部发布的《高危行为干预工作指导方案（试行）》、2011 年中国疾控中心推出《男男性行为人群艾滋病综合防治试点工作方案》等，对男男同性性行为干预的具体政策、措施和实施方案予以规定。二是一些从事艾滋病预防和同性恋问题研究的一些有识之士针对同性恋人群的艾滋病干预活动。如 1998 年青岛医学院（今青岛大学医学院）附属医院性健康中心实施的"朋友通信"项目，是一项专门的同性恋人群行为干预项目，通过发放健康干预资料、咨询等方式，在被干预者的艾滋病危险性性行为改变等方面取得了良好的效果。三是争取同性恋组织（如"江苏同天工作组""云南省彩云天空工作组"等）和个人的支持和参与，广泛宣传安全性行为在预防艾滋病中的作用，免费发放安全套和艾滋病防治宣传册。四是由同伴、志愿者对同性恋人群开展性健康、艾滋病预防、安全套使用等方面的宣传教育。五是由预防艾滋病的专业机构对同性性行为干预活动予以指导和帮助。如 2000 年中国性病艾滋病防治协会吸收同性恋志愿者为会员；2002 年在北京，中国性病艾滋病防治协会主办、北京同志热线协办"艾滋病预防与控制"志愿者培训班；2003 年中国性病艾滋病防治协会与沈阳市疾病预防控制中心在沈阳联合举办了以男男同性恋为目标人群的"预防与控制艾滋病志愿者培训班"。

二　男男同性性行为干预面临的伦理难题

不难想象，在我国艾滋病防治政策日益科学的情况下，如果能够实现艾滋病防治的普遍可及，艾滋病疫情是完全可以控制的。但事实上，我国艾滋病防治未能实现普遍可及，这也正是艾滋病问题依然存在的关键因素。就男男同性性行为干预而言，使同性恋者走出"地下状态"，实现男男同性性行为干预的普遍可及，也是遏制男男同性性行为传播艾滋病的关键所在。我们知道，男男同性性行为干预并不是要改变或消除同性性行为，而主要是通过宣传教育、同伴教育等措施促使同性恋者在性行为中正确使用安全套、建立单一固定的性伴关系。可以想象，如果所有同性恋者都能建立单一固定的性伴关系，而且所有的同性性行为都能正确使用安全套，那么，艾滋病在男男同性之间的传播是完全可以得到遏制的。但是目前，我国大多数同性恋者都处于"地下状态"，同性性行为干预未能实现普遍可及。从伦理学的角度看，男男同性性行为干预仍然面临"道德多数"的道德环境、同性恋者遭受歧视与污名、同性恋者婚姻选择的伦理困境、同性恋者的自我歧视与社会责任缺失等诸多伦理难题。这是男男同性性行为干预未能实现普遍可及的深层因素。

（一）"道德多数"：同性恋者所处的道德环境

"所谓'道德多数'是指多数人的喜好和观点可以决定少数人的生活方式和爱好，换句话说，如果某种生活方式和行为方式大多数人不接受，那就不是一种好的生活方式和行为方式，少数人就必须调整自己以适应大多数人的口味。"[①] 可见，"道德多数"是在数量上占社会总人口的多数、在社会地位上处于明显有利地位的主流群体。与"道德多数"相对，"少数人"是指"在相关的比较中数量上居于少数，在宗教、种族、语言、肤色、政治观点、生活方式、行为模式、体质和精神状态等方面具有不同于多数人的特征和诉求，由于受到自身的条件和资源影响，或由于受到偏见、歧视或权利被剥夺，在政治、经济或文化上的竞争中长期处于从属地位的群体"[②]。可见，从数量上看，"少数人"是指业已形成一定规模，但在社会总人口中居于少数的人群。形成一定规模，意味着"少数人"不是指个体、个人，而是一个表达群体概念的范畴；在社会总人口中居于少数则表明"少数人"是一个相对于多数人或社会主流人群而言的范畴，"少数人"在种族、宗教、语言、生活和行为方式、性别取向等方面具有不同于社会多数人的特点。从社会地位上看，"少数人"是在社会经济、

---

① 郑玉敏：《作为平等的人受到对待的权利》，法律出版社 2010 年版，第 280 页。

② 同上书，第 2 页。

政治、文化等各方面都处于不利地位、边缘地位的群体，他们在社会上受到歧视和排斥，甚至一些基本权利都得不到应有的保障。

"少数人"是一个历史的、相对的范畴。在不同的社会历史阶段，"少数人"有不同的范围；从不同的角度看，"少数人"可以分为不同的类型。比如，从种族、宗教、语言的角度看，"少数人"是指少数民族（族裔）；从在社会中所处的经济、政治、文化地位看，"少数人"主要指处于社会不利地位的弱势群体；从健康的角度看，"少数人"包括残疾人、智障者、艾滋病患者、精神病患者，等等；从行为方式、生活方式的角度看，"少数人"包括同性恋者、虐恋者等亚文化人群。

可见，同性恋者是一个典型的"少数人"群体，不仅在数量上占社会总人口的少数，而且在生活方式、行为模式以及文化观念各个方面均与社会主流人群有很大差异。由于"道德多数"往往以"正确""正统"的面目出现，同性恋者不得不面对的"道德多数"的影响甚至"道德暴力"。具体地说，"道德多数"的影响或"道德暴力"主要表现在两个方面：

一是生活方式和行为模式。在多数人看来，异性恋、爱情专一、成家立业、生育抚养子女等都是天经地义的；而在"少数人"看来，每个人都"有权处置自己的身体"，都可以选择自己独特的生活方式，从而出现诸多与多数人迥异的行为模式。当然，如果多数人能够以平等的态度对待"少数人"的生活方式和行为模式，即自己虽然不喜欢"少数人"的生活方式，但承认选择何种生活方式是"少数人"自己的权利和自由，从而做到不歧视、不干涉，那么，多数人与"少数人"的生活方式是完全可以实现和平共处的。但事实上，"道德多数"的概念本身意味着只有多数人自己的喜好和观点才是好的、正常的，"少数人"的喜好和观点都是不好的、不正常的，甚至是怪异的、荒谬的，"少数人"必须调整自己的生活方式和行为模式来适应多数人的喜好。

就同性恋者而言，选择何种性取向和行为模式，是由每个人的心理特点和生理需要决定的，选择同性性取向，是自己的权利和自由，并不妨碍他人的自由和社会秩序，因而应该得到社会的肯定和尊重。但在现实生活中，同性恋者一直都未获得多数人的认同和理解。在多数人看来，同性恋是一种心理变态行为，不仅违反了人类两性关系发展的规律，而且违背了人类繁衍的客观需要。从深层因素看，多数人之所以反对同性恋，还有一个最普遍的原因——"不喜欢"。显然，"不喜欢"不应成为不接受、不尊重以及否定同性恋的理由；因为"不喜欢"而否定同性恋者是一种典型的"道德暴力"。在本课题研究的过程中，我们请课题组成员询问自己的亲友（包括家人、同学、同事、朋友等）对同性恋者的看法和态度，得到的总体结论是六成以上的人对同性恋行为和同性恋者是"讨厌""恶心""变态""恐怖"；网上每每出现同性恋相关的新闻，相当多网友的评论均与此类似，甚至不乏主张通过法律对同性恋者予以制裁者。

二是道德标准和价值取向。不言而喻，多数人坚持的是社会主流道德标准，它表现在经济、政治、文化等各个方面，体现在公共生活、职业生活以及家庭生活等各个领域。如我国《公民道德建设实施纲要》规定的以为人民服务为核心、以集体主义为原则、以诚实守信为重点、以"爱国守法、明礼诚信、团结友善、勤俭自强、敬业奉献"二十字为公民基本道德规范，等等，就是目前我国社会主流的道德标准。当然，在公共生活、职业生活以及家庭生活等社会生活的不同领域，社会主流道德标准也有具体的要求。如公共生活领域的道德标准是以"文明礼貌、助人为乐、爱护公物、保护环境、遵纪守法"为主要内容的社会公德；在职业生活领域的道德标准是以"爱岗敬业、诚实守信、办事公道、服务群众、奉献社会"为主要内容的职业道德；在家庭生活领域的道德标准则是以"尊老爱幼、男女平等、夫妻和睦、勤俭持家、邻里团结"为主要内容的家庭美德。而对"少数人"而言，他们的特殊生活方式和价值取向，决定了在他们心中具有与多数人不同的道德标准。就同性恋者而言，"服从自己的内心"，"过自己内心真正想要的生活"是他们的道德标准；"假如有一个想过同性恋生活的人，因为害怕惩罚而没有这样做"，就不能说是道德的行为。因为"无论如何，放弃同性间的性行为，对于许多人来说意味着根本没有性生活或生活在谎言之中"[1]。

所谓价值取向，是指"某一价值主体（个人、社会群体、阶级、民

---

[1] ［美］德沃金：《至上的美德：平等的理论和实践》，冯克利译，江苏人民出版社2003年版，第530页。

族、国家乃至全人类皆可为价值主体）根据一定价值观念或价值标准所作出的行为选择的目标指向"①。随着改革开放特别是市场经济的发展，社会价值取向日益多样化。在一定的条件下，不同的价值取向之间会发生碰撞、矛盾和冲突。在艾滋病危险性性行为干预中，"道德多数"与同性恋者等"少数人"群体在价值取向上也存在明显的差异甚至冲突。这种差异和冲突集中体现为"道德多数"主张的"少数服从多数"导致的对同性恋者等"少数人"群体的道德暴政。在多数人眼里，"少数服从多数"是"公理"，是无须证明、天经地义的；在价值取向上，注重社会整体的健康利益是多数人的自然选择和基本倾向，为此，可以而且应该牺牲包括同性恋者在内的"少数人"的一些权利。正是由于"道德多数"主张的少数服从多数，在实践中造成对同性恋者等"少数人"群体权利的忽视和侵害。

（二）歧视与污名：同性恋者面临的生存境遇

随着经济与社会发展特别是观念的变化，人们对同性恋的认识日益理性，对同性恋者予以了越来越多的理解与宽容。但从总体上看，社会对同性恋者排斥的基本态度仍未从根本上改变，社会对同性恋者的歧视和污名仍然普遍存在。这是导致大多数同性恋者仍处于"地下状态"的一个重要原因。

1. 同性恋者面临社会歧视

如前所述，同性恋明显背离正统的婚姻家庭和道德观念。在婚姻家庭和性道德观念上，统治中国长达两千多年的主流意识形态儒家思想坚持"唯生殖目的论"，即性仅仅是一种生殖手段。根据这一标准，凡是有利于生殖的性都是具有道德合理性的；相反，凡是不利于生殖的性都是不合理的。这也是妻妾一体的婚姻制度能够在中国古代社会长期存在的一个重要原因：妻妾一体婚姻制度，包括古代帝王的后宫制度，可以促进生殖和传宗接代；那些不利于生殖的性行为，如独身、不生育、同性恋等自然就成为异常甚至变态了。这种观念的影响一直延续至今。

目前，同性恋者之所以仍然不被很多人所接受，一个重要原因即在

---

① 唐凯麟：《伦理学》，高等教育出版社 2001 年版，第 506 页。

于社会主流婚恋伦理特别是性道德对同性恋者的排斥。在很多人看来，同性恋违背性道德的一些基本原则，因而是一种不道德的行为。具体表现在：一是违背禁规原则。禁规原则作为一种社会规范，一般体现在对某种禁忌或对某种行为的禁止方面。目前，性道德虽然日益摆脱了禁欲主义，但性的禁规依然是存在的。在人类社会的发展进程中，基于社会生产力、生产关系发展以及人类繁衍的要求，在婚姻和性的领域仍然存在一些禁忌。同性性行为即在此列。二是违背生育原则。生育原则所倡导的生育观，包含"生"和"育"两个方面，其根本前提是男性与女性的结合。因为只有男性与女性的结合，才能实现人类社会生存和发展所客观需要的生育功能。而同性恋由于不能生育后代直接违背了生育原则。

正因为同性恋违背社会主流婚恋伦理和性道德而被大多数人视为变态，社会对同性恋的歧视仍然广泛存在。在实地调查中，我们针对一般公众和艾滋病感染者两个群体设计了"假如您得知您身边的亲友是同性恋者，您会有何态度和行为"的问题，结果显示：一般公众"不能接受并与其断交"的占 15.0%，"不能接受，但仍然愿意与之保持表面交往"的占 49.4%，"不以为然，和往常一样"的占 25.3%，"接受，并加深交往"的占 3%。艾滋病感染者的态度与一般公众大体一致：表示"不能接受并与其断交"的占 15.8%，"不能接受，但仍然愿意与之保持表面交往"的占 49.4%，"不以为然，和往常一样"的占 24.6%，"接受，并加深交往"的占 4.8%。这反映了人们对待同性恋者基本一致的态度：大多数人不能接受身边的亲友是同性恋者的事实。因此，很多同性恋者面临的最大困难并不是工作和生活，反而是身边亲友的不理解、不接受："没人指责你违法，但有包括亲朋好友在内太多人鄙视你为异端、不洁、道德败坏甚至社会败类。"

2. 同性恋者遭受污名

所谓污名，指的是"个体在人际关系中具有的某种令人'丢脸'的特征，这种特征使其拥有者具有一种'受损身份'"[1]。长期以来，同性恋

---

① ［美］欧文·戈夫曼：《污名——受损身份管理札记》，宋立宏译，商务印书馆 2009 年版，第 4 页。

者由于背离了社会婚恋伦理和性道德对性行为"正常"的界定，加上同性性行为的艾滋病危险性而被视为艾滋病的传播媒介，同性恋者在人际关系中就被成为令人"丢脸"的人。具体地说，同性恋者遭受的污名主要包括"道德污名"和"艾滋污名"两个方面。应该说，同性恋作为一种行为和现象本来与道德无关，但由于这一行为和现象与我国传统的主流道德并不吻合，同性恋者长期被强加粗暴的道德评判；也由于同性恋者在性观念、行为和生活方式等方面与异性恋者的差异，同性恋者往往遭受来自社会、亲友、同事等关系群体的诘难和排斥。在很多人看来，"同性恋没有真情""同性恋易于导致淫乱"，"同性恋者选择传统婚姻是极端自私不负责任的表现"；加上由于婚姻制度等各种主客观因素的影响，大多数同性恋者难以找到单一、固定的伴侣而造成多性伴，加剧了人们对同性恋者的否定性道德评价和污名化。

同性恋者除了遭受"道德污名"外，还面临着"艾滋污名"。如前所述，自艾滋病问题产生以来，同性恋就被与艾滋病紧密联系在了一起，加上目前同性性行为传播艾滋病的比例持续上升，更加剧了同性恋者的"艾滋污名"。同性恋者被贴上了艾滋的标签，很多人一提到同性恋，马上就会想到艾滋病。究其原因，除了世界上第一例艾滋病患者是同性恋者、同性性行为的艾滋病易感性之外，还缘于艾滋病经同性传播快速增加的客观事实，以及人们对艾滋病的恐惧。在实地调查中，我们仍然针对一般公众和艾滋病感染者两个群体设计了"您认为同性恋与艾滋病的关系如何"的问题，结果显示，在被调查的一般公众和艾滋病感染者中，分别有 39.6%、48.2% 的人认为"同性恋者是艾滋病高危人群"，分别有 19.6%、9.2% 的人认为"同性恋与艾滋病没有关系"，分别有 36.8%、39.2% 的人表示"不知道"同性恋与艾滋病患者的关系。可见，仍然有多达四成左右的人认为"同性恋者是艾滋病高危人群"。

由于同性恋遭受的艾滋污名，加上社会对同性恋问题的知晓率不高，"恐同症"仍未消除。"恐同"（homophobia 或 homophobic），即"同性恋恐惧症"，是对同性恋的一种本能的或不理性的厌恶和恐惧。心理学家乔治·温伯格（George Weinberg）在 1972 年出版的《社会和健康的同性恋》一书中首创"homophobia"一词。2005 年法国一位大学讲师路易一乔治·丁（Louis - George Tin）提出了设立"国际反恐同日"或"国际不再恐同日"（International Day Against Homophobia）的倡议，把每年的5月17日定为"国际反恐同日"，并获得了国际同性恋组织的支持。但是目前，"恐同症"仍未从根本上消除。前面提到，六成以上的人对同性恋行为和同性恋者感到"讨厌""恶心""变态""恐怖"就是"恐同症"的典型表现。其之所以如此，一方面是由于同性性行为的艾滋病风险而导致的人们对同性恋的恐惧。在相当长的一段时期，艾滋病被视为同性恋者的疾病。虽然，目前社会虽然在很大程度上改变了这一认识，但同性性行为，特别是不安全的同性性行为一直是一种艾滋病高危行为，因同性性行为造成的艾滋病传播比率持续上升是一个客观事实。正因为这样，很多人在"谈艾色变"的同时也"谈同色变"。

另一方面，是由于不了解同性恋和同性性行为而造成的对同性恋的恐惧。在调查问卷中我们设计了"您了解'gay'、'同志'、'拉拉'、'les-bian'、'BL'、'GL'等词汇吗"的问题，针对一般公众的调查结果显示，表示"了解"和"基本了解"的分别占14.1%和12.7%；表示"了解一点"的占30.5%，表示"基本不了解"和"完全不了解"的分别占16.1%和26.6%；针对感染者的调查结果显示，表示"了解"和"基本了解"的分别占5.3%和10.1%；表示"了解一点"的占28.5%，表示"基本不了解"和"完全不了解"的分别占15.1%和41.0%。而且，在表示"了解"和"基本了解"的被调查对象中，一般公众包括了4.6%的同性恋者和双性恋者；感染者群体中包括了6.8%的同性恋者和双性恋者。若减去这部分同性恋者和双性恋者，一般异性恋者对同性恋的知晓率就更低了。

（三）伦理困境：同性恋者尴尬的婚姻选择

目前，我国同性恋者之间的婚姻尚未以立法的形式得到认可，国内近几年出现了一些同性恋者举行婚礼的新闻；2014年6月昆明两个男同性恋者到昆明市五华区便民服务中心民政婚姻登记窗口咨询登记结婚，工作人员的答复是"婚姻法只许异性结婚，等法律允许了我们一定通知你们"；今年湖南长沙还发生了一起男同性恋登记结婚遭拒而起诉民政部门的案件。① 由于同性婚姻不符合婚姻法、不能办理结婚登记，即使举行婚礼也没有法律效力，同性恋者的现实婚姻选择主要是传统婚姻、"互助婚姻"和抵触婚姻等三种情况，其中任何一种选择都面临诸多尴尬和伦理困境。这也正是同性恋者不能走出"地下状态"、同性性行为干预不能实现普遍可及的一个十分重要的因素。

1. 传统婚姻：无辜受害的"同妻"

传统婚姻是大多数同性恋者的婚姻选择。张北川估计中国大约 1000 万女性嫁给了男同性恋者，并且有 80%—90% 的男同性恋者正在打算或已经结婚；刘达临等估计中国 90% 以上的男同性恋者已经或将会与异性结婚。另据新华网的信息，"在 3000 万同性恋者当中，至少八成迫于传统和社会的压力，已经或即将进入异性婚姻，也就是说至少 2400 万同性恋者要建立家庭"②。显然，同性恋者之所以选择与自己的性取向相反的异性结婚，基本原因是慑于来自工作、家庭和社会等各方面的压力而"掩盖自己"，其结果是不仅为无辜的"同妻"造成影响终身的感情枷锁，也为"同妻"带来了很大的艾滋风险。这是因为，婚姻对同性性行为的约束是极其有限的。各种研究表明，选择传统异性婚姻的同性恋者很少能够改变或减少同性性行为，更不可能改变自己的性取向。

可见，大多数同性恋者之所以选择传统婚姻，主要是迫于社会的压力。"男大当婚，女大当嫁"是千百年来沿袭下来的文化传统；"不孝有三，无后为大"则意味着中国人特别是男性都承担着传宗接代的责任，男同性恋者也是如此。由于工作、家庭和社会各方面的压力，大多数男同性恋者选择与异性的传统婚姻，不仅给自己，更给无辜的妻子和家庭造成巨大的伤害。2012 年 6 月 15 日，成都某高校外国语学院韩语教师罗某，因无法接受丈夫是同性恋者而跳楼身亡。这是"同妻"受到伤害的一个

---

① 2015 年 6 月 23 日，湖南长沙的一名同性恋者和他的男朋友来到长沙市芙蓉区民政局婚姻登记处办理结婚登记，工作人员以"没有法律规定同性可以结婚"为由予以拒绝。12 月 16 日，他和代理律师向芙蓉区人民法院提交了起诉材料，请求判令芙蓉区民政局为其办理婚姻登记。凤凰网：《湖南现"同性恋婚姻维权第 1 案"》。(http://news.ifeng.com/a/20151218/46736170_0.shtml)。

② 新华网：《中国同性恋者生存状况调查》。(http://news.xinhuanet.com/globe/2005-08/03/content_3302692.htm)。

最极端的情形，揭示了同性恋者选择传统婚姻对"同妻"造成的巨大的身心伤害。

从伦理学的角度看，同性恋者选择传统婚姻不仅违背了一般的诚信道德要求，也违背了夫妻之间互相信任和忠诚、相互扶助等婚恋道德规范和婚姻家庭的伦理要求。就前者而言，传统婚姻成为男同性恋者面对社会期望的过关手段，成为隐瞒自己同性性取向的重要工具，侵犯了妻子的知情权甚至健康权；为避免影响孩子或给孩子带来污名，在孩子面前往往千方百计隐藏自己的同性恋生活。同时，在面对异性恋人群时也装作是一般异性恋者；而在"同志圈"里，即面对同性恋人群时，由于已婚的身份是在"同志圈"交往的一大障碍，同性恋者往往不会公开自己的已婚身份。

就后者而言，显然，男同性恋者选择传统婚姻最大的受害者是"同妻"。男同性恋者虽然选择了与异性的传统婚姻，但由于缺乏正常的婚姻生活，往往造成妻子婚后生活的巨大痛苦。妻子在结婚之前对丈夫的性倾向并不知情，结婚以后，"性冷淡"或者竭力将妻子导向乏味的性生活成为他们搪塞婚姻生活的无奈之举。作为"同妻"，必须面对对婚姻的期望与残酷现实的巨大差异而造成的心理落差，不仅遭受难以想象的精神伤害，更为残酷的是，她们还遭受着极大的感染艾滋病的风险。同时，由于同性恋者与异性的传统婚姻以及在此基础上建立起来的家庭是畸形的或有名无实的而易于造成离婚；而一旦发生离婚，其妻子无疑是最大的、最直接的受害者。

2. "互助婚姻"：假凤虚凰的婚恋道德

"互助婚姻"或"形式婚姻"是一种由男、女同性恋者（也可能是性虐恋者等其他情形）之间建立的一种仅仅停留在形式上的协议婚姻，即为了掩盖自己的同性恋倾向，或为了解决父母逼婚等问题，男女双方达成协议，办理结婚登记，结成名义上的夫妻关系，但并不过真正的夫妻生活，性需求均在婚外的同性之间或虐恋行为中得到满足。

在实地调查中，我们在昆明访谈了选择"互助婚姻"的男同性恋者李某，他已经与一位女同性恋者（同时也是性虐恋者，其角色是"女S"，圈子里又称"女王"或"女主"）结婚一年。双方最初是在一个同性恋交友QQ群里认识的，双方均知晓对方的性倾向；之所以选择结婚，都是为了应付父母的催婚（双方父母均不知自己的孩子是同性恋者）。由于双方的需要完全一致，认识后不到三个月就达成了结婚协议。办理结婚登记以后，两人名义上以夫妻关系生活，但对各自的性生活互不干涉。他本人有一个固定的同性恋男友，妻子也有自己的性伴，而且好像还经常收"女M"（"女奴"）进行性虐活动。现在他们的生活很平静，两人一直相安无事。但又面临一个新的问题，就是父母开始催他们要孩子，他们感到很纠结。

这种"互助婚姻"或"形式婚姻"看起来两全其美，既可以有效避免传统异性婚姻造成的伤害"同妻"的结果，也可以使同性恋者及其父母、亲人免受传统婚恋道德的诘难和世俗的眼光。但是，由于毕竟只是一种伪装的婚姻关系，"互助婚姻"也面临诸多伦理问题。归纳起来，至少有两个方面：一是缺乏婚姻的道德基础。婚姻意味着义务和责任，而不应被当成一种交换的工具。正如黑格尔所说的，"婚姻是建立在道德和理性的关系之上的，是道德的、理性的关系，而不是契约"①。而同性恋者的"互助婚姻"或"形式婚姻"恰恰不是建立在道德和理性的关系之上，而仅仅是同性恋者的一种交换工具，不但其基本的婚姻功能无法实现，婚姻生活中的义务与责任更是无从谈起。二是与此种婚姻形式相伴而生的婚外性行为、多性伴行为大大增加了艾滋病风险。由于在结婚前，"互助婚姻"双方没有相应的感情经历；结婚后，这种"形式婚姻"对双方也没有实质性的约束。同性恋者缔结"互助婚姻"或"形式婚姻"的目的是为寻求隐瞒性取向的庇护伞，是为了掩藏自己的同性性行为，这在很大程度上加重了同性性行为干预的难度，加大了同性恋者的艾滋病风险。同时，这种"互助婚姻"婚后双方易于产生经济纠纷等各种现实问题，而且缺乏法律保障。

3. 抵触婚姻：传统婚恋道德的逃避与反抗

还有一部分同性恋者在面对婚姻选择时，由于不能实现同性婚姻而选择单身或独居生活。显然，这是对传统婚恋道德的一种逃避或反抗。在这些同性恋者看来，婚姻必须以爱情为基础。这里的爱情是在西方意义上以"性"为基础的。同时，维系婚姻一个最重要的基础是夫妻双方的忠诚信任和稳定持久的感情，其重要依托或桥梁就是爱情的结晶和延续——生育

---

① ［德］黑格尔：《法哲学原理》，范扬、张企泰译，商务印书馆1982年版，第117页。

子女。正如哲学家罗素所认为的那样："相较于彼此相伴的两人之间的欢愉更为严肃的事情是婚姻，婚姻是一种通过生育子女而构成的更为严谨的社会制度，其意义远远超过夫妻之间的个人情感。"① 选择单身或独居生活的同性恋者认为，既然同性恋之间不可能自然地孕育后嗣，也就无法彻底地坚守自由和激情，因而没有必要作茧自缚。

在现实生活中，同性恋者抵触与异性的传统婚姻，虽然解放了无辜受害的"同妻"，但也面临诸多伦理困境。同性恋者的父母、亲人和同性恋者自身成为"受害者"。同性恋者选择单身或独居生活，无论是对同性恋者的父母和亲人而言，还是对同性恋者自身而言，都意味着要遭受社会传统世俗的眼光、猜疑、歧视与排斥。有些同性恋者的父母不堪忍受社会的道德评判，甚至与自己的儿子脱离关系。同时，选择单身或独居生活的同性恋者，为了满足自己的生理需求不得不与别的同性恋者发生性关系，这种偶然的、不固定的性关系或多性伴行为，大大增加了同性恋者感染性病艾滋病的风险。

（四）自我歧视与拒绝义务：同性恋者的社会责任缺失

大多数同性恋者之所以仍然处于"地下状态"，同性性行为干预面临伦理难题，从同性恋者自身的角度而言，主要是源于同性恋者的自我歧视和拒绝履行相应的义务。

1. 同性恋者的自我歧视

自我歧视是社会对同性恋的歧视与污名投射到同性恋者内心世界的产物。置身于社会的否定性道德评价和周围人异样眼光的"扫射"之下，加上从小接受的正统教育，很多同性恋者对自己的性取向和行为方式产生怀疑、反感甚至厌恶。虽然，从总体上看，现代社会对同性恋予以了越来越多的理解和宽容，使得一部分同性恋者的自我歧视有所缓和，一些同性恋者敢于公开自己的性取向，甚至有多例同性恋者公开举行了"婚礼"，基本实现了对自己身份的认同，但是大多数同性恋者仍然不同程度地存在自我歧视，不能实现自我认同。

同性恋者的自我歧视主要表现在两个方面：一方面，对大部分未能实

---

① ［英］罗素：《婚姻与道德》，谢显宁译，贵州人民出版社 1988 年版，第 197 页。

现对自己身份认同的同性恋者而言，主要是对自己的性取向表示怀疑和否定，加上家人和亲友的反对态度而产生改变自身性取向的心理倾向。但人的性取向，特别是天生是同性性取向的同性恋者要改变自身的性取向几乎是不可能的。正是由于同性性行为取向不可改变，加上对自己的同性性取向的怀疑、反感、厌恶等消极的心理倾向，导致一些同性恋者出现孤独、恐惧甚至自杀等心理障碍。

在调查中，我们接触了因同性性行为被恶意传染了艾滋病的男同性恋者王某。他大学刚毕业两年，现在一家外企工作，同事不知道自己感染了艾滋病。他说自己在大一时才明确知道自己是同性恋者。在此之前，尽管感觉自己对异性没有感觉，反而对长得好的男生有"异样的感觉"，但由于对相关知识缺乏了解，加上繁重的学业，压根儿就没朝那方面去想。后来，在大一第二个学期因为和一位男生关系特别好，有同学跟他开了一句玩笑，说"你们怎么穿一条裤子，不会是同志吧"，他顿时感到无地自容，觉得特别尴尬、特别羞耻。他说住集体宿舍晚上睡觉前是一天中最难熬的一段时间，因为大家都会在床上"吹牛"谈论女生，他感觉自己和室友不是一类人，因此感到特别自卑。

另一方面，即使是已经实现了身份认同的同性恋者，也必须面对诸多挑战。比如，来自家庭和亲友关系的挑战，特别是不能接受自己是同性恋者的家庭和亲友的认同和理解问题；同性恋者自身的幸福，即婚姻与情感问题，同性恋者渴望能够找到一生的伴侣，但现实往往很难如愿；即使是找到了固定伴侣甚至举行过"婚礼"的同性恋者，由于他们的感情和"婚姻"缺乏法律保障，仍然不能获得与异性恋者一样的身份和生活。

2. 同性恋者拒绝履行义务

我们知道，同性恋人群的活动场所及交往方式具有一定的特殊性。归纳起来，不同活动场所同性恋者的交往方式主要有以下几种类型：一是同性恋酒吧。这是同性恋人群交往和活动最为方便也最为活跃的场所。不过，由于同性恋酒吧消费一般不低，很多同性恋者的收入很难满足常去同性恋酒吧的需要，因而以酒吧为主要交往和活动场所的同性恋者只是少数。二是互联网。互联网为同性恋人群的交往和活动提供了极大的便利。特别是青少年学生、工作不久的年轻人等往往选择这一方式进行交友，并在线下与网友见面；很多同性恋者还专门建立了 QQ 群、微信群，甚至组成活动小组或团体。三是公园、街头、浴室、公厕等场所。这方面最值得关注的是以农民工为主体的流动人口。四是选择传统异性婚姻的同性恋者，尽管已经结婚或准备结婚，但仍然存在同性性行为。

随着社会对同性恋者的态度日益宽容，也随着我国艾滋病防治政策的日益科学合理，特别是宣传教育、推广使用安全套等干预措施和活动不断取得新进展，一些同性恋者能够认识到同性性行为的艾滋病危险性，能够配合国家艾滋病防治的政策措施，从而在建立单一固定性伴、使用安全套等方面表现出应有的积极性和责任感。但由于各种主客观原因，多数同性恋者未能建立单一固定的性伴，仍然存在多性伴行为，不能正确使用安全套，客观上增加了艾滋病传播的风险。究其原因，虽然有些同性恋者是由于缺乏相应的知识和防护意识，未能履行相应义务并非他们的本意，但也有一些同性恋者存在主观故意，即由于社会的歧视和排斥，更由于不能正确对待自身的性取向和行为方式，而对自身产生怀疑、否定和自暴自弃心理，对社会则产生不满和敌意，在实际生活中拒绝履行义务，表现出严重的社会责任缺失。

具体地说，同性恋者的社会责任缺失主要表现在：一是一些选择传统异性婚姻的同性恋者，明知自己婚外有不安全的同性性行为，而在敷衍妻子的性生活中不使用安全套，将自己的异性配偶置于艾滋病高危环境之中，这是艾滋病从高危人群向普通人群蔓延的一个重要因素。二是由于缺乏健康心态和安全感而进行的危险性行为。如对自己的性取向持怀疑和否定态度，不能实现自己的身份认同而自暴自弃；由于受到歧视，对自己所处的社会环境感到担忧，强化了同性恋者的病理化心理，进而导致社会公众以及同性恋者自身产生极端评价；一些同性恋者陷入同性之间的"爱情"不能自拔，进而产生一些危险的极端心理，进而放纵自己的性行为。三是一些同性恋者为寻求刺激而发生不负责任的性关系，甚至不分场所的滥交以及与同性恋性工作者进行性行为。前面提到的那位男同性恋者王某感染艾滋病，就是被男同性服务者恶意传染的。他说自从被别人开了那句玩笑后，自己就开始关注同性恋问题，通过一些同志网站、QQ群等进入了"同志圈子"。2014年在QQ群里遇上一位称自己是"老师"的"同志"，因为他的"老师"身份，自己就特别相信他，和他在宾馆发生一夜情而感染了艾滋病。后来得知那位所谓的"老师"是一个性工作者，而且知道自己感染了艾滋病，是故意隐瞒病情，一直没有停止性服务。刚确诊自己感染艾滋病的一刻，感觉天都塌了，既愤怒又害怕，甚至想去找到那个人把他杀了然后自杀。

此外，一些同性恋者还存在对酒精、毒品的滥用等行为，特别是以摇头丸、冰毒为代表的新型毒品多为兴奋性毒品，易于诱发性交易、集体淫乱等高危性行为。

三　解决男男同性性行为干预伦理难题的对策

解决同性性行为干预面临的伦理难题，应该在营造平等、宽容社会道德环境的基础上，消除对同性恋者的歧视与污名，保障同性恋者的应有权利；通过心理干预减轻和消除同性恋者的自我歧视，通过性健康、性道德教育和法律惩罚促使同性恋者履行义务；审慎对待同性婚姻；重视发挥民间组织、志愿者和同伴教育在同性性行为干预中的特殊作用。只有这样，才能使同性恋者走出"地下状态"，实现同性性行为干预的普遍可及。

（一）营造平等、宽容的社会道德环境

如前所述，同性恋者在性取向和性观念、生活方式和行为方式上与一般人群存在很大差异，加上同性性行为的艾滋病风险，很多人对同性恋者和同性性行为存在非理性的憎恶与恐惧，同性恋者在一定程度上仍然面临"道德多数"的"道德暴力"。在现实生活中，同性恋者一直都未获得多数人的认同和理解。在许多人看来，同性恋是一种心理变态行为，不仅违反了人类两性关系发展的规律，而且违背了人类繁衍的客观需要。在社会伦理关系上，目前社会不同群体之间仍然存在互相防范、隔阂厌恨，同情和互助意识和氛围尚未形成。究其原因，主要是由于社会对同性恋问题缺乏正确认识，导致对同性恋者产生偏见、歧视和排斥，很多人对同性恋者时时担心、处处设防；正是这一状况导致同性恋者对社会缺乏认同，甚至产生反感和不满情绪，从而在同性恋者与其他社会群体之间形成巨大障碍。

因此，要消除同性恋者与一般人群之间的互相防范、隔阂厌恨，在同性恋者和社会一般人群之间建立平等和谐的新型伦理关系，必须从转变观

念入手，消除"道德多数"对同性恋者的"道德暴力"，营造平等、宽容的社会道德环境。为此，一方面，要统一对同性恋的认识：同性恋并非疾病，也无关道德。性取向是因人而异的，是个人的问题。目前关于性取向的形成有许多不同的观点，一般认为性取向的形成是环境、认知和心理以及生物等多方面的因素综合作用的结果。同性恋与性别认同障碍、易性癖、异装癖等显著不同，性别认同障碍、易性癖、异装癖等均为性心理疾病，而同性恋只是一种与异性不同的性取向而已，并非疾病，也无关道德。

另一方面，要通过社会舆论方面的宣传和教育，引导人们正确认识和对待同性恋这一行为和现象，纠正那种把同性恋视为性变态、心理疾病和不道德的行为等错误观念。正是由于很多人对同性恋存在错误的认识，同性恋者受到歧视和排斥，无法实现自我身份认同，进而产生自暴自弃心理，并对社会产生不满和敌意。在这样的情况下，同性性行为的干预就很难实施。因此，必须通过持续的舆论宣传，纠正对同性恋的错误认识，使人们正确认识同性恋者的生存状况和社会处境，引导人们同情、关爱同性恋人群。

（二）坚持社会伦理正义，保障同性恋者的应有权利

通过消除社会对同性恋者的歧视与污名，使同性恋者走出"地下状态"，也是解决同性性行为干预伦理难题的重要一环。应该说，统一社会对同性恋者的认识，形成平等、宽容的社会道德环境，可以为消除社会对同性恋者的歧视与污名提供认识和观念基础。在此基础上，还必须坚持社会伦理正义，切实保障同性恋者的应有权利。

所谓社会伦理正义，就是"社会通过其制度安排与价值导向所体现的公正合理的伦理精神与规范秩序，以及在这种伦理规范秩序的有效规导下所形成的人与人、人与群体以及群体与群体之间的公平相待的社会伦理规范"，"它集中反映着社会对人们道德权利与道德义务的公平分配和正当要求，反映着人际关系中相互平等对待的方式和态度"①。就同性恋者而言，坚持社会伦理正义，要求国家在进行制度设计时，尊重和保障同性

---

① 万俊人：《现代性的伦理话语》，黑龙江人民出版社 2002 年版，第 97 页。

恋群体的应有权利，在社会人际关系中人们能够公平对待同性恋者。具体地说，一是要树立权利平等的基本观念。平等是人类社会始终追求的一种价值理想，也是国家建设和发展的重要价值追求。罗尔斯认为，"每一个人对于一种平等的基本自由之完全适当体制都拥有相同的不可剥夺的权利"，"社会和经济的不平等应该满足两个条件：第一，它们所从属的公职和职位应该在公平的机会条件下对所有人开放；第二，他们应该有利于社会之最不利成员的最大利益（差别原则）"①。作为一种具有普世意义的价值目标，权利平等理应成为国家经济与社会发展的一种基本价值理念。任何群体、个人，不管他们的数量多少，不管他们的经济、社会地位如何，都应该享有宪法和法律规定的权利。同性恋者作为一个"少数人"群体，虽然在数量上居于少数，但其平等权利仍没有任何理由受到忽视。

二是政府要认真对待同性恋者的权利。不言而喻，政府是包括同性恋者在内的"少数人"权利保障最重要的主体。改革开放特别是进入 21 世纪以来，随着我国经济与社会的快速发展，政府对许多社会弱势群体的关怀与支持力度不断加大。比如，近年来国家采取了一系列的政策措施加强对农民、农民工、少数民族、妇女等群体权利保障，取得了明显成效，但是对生活方式、行为模式方面的"少数人"群体的权利仍然未能予以足够重视。就艾滋病防控而言，虽然，目前我国政府在对艾滋病患者、吸毒人员等"少数人"权利的认识上取得了长足进步，相关法律政策日益科学、合理，但对同性恋者等在生活方式和行为模式方面的"少数人"群体的权利保障问题一直未能予以应有重视。虽然，在生活方式和行为模式方面的同性恋者群体在数量上是少数，他们的生活方式和行为模式与社会一般人群有很大差异，社会一般人群不能认同和接受，但这并不意味着他们的权利可以受到忽视。相反，政府应认真对待这些"少数人"的权利，在认识上高度重视"少数人"权利，在制定政策措施时不忽视"少数人"权利，在艾滋病预防中采取切实有效措施保障"少数人"权利，不仅是协调社会不同群体之间关系的客观需要，是进一步推进艾滋病防治工作的客观要求，也是政府实现社会公平正义的道德要求。

---

① ［美］约翰·罗尔斯：《作为公平的正义：正义新论》，姚大志译，上海三联书店 2002 年版，第 70 页。

　　三是要完善同性恋者权利的法律保护机制。应该说，我国历来十分重视弱势群体权利的保障问题，目前已经加入了20多项国际人权公约，相当多的公约都涉及弱势群体的权利保障问题。我国宪法明确规定"国家尊重和保障人权"，为保障包括同性恋者等"少数人"在内的所有公民的权利提供了宪法依据。就同性恋者而言，完善其权利的法律保护机制，主要应从两方面入手：一方面，开展同性恋者权利保障的相关立法，专门制定保障同性恋者权利的法案；同时，要着力完善违法审查制度，加强对同性恋者权利的司法保护。另一方面，要对同性恋者实施适度的特殊保护。其之所以如此，主要原因是同性恋者等"少数人"的权利受到忽视的处境是历史形成的：正是在长期的艾滋病防治历程中，在国家政策、他们的自身错误等各种主客观因素的作用下，他们长期处于社会弱势地位，他们的权利在很大程度上未能得到有效保障。因此，单靠一般性的平等保障和他们自身的努力，恐怕很难扭转这一局面。只有对他们予以适度的特殊保护，才能使他们获得真正的平等。同性恋者等"少数人"不仅是我国的公民，也是特殊的社会弱势群体。因此，同性恋者不仅应该享有作为一般公民的权利，还应该享有作为特殊社会弱势群体的一些特殊权利，如对同性恋者的隐私权的特殊保护等。

（三）通过心理干预减轻和消除同性恋者的自我歧视

　　解决同性性行为干预面临的伦理难题，使同性恋者走出地下状态，从同性恋者自身的角度而言，首先要减轻和消除同性恋者的自我歧视。在现有的社会道德环境下，由于社会对同性恋者的歧视与污名，同性恋者甚至不能得到家人和亲友的理解和接受，使得同性恋者普遍缺乏对自己的身份认同，部分同性恋者会产生羞愧、反感、厌恶等消极的心理倾向，甚至导致孤独恐惧和自残自杀等心理障碍。解决这一难题，必须在营造平等宽容的社会道德环境、消除社会对同性恋者的歧视与污名、保障同性恋者的应有权利的基础上，通过心理干预减轻和消除同性恋者的消极情绪和自我歧视。具体地说，就是要通过高危行为干预工作队、同伴、志愿者甚至专业心理咨询师，运用心理咨询、心理支持和行为疗法等方法，帮助这些同性恋者改善对同性恋的认知，使他们以积极的心态来面对自己的性取向，从而减缓内心的纠结和冲突，消除消极情绪和自我歧视，增强自控能力和自我接纳程度，重新找回对生活的勇气和信心。

具体而言，对同性恋者的心理干预应坚持三个基本原则：一是价值中立原则。特别是高危行为干预工作队的工作人员、志愿者和心理咨询师在进行心理干预时，要保持价值中立，充分尊重同性恋者。只有这样，才能使同性恋者充分信任心理干预者，从而建立良好的合作关系。二是保密原则。如前所述，目前同性恋在我国社会仍未得到认同和接受，在同性恋者面临着很大的外部和内部压力的情况下，同性恋者普遍担心暴露身份而受到歧视，进而产生心理问题甚至心理危机。因此，对同性恋者的心理干预必须做好保密措施，保护同性恋者的隐私。三是差异原则，即充分考虑同性恋人群的个体差异和接受、理解程度。如不同年龄、学历、职业等的同性恋者都可能存在明显的个体差异。同时，我国不同地区经济发展、文化环境、社会风俗和传统观念等方面均存在很大差异，对同性恋者的心理干预还要注意地域差异。

（四）通过性健康、性道德教育和法律惩罚促使同性恋者履行义务

解决同性性行为干预面临的伦理难题，使同性恋者走出地下状态，从同性恋者自身的角度而言，还必须通过有效措施促使同性恋者履行相应的义务。针对同性恋者责任缺失的几种情况，要通过性健康、性道德教育和法律惩罚等方式，引导同性恋者了解性与艾滋病的有关知识，形成正确的性道德观念，自觉履行艾滋病预防义务，养成安全的性行为习惯，如努力建立单一固定的性伴关系、在性行为中正确使用安全套等。

具体地说，在性健康教育方面主要应突出三个方面的内容：一是使同性恋者正确认识自身的性取向、生活方式和行为方式，提高同性恋人群对同性性行为的艾滋病风险的认知。二是艾滋病预防特别是安全套的有关知识，引导同性恋者在性行为（包括同性性行为和选择传统婚姻的同性恋者的婚内性行为）中正确使用安全套。三是提高同性恋者的受益意识，即让同性恋者认识到对同性性行为的干预措施，如性教育、促使建立单一固定的性伴关系、正确使用安全套等，最根本目的并非要限制同性恋者的权利和自由，而是通过预防艾滋病、维护社会公共健康，并最终使同性恋者受益，从而主动配合各项干预活动。

性道德教育方面，由于我国传统的婚恋伦理和性道德主要是针对异性

恋、异性婚姻和异性之间的性行为，在同性恋方面还基本处于空白状态，因此，在对同性恋者的性道德教育，主要应突出两个方面的内容：一是参照异性恋的有关性道德要求，如排他性、专一、忠诚、信任等，帮助同性恋者建立单一固定的性伴关系；二是增强同性恋者的道德自律，把在性行为中正确使用安全套作为一项普遍的道德义务。我们认为，同性恋者建立单一固定的性伴关系、在性行为中正确使用安全套本身不仅是预防艾滋病经同性性行为传播的有效措施，其本身也具有鲜明的道德意义：通过建立单一固定的性伴关系、在性行为中正确使用安全套预防艾滋病传播，是对自己、他人乃至社会负责的表现，符合尊重、不伤害、有利、公正等生命伦理的基本原则；同时，同性恋者建立单一固定的性伴关系本身也是婚恋道德和性伦理的一项基本要求。

法律惩罚方面，主要是针对那些为寻求刺激而进行的不负责任的性行为，如同性性交易、集体淫乱、同性恋者滥用毒品，等等。在这方面，我国有着包括《治安管理处罚法》《中华人民共和国刑法》在内的较为完备的法律制度。

（五）审慎对待同性婚姻

目前中国同性恋者的婚姻选择面临伦理困境，无论是选择与异性的传统婚姻还是抵触婚姻选择单身或独身都面临来自社会的、家庭的或同性恋者自身的等多方面的压力；"互助婚姻"由于明显缺乏婚姻的道德基础，也面临一系列新的问题，并大大增加了同性性行为干预的难度；是否应该对同性婚姻予以法律认可则始终存在很大争议。

从 2001 年以来，同性婚姻相继在多个国家以婚姻立法的模式得到认可。根据凤凰网的消息，"截至 2013 年 11 月，同性婚姻与民事结合在全球四大洲得到合法化"[①]。其中，15 个国家实行同性婚姻已合法化、11 个国家实行民事结合合法化、3 个国家的部分地区实行同性婚姻或民事结合合法化。此后，陆续又有一些国家承认同性婚姻。2015 年 6 月 26 日，美国最高法院作出裁决，美国全国范围实现同性婚姻合法化。美国总统奥巴

---

① 凤凰网：《盘点同性婚姻合法化的国家和地区》。（http://tech.ifeng.com/a/20141030/40852521_0.shtml）。

马也对同性婚姻合法化公开表示支持，认为婚姻权也是同性恋者的一项基本人权。目前，全球承认同性婚姻的国家增加到 21 个。

在国内，也有一些学者强烈呼吁同性婚姻合法化，如李银河就曾两次试图向全国人大提交同性婚姻提案，但均未成功。早在 2002 年，李银河把同性婚姻提案交给一位全国人大代表，委托这位代表向全国人大提交提案，但由于附议人数达不到 30 而"流产"；2006 年李银河又向全国政协提交同性婚姻提案。2010 年广东省人大代表、律师朱列玉建议在广东进行同性婚姻登记试点，也未被采纳。中国的同性恋者对同性婚姻合法化抱有很高的期待，北京、武汉等城市均出现了同性恋者的公开"婚礼"。但反对同性婚姻合法化的声音一直很大，中国同性婚姻问题并未提上国家的立法日程，甚至没有正式的全国人大代表或政协委员向全国人大或政协会议正式提交过同性婚姻提案，提倡同性婚姻合法化的李银河并非全国人大代表和政协委员，国内对同性婚姻合法化的倡导仅停留在媒体等方面。究其原因，主要是社会对同性婚姻合法化存在广泛的担忧：同性婚姻可能造成婚恋伦理、性道德和现实两性关系的混乱。

我们认为，基于中国的国情，必须十分审慎地对待同性婚姻：我们不赞同直接实行同性婚姻合法化。李银河认为，在中国实行同性婚姻"有百利而无一害"，她在《同性婚姻提案》中提出了两种方案："一是设立同性婚姻法案；二是在现行婚姻法中略做改动：将婚姻法中的'夫妻'二字改为'配偶'，在第一次出现'配偶'字样的地方加'（性别不限）'四字。"[1] 虽然，不可否认，同性婚姻合法化对满足同性恋者的婚姻权利有重要意义。对于同性恋人群而言，同性婚姻是同性恋者所渴望和期盼的一种社会认同，实行同性婚姻合法化可以改变人们的传统观念和他们的社会处境，让他们可以自然地融入社会。同时，不承认同性婚姻，大多数同性恋者只得被迫走入异性婚姻，这不仅是造成婚姻不稳定的一个直接因素，也是导致同性恋人群成为艾滋病高风险人群的一个重要因素。而承认同性婚姻恰恰可以有效缓解这一难题，可以促使同性恋者建立单一固定的性伴，进而减少艾滋病传播的风险。

但是，正如一位全国政协发言人所言，"同性婚姻在中国太超前了"。

---

[1]　李银河：《同性婚姻提案》。(http://blog.sina.com.cn/s/blog_ 473d5336010002gq.html)。

可以说，在目前的中国实行同性婚姻不仅不具备应有的民意基础，而且可能带来一系列新问题。一些民意调查显示，我国仅有五分之一左右的普通民众支持同性婚姻，甚至连同性恋人群本身也未做好准备，由于传统文化、社会主流婚恋伦理和性道德等各方面的原因，也由于来自社会和家庭的压力，大多数同性恋者本身对自己的身份缺乏认同，敢于公开自己身份的同性恋者很少，特别是能把自己的同性恋身份告诉父母的更少。事实上，同性婚姻不仅冲击着对人类在长期的历史发展中建立起来的一男一女的传统婚姻及以这种传统婚姻为基础建立家庭的传统，而且对人口出生率、后代培养和经济发展都会产生不同程度的负面影响。

在这样的情况下，对同性婚姻必须十分审慎，一方面，要明确反对同性恋者选择与异性的传统婚姻和互助婚姻；另一方面，也不宜贸然实行同性婚姻合法化。而对同性性行为干预面临的伦理难题，应该通过上述途径来解决，即营造平等、宽容的社会道德环境，消除社会对同性恋者的歧视与污名，保障同性恋者的应有权利，加强对同性恋者的性健康、性道德教育和心理干预，帮助同性恋者了解性健康方面的知识，消除自我歧视，促使同性恋者自觉履行艾滋病预防方面的义务，鼓励同性恋者建立单一固定的性伴关系、正确使用安全套，等等。

（六）重视发挥民间组织、志愿者和同伴教育的作用

随着艾滋病形势的发展，我国先后出现了一些由国家部门建立的组织，如"中国预防性病艾滋病基金会""中国性病艾滋病防治协会"等；在各地也相继出现了一些民间组织，如云南的瑞丽妇女儿童发展中心、云南省彩云天空工作组、"跨越中国"等。这些组织承担了政府在艾滋病防治中的部分职能，与政府部门的艾滋病防控工作相互补充，开展了较为广泛的合作，合作领域涉及宣传教育、检测、行为干预、安全套推广、艾滋孤儿救助、社区合作，等等。可见，包括同性性行为干预在内的艾滋病危险性性行为干预是一项重要内容。就同性性行为干预而言，民间组织有着工作方式灵活、能够深入同性恋人群、运行成本较低等优势。但由于民间组织总体上发展尚不成熟，民间组织的地位和活动空间还相对有限，民间组织所处的法律和政策环境有待进一步改善。目前我国参与艾滋病防治的民间组织，相当一部分以工商组织形式注册，一些民间组织甚至并不具有

合法的身份，真正正式注册登记的民间组织较少。这种状况极大地制约了民间组织的活动空间，特别是那些不具备合法身份的组织还面临随时被取缔的困境。应该说，政府和社会各界之所以对民间组织存在偏见、误解，一个客观原因是目前我国民间组织发展还不成熟，一些民间组织自身的确存在问题，不排除个别所谓的民间组织打着防艾旗号另有所图，不对民间组织予以适当管理和监督甚至可能存在政治风险。为此，建议通过公益认证、业务报告等方式，加强对民间组织的管理监督。同时，政府要切实增强与民间组织合作的意识，充分尊重民间组织的主体地位和作用；要适当降低参与艾滋病防治民间组织的登记注册资金等准入条件，并通过政府购买服务等方式，为民间组织提供资金支持。

同时，要培养一支良好的同性恋志愿者队伍，发挥同伴教育者在同性性行为干预中的特殊作用。国内外研究表明，同性恋志愿者和同伴教育者可以利用"具有相同经历"的身份接近同性恋人群，以"现身说法"的优势去说服对象改变危险性性行为，同伴教育成为在全球得到普遍认可和推广的干预方式。因此，要根据各地实际情况，从同性恋人群中挑选出人际交流能力较强、具有一定影响力的同性恋者，培训他们作为志愿者或同性教育者，在同伴中进行宣传教育和行为干预。

第四章　多性伴行为干预中
的伦理难题及对策

随着人们性观念的日益开放，我国多性伴行为的发生率迅速增加，成为艾滋病性传播的重要"推手"。由于多性伴行为的具体情形非常复杂，不可能形成统一的干预政策和措施，多性伴行为干预仍然面临诸多伦理难题。解决这些伦理难题，是进一步推进艾滋病危险性性行为干预不可或缺的一个重要方面和环节。

一　多性伴行为及其干预概况

（一）多性伴行为：艾滋病性传播的重要"推手"

多性伴行为是指与超过一个以上的性伴发生过性行为的情况。随着我国经济与社会的快速发展，人们的性观念日益开放。在我们的实地调查中，当问及"您对性行为的看法"时，针对一般公众的调查结果显示，40.5%的人表示"性行为只有在婚姻的基础上才能发生"；40.5%的人表示"性行为在爱情的基础上就能发生"；13.9%的人表示"每个成年人都有性需求，就跟吃饭、睡觉一样，需要了就可以发生性行为"；5.1%的人选择"其他"。针对感染者的调查结果显示，35.3%的人表示"性行为只有在婚姻的基础上才能发生"；43.3%的人表示"性行为在爱情的基础上就能发生"；16.8%的人表示"每个成年人都有性需求，就跟吃饭、睡觉一样，需要了就可以发生性行为"；4.6%的人选择"其他"。正是由于人们性观念的日益开放，我国多性伴行为大量存在。

从我国现行法律、婚恋伦理和性道德观念看，只有在婚姻关系中夫妻之间的性行为和性关系才无任何争议，具有完满的道德合理性；夫妻之外的任何性行为和性关系都要么不同程度地违反道德或法律，要么存有或多或少的争议。因此，我们可以根据性行为与婚姻的关系，把多性伴行为分为三大类：

第一类是婚前性行为导致的多性伴。随着社会性观念的发展变化，发生婚前性行为的比例不断上升。1989 年中国人婚前性行为的比例是 15%，1994 年达 40% 以上，2012 年更是提高到 71.4%。[①] 潘绥铭教授从关于"中国人的性行为与性关系"的调查中甚至得出了"中国人已经全面接纳了婚前性行为"的结论。

婚前性行为是一个比较含糊的概念。潘绥铭教授根据发生的时间、对象和性质把婚前性行为分为九种情况：从性行为发生的时间看，包括"从来没有结婚的人所发生的性关系""有婚者（包括再婚者）在登记结婚之前的性关系""已经离婚或丧偶者，在下一次婚姻之前发生的性关系"三种情况；从对象看，包括"与后来真的结婚了的人的性关系""有了性行为之后一直没有结婚""性交易行为，例如嫖娼卖淫"三种情况；从性质看，包括"偶然的性行为，例如一夜情""时段的性行为，也就是多少持续了一段时间的性关系""非婚同居，指的是与婚姻类似的持续的共同生活的性关系"三种情况。[②] 离婚、丧偶导致的多性伴我们放在第三类"婚姻不稳定导致的多性伴"讨论，因而我们这里说的"婚前性行为"主要限定于发生在第一次正式登记结婚之前的性行为。

根据这一限定，我们可以把婚前性行为分为两种情况：试婚或同居与没有试婚或同居。随着人们的性观念的日益开放，婚前性行为尤其是婚前同居现象不断增加，人们对待婚前同居行为的态度也发生了深刻变化，对婚前同居持支持或不反对态度的人数不断增加。在我们的实地调查中，针对一般公众的问卷调查显示，对婚前同居持"支持"态度的占 13.5%，认为"无所谓，顺其自然"的占 66.1%，两者共占 79.6%；持"反对"态度的仅占 20.4%。针对感染者的问卷调查显示，对婚前同居持"支持"态度的占 16.6%，认为"无所谓，顺其自然"的占 50.4%，两者共占 67%，持

---

① 《中国人性健康感受报告》，载《小康》2012 年 4 月 7 日。

② 潘绥铭等著：《当代中国人的性行为与性关系》，社会科学文献出版社 2004 年版，第 105 页。

"反对"态度的占33%。婚前性行为在大学生这一群体中表现尤为突出。"大学生对待婚前性行为的态度是开放的。超过四成的大学生对'被强奸'和'新娘婚前和爱过的男人发生性行为,但现在已经不爱'持接受态度,对婚前性行为完全不接受的只占了15.29%。"① 不难想象,在认同或不反对婚前性行为的人群中,婚前有几次恋爱经历就可能有几个性伴。

第二类是婚外性行为导致的多性伴。婚外性行为非常复杂,如婚外恋、通奸、换偶、重婚、"包二奶"等五花八门的行为和现象均在此列。从总体上看,社会对待婚外性行为的基本态度是否定的,婚外性行为违反道德甚至违反法律是社会的基本共识。同时,不同婚外性行为又具有不同的具体性质,即行为的恶劣程度以及对配偶的伤害和社会危害程度不同。如婚外恋、通奸一般属于道德层面,对此类行为一般是社会道德和舆论谴责;重婚、"包二奶"是违法、犯罪行为,对此类行为我国《刑法》和《婚姻法》都有明确规定;而社会各界对"一夜情"、换偶行为的争议还非常大,在道德和法律层面的认识都存在明显分歧。

虽然,从总体上看,社会对待婚外性行为的基本态度是否定的,社会对婚外性行为违反道德或法律的定性已有基本共识,但具体到个人,人们对待婚外性行为的态度还是不尽相同。在我们的实地调查中,针对一般公众和感染者我们均设计了"您对婚外性行为的态度是什么"的问题。对一般公众的调查结果显示,对婚外性行为持"反对"态度的占65.7%,仍有34.3%的人持"支持"或"无所谓,顺其自然"的态度(其中,"支持"者占3.8%,认为"无所谓,顺其自然"的占30.5%);对感染者的调查结果显示,对婚外性行为持"反对"态度的占62.3%,仍有37.7%的人持"支持"或"无所谓,顺其自然"的态度(其中,"支持"者占6.1%,认为"无所谓,顺其自然"的占31.6%)。

尽管大部分人对婚外性行为的态度是否定的,但事实上,我国婚外性行为的发生率仍在不断增加。2000年,我国婚外性行为比率是17.7%,2006年上升到25.2%,2010年上升到38.6%。② 潘绥铭教授甚至用"风

---

① 《我国成年人1/3有多性伴》。(http://fashion.ifeng.com/emotion/topic/detail_2010_10/30/2950208_3.shtml)。

② 潘绥铭、黄盈盈:《性之变 21世纪中国人的性生活》,中国人民大学出版社2013年版,第297页。

起云涌"来形容婚外性行为在我国快速增加的趋势。

第三类是婚姻不稳定，即离婚后再婚导致的多性伴。[①] 改革开放特别是发展社会主义市场经济以来，随着我国经济与社会的快速发展，人们的婚恋和性观念发生了深刻变化。特别是 2002 年以来，我国离婚率（粗离婚率）持续走高。根据民政部发布的历年《民政事业发展统计报告》或《社会服务发展统计公报（报告）》[②]，2002 年全国办理结婚登记 786 万对，结婚率为 12.2‰；离婚 117.7 万对，离婚率为 1.8‰。2005 年结婚登记 823.1 万对，结婚率为 12.6‰；离婚 178.5 万对，离婚率为 2.73‰。

下表为 2002 年至 2005 年我国结婚率与离婚率情况：

指标 ＼ 年份	2002	2003	2004	2005
办理结婚登记数（万对）	786	811.4	867.2	823.1
结婚率（‰）	12.2	12.6	13.3	12.6
办理离婚手续数（万对）	117.7	133.1	166.5	178.5
离婚率（‰）	1.8	2.1	2.56	2.73

数据来源：民政部《2005 年民政事业发展统计报告》2006 年 05 月 19 日

下图为 1996 年至 2005 年我国结婚率与离婚率走势：

2005 年以前我国对离婚率的计算方法是用离婚数与已婚数之比得出已婚人口离婚率，计算公式为：离婚率 =（年内离婚对数/该年夫妇总对数）×1000‰。从 2006 年开始，国家民政部采用新的统计方法来统计离婚率，即用当期登记离婚宗数除以当期的平均人口数得出粗离婚率［（年内离婚数/年平均总人口）×1000‰］。2006 年全国结婚登记 945 万对，粗结婚率为 7.19‰；2006 年离婚 191.3 万对，粗离婚率为 1.46‰。2014 年全国结婚登记 1306.7 万对，粗结婚率为 9.6‰；2014 年离婚 363.7 万

---

① 婚姻不稳定导致的多性伴本也包括丧偶后再婚造成的多性伴，但由于丧偶是一种客观现象，我们这里不予讨论。

② 中国民政部发布的报告名称，2009 年以前为《民政事业发展统计报告》，2010 年为《社会服务发展统计报告》；2011 年开始为《社会服务发展统计公报》。

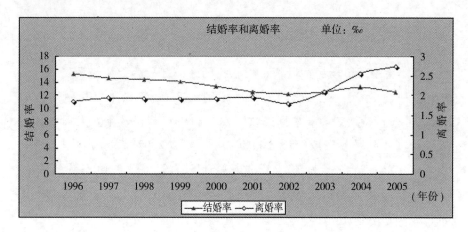

数据来源：民政部《2005年民政事业发展统计报告》2006年05月19日

对，粗离婚率为2.67‰。

下表为2006年至2014年双数年份我国结婚率与离婚率情况：

指标＼年份	2006	2008	2010	2012	2014
办理结婚登记数（万对）	945	1098.3	1241.0	1323.6	1306.7
结婚率（‰）	7.19	8.27	9.30	9.80	9.58
办理离婚手续数（万对）	191.3	226.9	267.8	310.4	363.7
离婚率（‰）	1.46	1.71	2.0	2.29	2.67

数据来源：民政部《2014年社会服务发展统计公报》2015年6月10日

下图为2005年至2014年我国结婚率与离婚率走势：

从上面几个图表可以看出，我国结婚数与结婚率有升有降，但离婚数与离婚率始终保持上升趋势。如果我们按照国际上对离婚率的另一种统计法，即用当年离婚对数与结婚对数之比得出当年的离婚率［（当年离婚对数/当年结婚对数）×100%］，得到的数据可能更加直观：我国2002年离婚率为14.97%；2005年离婚率为21.69%；2014年离婚率为27.83%。

不言而喻，高离婚率也是导致多性伴的一个重要因素。对于恪守传统道德的人来说，只要婚姻稳定即可保证单一的性伴；如果离婚后再婚，其性伴也会超过一个，造成多性伴。而对于性观念开放、自制力不足的人来

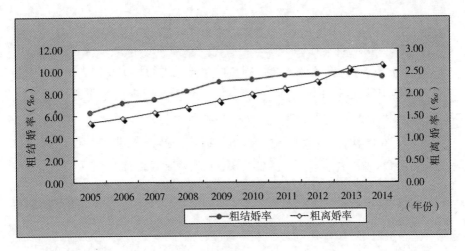

数据来源：民政部《2014年社会服务发展统计公报》2015年6月10日

说，即使婚姻稳定，也可能发生婚外性行为；如果婚姻不稳定，离婚后不管是否再婚，出现多性伴的可能性就更大了。

值得注意的是，"一夜情"、商业性性交易、聚众淫乱以及同性恋、双性恋等多性伴行为可能出现于上述三类情形之中。

众所周知，多性伴行为是一种艾滋病危险性性行为。而且，性伴越多，造成艾滋病感染的危险越大。由于艾滋病感染者的精液或阴道分泌物中存有大量病毒，与艾滋病感染者发生性行为很容易被感染（特别是在不使用安全套的情况下感染的可能性就更大了）；甚至与艾滋病感染者长时间深吻、口交也有可能造成感染。另外，患有性病的人与艾滋病感染者发生性行为更容易被感染。由于多性伴行为导致的性关系网状结构，夫妻之间的性关系特别是非保护性性行为的危险性也日益增加，并使日常的甚至是夫妻之间的性生活在一定条件下也成为艾滋病向一般人群扩散的中介。

此外，需要特别注意的是，青少年第一次性行为低龄化也是造成多性伴、进而造成艾滋病性传播的一个重要因素。据新华网的报道，"国内15岁至24岁的青年学生感染者占全部艾滋病感染者的比例，已由2008年的0.9%上升到2012年的1.7%"[1]。2014年11月27日，中国疾控中心性病

---

① 新华网：《中国青年学生感染艾滋病人数不断上升》。（http://news.xinhuanet.com/mrdx/2013－12/01/c_132931836.htm）。

艾滋病预防控制中心主任吴尊友在淡蓝公益组织开展的"青春零艾滋"公益活动现场表示，国内 15 岁至 24 岁的青年学生艾滋病感染者占感染者总数的 2%~3%；2013 年，全国报告学生感染者超过 100 例省份是 5 个，到 2014 年 10 月已达 10 个。不可否认，青年学生感染艾滋病的比例增加是多方面因素综合作用的结果，如很多青年学生不具备应有的性健康知识、出于追求刺激和新奇的网络交友、同性恋特别是男男同性性行为、不使用安全套，等等。其中，多性伴是造成艾滋病传播的一个重要助推因素。

（二） 我国对多性伴行为的干预概况

从多性伴行为的分类可以看到，造成多性伴行为的原因非常复杂，目前我国对多性伴行为的干预没有、也不可能形成统一的政策和措施。从实践看，对多性伴行为的干预活动包含法律、道德、公共卫生等各个方面，针对不同的多性伴行为有不同的态度或干预措施。具体地说，我国对多性伴行为的不同态度或干预措施可以分为以下几种情况（对商业性性交易造成的多性伴和同性恋者多性伴的干预，在第二章、第三章已有详细论述，这里不再赘述）：

1. 不予干预且无争议

正常的恋爱失败和婚姻失败造成的多性伴。对正常的恋爱失败和婚姻失败造成的多性伴，法律和道德上原则上均不予干预。当然，社会在对待恋爱失败和婚姻失败的态度上又稍有区别。社会对待由婚姻失败造成的多性伴的态度是不反对、不干预。这是因为，婚姻自由（包括结婚自由、离婚自由）是现代婚姻制度和两性文明发展进步的重要表现，离婚虽然可能导致多性伴，但它是婚姻自由的题中之义，也是婚姻家庭生活质量的保障。而对正常的恋爱失败导致的多性伴，社会给予了与离婚基本相同的态度，主要有两方面原因：一方面，从客观上看，中国人婚前性行为的比例不断攀升。1989 年中国人婚前性行为的比例是 15%；1994 年达 40% 以上；2012 年更是提高到 71.4%。① 另一方面，从社会的态度上看，由于恋爱自由是人的一项自主权利，在正常恋爱过程中发生的性行为，具有相

---

① 《中国人性健康感受报告》，载《小康》2012 年 4 月 7 日。

应的感情基础，社会一般能够接受，不会予以道德上的指责。因此，对正常的恋爱失败和婚姻失败造成的多性伴，一般不予以干预。在实践中，一般仅通过宣传教育，让人们知晓性行为的健康风险和实施健康防护的必要性和方法。

2. 法律干预且无争议

重婚、"包二奶"造成的多性伴。对重婚、"包二奶"造成的多性伴，我国《刑法》《婚姻法》和一些司法解释均明确规定以重婚罪予以处罚。所谓重婚罪，我国《刑法》第二百五十八条规定："重婚是一方有配偶又与他人登记结婚或者与他人以夫妻名义共同生活；以及明知他人有配偶又与之登记结婚，或者以夫妻名义共同生活的行为。"显然，重婚是对现代一夫一妻制的婚姻法律制度的公然违反，也是对人类两性文明的公然亵渎。至于"包二奶"，实质上也是重婚的另一种表现形式。"包二奶"不仅破坏婚姻家庭，给配偶和子女带来极大的伤害，甚至常常引发自杀、情杀等社会问题。"包二奶"的人群主要集中在一些"大款"、党政领导干部之中，严重败坏社会风气。因此，对重婚、"包二奶"的行为和现象予以法律制裁，在法律和伦理上均无争议。但在现实实践中，由于重婚罪属于自诉案件、重婚者一般社会地位较高往往采取种种办法来规避法律、受害方的举证能力有限等多方面的原因，重婚者和"包二奶"者受到法律制裁的仍是少数。

3. 法律干预但仍有争议

聚众淫乱行为。对聚众淫乱行为，我国《刑法》明确规定以聚众淫乱罪实施处罚。所谓聚众淫乱，是指聚集众人（三人以上；不论男女）进行集体淫乱的行为和活动。我国《刑法》第三百零一条明确规定："聚众进行淫乱活动的，对首要分子或者多次参加的，处五年以下有期徒刑、拘役或者管制。"虽然对聚众淫乱行为法律规定非常明确，但在实践中，社会对聚众淫乱行为的法律处罚仍然存有很大争议。赞同者认为聚众淫乱行为完全具备犯罪构成的四个要件，因而必须对该行为以聚众淫乱罪施以刑事处罚；反对者则认为聚众淫乱罪已经过时，只要不违反"自愿""私密""成人之间"的"性学三原则"，就不应对这种行为实施法律处罚。

4. 法律不干预但仍有争议

婚外情、通奸造成的多性伴。婚外情，又称婚外恋，指的是婚姻之外的恋情，即与配偶以外的人发生的恋情；通奸则是指没有夫妻关系的男女双方（一方或双方已有配偶）发生的性行为。从字面上看，二者的区别在于，婚外情似乎也是一场恋爱，甚至被一些人视为思想开放、追求性自由的表现，而通奸则明显是一个贬义词，与私通、偷情等相同或相近，是非法的、道德败坏的男女奸情，但从实质上看，二者都是指非婚姻的两性关系，并无本质区别。虽然，一些人在所谓性解放思潮的影响下美化婚外情，把婚外情视为现代人自我意识增强、追求更高的婚姻生活特别是性生活质量的表现，但从总体上看，社会对婚外情和通奸行为的态度是有基本共识的：婚外情和通奸者违背婚恋伦理和性道德，违反社会公德，也违反婚姻法关于"夫妻应当互相忠实、互相尊重"的规定，在很大程度上冲击了现有的婚姻制度，对个人、家庭和社会都有危害。因此，对婚外情和通奸予以道德与社会舆论谴责没有争议。但在法律上，关于通奸行为还存在"入罪"和"不应被入罪"两种对立的观点。

5. 道德和社会舆论谴责但仍有争议

"一夜情"与换偶造成的多性伴。关于"一夜情"，目前并未形成统一的界定。一般地说，"一夜情"是指陌生人之间为性事发生一夜激情之后即不再联系的行为和现象。所谓换偶，又名"换妻"，指的是两对或两对以上的夫妻相互交换配偶发生性关系的行为。这一现象最早出现在20世纪50年代的美国，后迅速向其他国家和地区发展，欧美及日本、澳大利亚等很多国家甚至出现了所谓的"换妻俱乐部"，经常举行换偶派对聚会活动。

在我国，随着经济与社会的发展，特别是生活节奏不断提速，生活压力不断加大，生活在城市的青年男女（目前也有向大龄人群和低龄人群漫延的趋势）之间发生"一夜情"、夫妻之间的换偶行为不断增多。网络时代各种社交软件的广泛应用也助推了这一现象的发展。由于多人之间的性行为即聚众淫乱行为我国法律已有明确规定，且前面已有论述，我们这里讲的"一夜情"和换偶行为，仅指两人之间的"一夜情"和换偶后的两人之间的性行为。对于两人之间的"一夜情"和换偶后的两人之间的性行为，法律不予干预，社会主流道德和舆论的基本态度是反对、谴责，但仍然存在明显争议。社会主流意见认为，"一夜情"和换偶行为是不道德的行为，是对人类两性关系的亵渎，影响婚姻家庭的稳定与社会和谐，应该从教育和社会管理等方面予以约束；而支持"一夜情"、换偶行为的人认为"一夜情"、换偶并不是不道德的行为，只要不违反"性学三原则"，包括"一夜情"、换偶在内的性行为都是人的性权利和性自由。

二 多性伴行为干预面临的伦理难题

多性伴行为之所以成为艾滋病性传播的重要"推手"，除了客观上的多性伴行为情形复杂、不可能形成统一的干预政策和措施的原因之外，多性伴行为干预仍然面临诸多伦理难题是重要的深层根源。由于性权利限度和性道德标准的争议，也由于多性伴行为动机的复杂性，社会对一些多性伴行为的伦理定性和道德评价存在分歧，进而导致对一些多性伴行为干预手段上的伦理争议。

（一）性权利限度的争议和性道德标准的不确定性

目前，我国社会对一些多性伴行为之所以在法律和道德层面都还存在很大争议，从理论依据或前提看，主要在于性权利限度的争议和性道德标准的不确定性。正是由于性权利限度的争议和性道德标准的不确定性，导致对一些多性伴行为的态度和政策上的争议，如是否违法、是否道德、应不应该干预、法律干预还是道德干预，等等。这是当前我国多性伴行为干预的第一个伦理难题。

1. 性权利限度的争议

性权利是许多支持"一夜情"、换偶行为等多性伴行为者所持的第一个重要理论依据，性权利限度的争议是导致社会对多性伴行为争议的第一个理论焦点。

应该说，目前社会对公民享有性权利这一点并无争议。我们知道，性是人类的一种基本的存在方式，性权利也是人的一种基本权利；性的需要不仅是人的一种自然生理需要，而且是人类社会存在与发展的前提。"历史中的决定性因素，归根结蒂是直接生活的生产和再生产。但是，生产本身又有两种。一方面是生活资料即食物、衣服、住房以及为此所必需的工具的生产；另一方面是人类自身的生产，即种的繁衍。"[1]

① 《马克思恩格斯选集》第4卷，第2页。

1999 年第 14 次世界性学会通过的《性权宣言》指出："性是每个人人格之组成部分……性权乃普世人权，以全人类固有之自由、尊严与平等为基础。"① 可见，公民享有性权利，不仅是个人自然本能和人格完善的需要，也是对人权的尊重和肯定，是人类两性关系和性文明进步的重要表现。

争议的焦点在于性权利的限度问题。支持"一夜情"、换偶等多性伴行为的人从人的自然生理需要出发，认为"公民对自己的身体拥有所有权，他拥有按自己的意愿使用、处置自己身体的权利"②。由于法律没有明文禁止，"一夜情"、换偶等多性伴行为也都是人的一种权利。如果说，这种观点所持的性权利也有限度的话，这种限度仅在于性社会学家李银河研究员提倡的"性学三原则"，即人们的性行为只要不违背"自愿""私密""成人之间"三个原则就应被视为合法。这三个原则成为很多人用来评价"一夜情"、换偶甚至聚众淫乱等多性伴行为的准则。李银河认为，"换偶活动是少数成年人自愿选择的一种娱乐活动或生活方式，它没有违反性学三原则（自愿、私密、成人之间），是公民的合法权利"③。这就是说，除了"自愿""私密""成人之间"三个原则之外，人们的性权利的行使可以不受包括法律和道德在内的任何其他规范的限制和约束；一个人为了满足自己的生理需要，只要在不违背上述三个原则的前提下，可以从事任何的性行为和性活动。

社会主流意见认为，性权利作为人的一种基本权利，应该有明确的严格的限制；如果不讲原则、不负责任而无条件地强调性权利，必然造成性关系混乱、性病艾滋病流行、婚姻家庭解体等一系列严重的社会后果。这是因为，性权利作为一项普世人权，符合人权的基本规定，但人权作为人的生存和发展所必须具有的权益，"不能超出社会的经济结构以及由经济结构制约的社会的文化发展"④。性权利也是如此。虽然，性"本身是一

① 《性权宣言》（1999 年 8 月 23—27 日世界性学会第 14 次世界性学术会议通过）。译文参见赵合俊《性：权利与自由》。（http：//www. sexstudy. org/article. php？ id＝671）。

② 《李银河：公民对自己的身体拥有所有权》2010 年 4 月 8 日。（http：// news. china. com. cn/txt/2010－04/08/content_ 19767326. htm）。

③ 李银河：《换偶问题》2006 年 10 月 24 日。（http：//blog. sina. com. cn/liyinhe）。

④ 《马克思恩格斯选集》第 3 卷，第 305 页。

种生物的和肉体的行为，但它深深植根于人类事务的大环境中，是文化所认可的各种各样的态度和价值的缩影"①。同样，性权利虽然也源于人的自然的生理需要，以人的自然属性为基础，但其本质在于人的社会属性，即公民所享有的进行性交往和性活动的自由权利。因此，性权利也不可能是抽象、绝对的，而是现实、具体的，其产生、发展和实现也总是与一定的社会历史阶段相联系，离不开一定社会经济、政治和文化条件的限制，人们对性权利的行使必须遵循一定的伦理原则，不能超过一定的限度。安云凤教授认为性权利的限度主要体现在四个方面："必须对性关系的异性对象，承担关心、爱护、忠诚、扶助的义务"；"必须对性关系的结晶——子女，承担抚养、抚育、教育、呵护的义务"；"必须对性关系的社会和法律形式——婚姻家庭，承担维系、加强、巩固、保护的义务"；"必须对性关系的存在空间——社会，承担服从社会规范、增进社会安定、推动社会文明发展的义务"②。

2. 性道德标准的不确定性

性道德标准是多性伴行为争议的第二个理论焦点。由于性道德标准具有不确定性，社会性道德标准模糊，不同的人从不同的标准出发认识和对待多性伴行为，可能得出不同甚至相反的结论。

众所周知，道德的最一般标准是善恶标准。善恶标准既具有确定性和绝对性，又具有不确定性和相对性，是确定性和不确定性、绝对性和相对性的统一。一方面，善恶标准具有确定性与绝对性，对善恶标准我们可以从普遍意义上予以规定："善就是在人和人的关系中表现出来的对他人、对社会的有价值的行为，恶就是对他人、对社会有害的、产生负价值的行为。"③ 人们进行道德评价总是有客观、共同的标准，这个标准就是"是否有利于社会的进步，是否有利于大多数人的幸福，是否有利于社会物质文明和精神文明的发展"④。另一方面，善恶标准具有不确定性与相对性，善和恶作为一个评判标准，不同时代、不同国家、不同民族的人们对它都有不同的认识。"善恶观念从一个民族到另一个民族，从一个时代到另一

---

① ［美］凯特·米利特：《性政治》，宋文伟译，江苏人民出版社 2000 年版，第 32 页。
② 安云凤：《对一夜情的伦理透析》，《道德与文明》2003 年第 6 期。
③ 罗国杰：《伦理学》，人民出版社 2014 年版，第 408 页。
④ 同上书，第 411 页。

个时代变更得这样厉害，以致它们常常是互相直接矛盾的。"① 具体到性道德，作为人类道德的重要组成部分，性道德的标准也是确定性与不确定性、绝对性与相对性的统一。所谓性道德标准的确定性与绝对性，是指性道德总是有着一定客观、共同的标准的。所谓性道德标准的不确定性和相对性是指性道德标准也是随着社会的发展而不断变化的，不同时代、不同国家、不同民族、不同宗教信仰的性道德标准都不尽相同。比如，奴隶社会、封建社会的一夫多妻制和性禁锢与资本主义社会的性解放的性道德标准是迥异的；佛教的禁欲与伊斯兰教的多妻也形成了鲜明对比。

性道德标准的不确定性与相对性，是多性伴行为存在争议的一个直接根源，也是多性伴行为干预面临的一个重要伦理难题。目前，我国社会存在的性道德标准从总体上可以分为主流文化标准与亚文化标准，或多数人的标准和少数人的标准两个方面。一般地说，主流文化的标准是：是否符合人类两性关系发展的规律和人类性文明进步的方向，是否有利于促进婚姻家庭的稳定与社会和谐，是否符合人的全面发展的需要；而少数人的标准有"自愿""私密""成人之间"的"性学三原则"等。正如性学家方刚所说的，"人类历史上从来就没有统一的性道德，所谓的性道德标准只是多数人性道德标准"，"换偶的人只是在追求自己的性权利而已。他们的性道德和多数人的性道德不一样而已"②。正是由于性道德标准的不确定性与相对性，根据不同的性道德标准，对同一种性行为可能作出不同甚至相反的评价，进而决定不同的干预方式。

（二）多性伴行为动机的复杂性

社会对一些多性伴行为之所以存在很大争议，除了性权利限度和性道德标准这两个理论焦点之外，多性伴行为本身动机的复杂性也是一个重要因素。不言而喻，多性伴行为是以性行为对象的数量为标准的，"无论在什么情况下，无论对方是什么样的人（如是否异性），无论性交次数多少，无论同时发生还是先后发生，无论结果如何（如是否结婚），只要是

---

① 《马克思恩格斯选集》第 3 卷，第 133 页。

② 方刚：《就南京换偶案之性道德标准答记者问》2010 年 4 月 11 日。（http：//bbs. voc. com. cn/topic – 2296403—1—1. html）。

曾经与超过一个人发生过性交，就算有多伴侣"①。可见，造成多性伴的情形十分复杂。如前所述，多性伴行为可以根据性行为与婚姻的关系分为婚前性行为、婚外性行为和离婚后再婚导致的多性伴三大类；而婚前性行为、婚外性行为又分别包括种类繁多、五花八门的具体性行为。同时，多性伴既可能发生在异性之间，也可能发生在同性之间，进一步增加了多性伴行为的复杂性。从动机看，各种多性伴行为有的出于相同的动机，有的则出于不同的动机。

所谓多性伴行为的动机，是个体发生多性伴行为的思想动因，即在发生多性伴行为前的欲望、意图、兴趣、情感、意志、信念、理想的综合，是推动主体发生多性伴行为的精神力量。"动机总是同人的利益和需要相关联的"②，而人的利益和需要既包括物质层面，也包括精神层面。多性伴行为的动机也不例外，也是同人的利益和需要相联系的。归纳起来，造成多性伴行为的动机可以分为正当与不正当两大类：

出于正当动机而造成的多性伴主要是指出于追求爱情和婚姻的动机。众所周知，爱情作为人类社会的一种美好的感情，虽不能归结为性欲，但与性欲有密切联系，或者说它包含性欲的因素。"男女结合才形成一个完全的人"，"性欲的满足是男女健康的身体和精神发达的要素"，"因此，人们把爱情称为性爱"③。婚姻则是包括爱情生活在内的以两性结合为基础、以共同生活为目的、公示夫妻身份的一种特定的共同体。虽然人们性行为发生的情形极其复杂，但出于追求爱情和婚姻而发生的性爱是社会主流道德所推崇的，客观地说，在追求爱情和婚姻的过程中发生的性行为是一个最重要的方面。比如，婚前性行为是造成多性伴的重要类型，应该说，多数年轻人的婚前性行为是在正当的恋爱过程中发生的，一般认为出于正当的恋爱而发生性行为，由于具有相应的感情基础而不应予以道德上的批评；夫妻之间的性行为则是法律所保护、道德所推崇的性行为。当然，出于追求爱情和婚姻这一动机造成的多性伴行为，除了包括正当的恋爱和离婚后再婚之外，也包括一些婚外恋的情形。比如，有些夫妻之间的

---

① 潘绥铭、黄盈盈：《性之变　21 世纪中国人的性生活》，中国人民大学出版社 2013 年版，第 284 页。

② 罗国杰：《伦理学》，人民出版社 2014 年版，第 427 页。

③ 同上书，第 292 页。

感情已经破裂，但由于离婚难或子女等因素未离婚而发生的婚外恋情，不能排除在婚外恋中男女双方也可能存在爱情，但即便如此，婚外恋也是不正当的行为，不能获得道德辩护。

不正当的动机或恶的动机又包括多种情况，主要包括：一是追求快乐与刺激。这是一种纯粹基于自然的性欲冲动、单纯追求感官刺激和肉体快乐的动机，也是造成多性伴行为的一种十分常见的动机，在未婚者和已婚者的多性伴行为中都广泛存在。从出于追求快乐与刺激的动机出发引发的多性伴行为，在现实中有五花八门的表现，如"一夜情"、换偶、聚众淫乱、性虐恋游戏等不一而足。虽然，目前社会对这些行为的认识和评价并不完全一致，在道德或法律领域存在一定的争议，但我们认为，这种不讲任何约束、不负任何责任、完全出自生物自然本能的性行为都是不道德的，应该予以道德谴责；有些行为则是违法甚至犯罪行为，如对聚众淫乱行为法律已经非常明确，应该予以法律惩罚；在上述性行为中如果涉及未成年人也应承担法律责任。二是为获得某种物质利益或权利、机会，包括以利换性或以性换利。其现实表现又包括两种情况：一种是商业性性交易，即以金钱换取性交或其他性服务。在商业性性交易中，一方是为了获得金钱或其他物质利益，一方则是为了获得性服务。另一种是商业性性交易之外的以利换性或以性换利行为。比如，为了一定的物质利益、权利、机会（如职务升迁、子女入学等），在熟人之间、领导与下属之间或为了配偶甚至为了子女，而出现的以利换性或以性换利行为。三是寻找安慰、心理平衡或报复配偶。这一动机主要出现在已婚者的多性伴行为之中。比如，有的人在家里地位不高，常常受到妻子或丈夫的忽视或暴力对待，为寻找安慰而出轨或找性服务者；有的人由于妻子或丈夫出轨，又不想离婚而寻求心理平衡甚至报复配偶而出轨或找性服务者。四是出于男尊女卑或女尊男卑、彰显自身的成功与地位等心理，如"包二奶"、重婚等行为。五是出于恶意的欺骗或玩弄。有的男性或女性纯粹出于骗财骗色的动机，而在同一时间或在不同时期周旋于多个同性或异性对象之中。以上各种情形都是出于主观故意的动机。此外，还有一种出于过失的"无意"或偶然的情况，如遇到烦心事或醉酒之后，"无意"间发生的性行为。

（三）多性伴行为伦理定性的分歧

目前，社会对一些多性伴行为的定性是确定的。比如，对正常恋爱和婚姻失败造成的多性伴，法律和道德都持肯定态度；对重婚和"包二奶"、聚众淫乱行为，法律明确规定为犯罪行为；婚外情、通奸则是不道德的行为。但是同时，社会对商业性性行为、"一夜情"、换偶、性虐恋等行为的伦理定性仍然存在很大分歧。这也是多性伴行为干预面临的一大伦理难题。

如第二章所述，目前我国社会对商业性性行为和性工作者的伦理定性还存在明显分歧：对商业性性行为的伦理定性还存在违法或合法、是道德的行为或不道德的行为等不同意见；与此相适应，对性工作者的伦理定性也还存在违法者、不道德者、需要救助者等不同观点。

对"一夜情"、换偶、性虐恋等行为的伦理定性则存在两种相反的意见。关于"一夜情"，一种意见认为，"一夜情"是一种不道德的行为。这是因为，"一夜情"是一种基于性的快乐主义和享乐主义的"性的纯粹化"与"非爱情化"，是对"五四"以来以爱情为基础的性道德的反动；"一夜情"行为纯粹是出于追求生理、肉体和感官快乐的行为，直接伤害了恋爱对象或配偶，"使个人道德堕落、心灵扭曲、良知泯灭、人性退化，给婚姻和家庭，给他人和社会带来危害"，是"对法律和道德的蔑视"[1]。另一种意见则认为，"一夜情"是人的一种权利。"一夜情""只是两个独立自主的个人，在明白自己的与对方的权利的界限的基础上，出于自觉自愿的性需求，经过平等协调，达成了共同过一次性生活的协议并且执行了这个协议"，"它最完善地实现了性的人权道德"[2]。既然法律没有禁止，人们就有权利去做。应该说，我们的实地调查较好地印证了这种争议。在我们的问卷调查中，针对一般公众的调查结果显示，对"一夜情"的持"支持"态度的占 6.4%，认为"无所谓，顺其自然"的占 39.4%，持"反对"态度的占 60.6%；针对感染者的问卷调查结果显示，

---

① 安云凤：《对一夜情的伦理透析》，《道德与文明》2003 年第 6 期。

② 潘绥铭、黄盈盈：《性之变　21 世纪中国人的性生活》，中国人民大学出版社 2013 年版，第 316 页。

对"一夜情"持"支持"态度的占 5.8%，认为"无所谓，顺其自然"的占 34.1%，持"反对"态度的占 60.1%。

与"一夜情"相类似，对换偶行为的伦理定性也存在明显对立的两种观点：一种观点认为换偶行为是一种不道德的行为。换偶行为与人类两性关系发展的规律、人类性文明进步的趋势是背道而驰的。一夫一妻制标志着人类在两性关系上的伟大的道德进步；婚姻原则是调节性关系的一个基本伦理原则。它告诉我们，"对于社会来说，只有夫妻之间的性交关系才合乎规范"①。因此，性权利是主要存在于夫妻之间的一种权利。而换偶行为完全背离了人类性文明进步的趋势和性伦理的婚姻原则，是对一夫一妻制和婚姻原则的公然亵渎，是人类两性关系和性文明的巨大倒退。反对者则认为，换偶行为与道德无关；不仅如此，换偶行为还有利于婚姻稳定。"如果说一般的婚外性关系应当受到违反婚姻道德的指责，那么换偶活动连婚外情的破坏级别都达不到。"② 据此，他们得出了"换偶比婚外情、'包二奶'高尚"的结论。

同样，对性虐恋行为的认识也存在明显的分歧。一般认为，性虐恋是一种心理疾病，要通过治疗予以矫正。但也有人认为性虐恋并不是心理疾病，而是一种亚文化现象。如李银河认为，"虐恋绝对不是一种疾病，而是一种亚文化现象"，她甚至用"精致""高雅"来形容性虐恋，认为性虐恋"是一种精致、高雅的游戏"；华东师范大学心理学博士张玲接受新民网采访时也说："虐恋作为亚文化存在，是有进步意义的"，"从心理学角度分析，虐恋其实是一些人在完成'自我同一性寻求'过程中的一步"③。

（四）多性伴行为干预手段的伦理争议

由于一些多性伴行为伦理定性存在分歧，社会对一些多性伴行为干预的手段和方式也面临伦理争议。如前所述，目前对正常的恋爱失败和婚姻

---

① 王伟、高玉兰：《性伦理学》，人民出版社 1999 年版，第 78 页。

② 李银河：《惩罚换偶，世界罕见》2010 年 4 月 3 日。（http://blog.sina.com.cn/liyinhe）。

③ 新民网：《性虐游戏风行网络李银河称其很高雅》。（http://news.xinmin.cn/domestic/shehui/2006/11/28/104031.html）。

失败造成的多性伴，法律和道德原则上都不予干预且无争议；对重婚、"包二奶"造成的多性伴法律干预且无争议。干预手段存在伦理争议的多性伴行为主要是聚众淫乱、通奸、"一夜情"和换偶行为。

1. 对聚众淫乱行为处以刑罚的伦理争议

我们知道，聚众淫乱罪是1997年刑法修订时由流氓罪分离出来的。聚众淫乱成为社会关注的焦点始于2010年"南京换偶案"。2010年4月7日至8日，在南京秦淮区法院不公开审理了一起"聚众淫乱案"，2010年5月20日上午的公开宣判认为，马尧海等22人触犯了《中华人民共和国刑法》第三百零一条，以聚众淫乱罪追究其刑事责任。南京判例引起了很大的社会反响和争议。赞同者认为聚众淫乱行为完全具备犯罪构成的四个要件：犯罪客体是公共秩序，聚众淫乱是一种违反社会公共生活中的交往规则，败坏社会风俗习尚的行为；犯罪客观方面是聚众行为（纠集三个或三人以上的众人）和淫乱行为（违反道德规范的性行为）；犯罪主体是聚众淫乱的首要分子和多次参加者；犯罪的主观方面是直接故意。因此，必须对该行为以聚众淫乱罪施以刑事处罚。

反对者则认为，聚众淫乱是自愿的、发生在相对封闭的场所、由少数人的特殊性癖好产生的行为，不应对这种行为实施法律处罚；相反，聚众淫乱罪已经过时，应该取消。如李银河认为，"公民对自己的身体拥有所有权，他拥有按自己的意愿使用、处置自己身体的权利"[1]，聚众淫乱罪已经过时，应该取消。2010年李银河委托一名全国人大委员和一名全国政协委员把取消聚众淫乱罪的建议提交司法部和全国人大法工委。李银河的主张引起了一些人的关注和支持，但更多的人认为她的主张违背我国传统美德，与人类两性文明发展和进步背道而驰。如著名法学家、武汉大学教授马克昌认为，"以换偶或者是性聚会的形式在一块淫乱，是对传统良好风俗习惯的破坏，一旦取消掉，会引来更多的人去效仿"[2]。

2. 通奸该否入罪的伦理争议

从世界范围看，各国对通奸是否入罪存在着耐人寻味的差异。性解

---

① 李银河：《公民对自己的身体拥有所有权》。（http://news.china.com.cn/txt/2010-04/08/content_ 19767326. htm）。

② 中国新闻网：《少女"聚众淫乱"案近日二次开庭罪与非罪引争议》。（http://www.chinanews. com/sh/news/2010/06-09/2331417. shtml）。

放、性自由、性开放的思潮来源于西方，但许多西方国家在对待通奸的态度上却并不开放，通奸在许多西方国家均被入刑。例如，美国目前仍有一些州的法律把通奸认定为犯罪；法国、意大利、西班牙等国的刑法也均有"通奸罪"或类似于"通奸罪"的规定。另外，印度、柬埔寨及大多数伊斯兰国家也都保有"通奸罪"的规定。而在性观念相对保守的东方，特别是东亚地区大部分国家在对待通奸的态度上却相对开放。比如，日本、中国都较早废除了"通奸罪"。日本的刑法从1947年起就不再把通奸视为犯罪；韩国宪法法院2015年2月26日宣布废除刑法中的"通奸罪"的规定，认定实行"通奸罪"违反宪法。在东亚，只有中国台湾地区例外，通奸仍然被入刑。

在中国历史上，私通一直被视为一种万恶不赦的行为，许多朝代都有严厉惩罚这种行为的规定。新中国成立以后，"通奸罪"被废除。目前，我国法律不把通奸定为犯罪，一般情况下通奸不受刑罚处罚（破坏军婚罪、强奸罪、重婚罪除外），主要依靠道德和社会舆论谴责；对公职人员特别是领导干部的通奸行为则施以纪律处罚。《中国共产党纪律处分条例》第一百五十条规定："与他人通奸，造成不良影响的，给予警告或者严重警告处分；情节较重的，给予撤销党内职务或者留党察看处分；情节严重的，给予开除党籍处分。与现役军人的配偶通奸的，依照前款规定从重或者加重处分。重婚或者包养情妇（夫）的，给予开除党籍处分。"但在通奸行为是否应该入罪的问题上仍然存有很大争议。一种意见认为，通奸不应该入罪。这是因为，通奸虽然是不正当的性行为，但由于是双方自愿发生的，反映了公民个人选择性伴的自由，且属于家庭内部事务，属于道德管辖的范畴，法律不能越俎代庖。因此，通奸行为不应被入罪。相反的意见则认为，通奸是一种明显违反《婚姻法》的行为，对受害者造成巨大的身心伤害，破坏了婚姻家庭的和谐稳定，在很多情况下导致奸情杀人、伤害等恶性事件，容易导致艾滋病等疾病传播，具有严重的社会危害性，因此主张把通奸规定为犯罪。

3. 对一夜情与换偶的道德谴责的伦理争议

目前对"一夜情"和换偶行为，我国法律尚无明确规定；社会主流道德和舆论对"一夜情"和换偶行为的基本态度是反对和谴责，但仍存有很大争议。主流意见认为，"一夜情"和换偶行为不仅是不道德的行为，与人类两性关系发展的规律、人类性文明进步的趋势背道而驰，而且易于导致怀孕、盗抢、艾滋病等疾病传播，破坏婚姻家庭的稳定与社会和谐，因而应该从教育和社会管理等方面对这两种现象予以约束。如安云凤教授认为，"'一夜情'把具有深刻社会内涵的性关系，变成赤裸裸的肉体感官快乐；把人的性行为，还原成动物的性本能，不能不说是对人的尊严的践踏，是对人类两性关系的亵渎"，"对'一夜情'必须从道德上予以彻底否定"①。

反对者则认为，"一夜情"和换偶行为跟道德无关，"一夜情"和换偶纯粹是为了快乐，并非道德沦丧，而是人的一种自由权利。如李银河认为，"一夜情"是人的一种权利，"换妻无关道德"，"换偶活动是少数成年人自愿选择的一种娱乐活动或生活方式，它没有违反性学三原则（自愿、私密、成人之间），是公民的合法权利"②；方刚认为，"评价一个人的私人生活（如性）的时候，不能用多数人的道德，而应该用人权"③，"用多数人的标准来要求少数人，甚至打击不符合这一标准的少数人，在我看来才是真正的犯罪。我称之为一种性的'道德霸权主义'或性的法西斯主义"④。不仅如此，他们还认为，换偶不仅是人的一种自由权利，实施换偶行为有利于夫妻之间的感情沟通和相互吸引，"使他们的婚姻关系更加亲密无间，感情更加牢固"⑤，有利于提升家庭的幸福度。因此，对换偶行为不仅不应予以道德批评和谴责，反而而应该予以提倡。

三　解决多性伴行为干预伦理难题的对策

解决多性伴行为干预面临的伦理难题，必须在明确性权利限度和性道德标准的基础上，明确多性伴行为的伦理定性和道德评价，区分并行性多

---

① 安云凤：《对一夜情的伦理透析》，《道德与文明》2003 年第 6 期。

② 李银河：《换偶问题》2006 年 10 月 24 日。（http：//blog. sina. com. cn/liyinhe）。

③ 方刚：《就南京换偶案之性道德标准答记者问》2010 年 4 月 11 日。（http：//bbs. voc. com. cn/topic—2296403—1—1. html）。

④ 凤凰网：《方刚：换偶会给婚姻带来好的影响》。（http：//news. ifeng. com/society/special/groupsex/pinglun/201004/0405_ 9919_ 1596221. shtml）。

⑤ 方刚：《就南京换偶案之性道德标准答记者问》2010 年 4 月 11 日。（http：//bbs. voc. com. cn/topic—2296403—1—1. html）。

性伴与非并行性多性伴，对多性伴行为实施综合干预，并在法律和道德约束前提下保障公民的性自主权。

（一） 明确性权利的限度和性道德的标准

1. 明确性权利的限度

明确性权利的限度是解决多性伴行为争议和伦理难题的一个关键依据和理论前提。我们认为，性权利的限度主要应体现在禁规和责任两个原则上，前者标示着性权利的血亲与疾病限度，后者则标示着性权利的权利与义务限度。

（1）禁规原则：血亲与疾病限度。禁规原则包括对血亲和疾病患者之间性关系的禁止两方面，它标示着性权利的血亲与疾病限度。我国《婚姻法》规定的禁止结婚的两个条件，即"直系血亲和三代以内的旁系血亲""患有医学上认为不应当结婚的疾病"实质上也就是这两个方面。关于血亲之间性关系的禁止，各国法律都规定直系血亲间不得结婚；而对旁系血亲的规定则有所不同。如罗马尼亚禁止四代以内的旁系血亲结婚，而日本则把禁止结婚的旁系血亲限定在三代以内，我国也明确禁止三代以内的旁系血亲结婚。疾病患者之间性关系的禁止，既包括精神病、白痴等精神方面的疾病，也包括麻风病、重大的遗传性疾病等可能严重危害对方甚至下一代健康的身体方面的疾病。此外，一些国家的法律还规定禁止有某些生理缺陷而不能进行性行为的人结婚。

（2）责任原则：权利与义务限度。责任原则是关于性的权利与义务之间辩证关系的伦理原则，它标示的是性的权利与义务限度，主要指向性的义务与责任。事实上，性权利作为人的一种基本权利，总是与性行为和性关系所产生的各种义务紧密联系在一起的，"没有无义务的权利，也没有无权利的义务"[①]。性权利作为人的一种基本权利，总是与性行为和性关系所产生的各种义务紧密联系在一起的，是权利与义务的统一。性权利也不例外。个人在享有性权利的同时，必须符合相应的法律和道德规范，必须履行相应的义务，包括对性关系的对方、对性关系的结晶（子女）、对性关系的法律形式（婚姻家庭）应该承担的忠诚、抚养、维系义务，等等。

---

① 《马克思恩格斯选集》第2卷，第137页。

2. 明确性道德的标准

由于性道德标准的不确定性，也由于人们性观念的变化，当前我国社会的性道德标准在很大程度上出现了模糊、多元化的局面。根据我国现行法律、传统婚恋伦理和性道德观念，只有在婚姻关系中夫妻之间的性行为和性关系才具有完满的道德合理性。如前所述，我们的实地调查结果显示，只有四成左右的人坚持我国现行法律和传统性道德标准，大部分人对此已经产生了动摇，甚至一些人至走向了另一极端。而对我国的传统性道德，大多数人均认为已经不适应今天的社会实际，需要针对我国社会发展的实际确立新的性道德标准。在我们的实地调查中，针对一般公众设置了"您怎么看待我国的传统性道德"的问题，结果显示：认为"很合理，尤其是传统的'贞操观'应大力提倡"的仅占 31.8%；认为"有其合理之处，但已不适应当今开放的新形势"的占 49.7%；认为"传统性道德将性视作'洪水猛兽'，阻碍人们获得正确的性知识"的占 14.2%；认为"其他"的占 4.3%。可见，六成以上的人认为我国传统性道德已经不适应社会性观念的变化和调整人们的性行为和性关系的实际需要。

因此，解决多性伴行为干预面临的伦理难题，对多性伴行为作出合理的伦理定性和道德评价，进而对多性伴行为采取正确的态度和政策，必须明确性道德标准。根据我国社会性观念的发展、人们的性行为的实际以及婚恋伦理和性道德的基本要求，性道德标准可以分为以下三个层次：

第一层次：婚姻标准。这是性道德的最高层次的标准和要求，也是性道德的一项最传统的标准。我们知道，婚姻关系不是自然的关系，而是男女双方经过合法的结婚程序之后形成的在性生活、经济与社会生活等方面的共同生活关系。因此，性道德的婚姻标准实质上是对性行为和性关系在时间和空间上的规定。它告诉我们，只有发生在夫妻之间的性行为和性关系才是道德的。这就排除了一切非婚性行为和性关系。根据婚姻原则这一标准，未达到法定年龄者的性行为、婚前性行为、婚外性行为等都是不道德的。

第二层次：爱情标准。这是性道德的中间层次的标准和要求。客观地说，随着社会性观念的发展、人们的性行为的多元化，婚姻标准对人们的性行为的约束作用日渐乏力，很多人主张把性道德的标准从婚姻标准降低到爱情标准。这是目前"中国人已经全面接纳了婚前性行为"的基本原因所在。由于正常恋爱发生性行为法律和道德都不予干预；对正常的恋爱失败导致的多性伴，社会给予了与离婚基本相同的态度。爱情标准告诉我们，只有建立在爱情基础上的性行为才是道德的。根据这一标准，"一夜情"、换偶、多人之间的性行为等都是不道德的。

第三层次：底线标准。包括不能"买卖"、不能"聚众"、不能在公共场所等。从严格意义上说，它主要是一种法律意义上的标准。如果突破了这三个底线，即构成了违法甚至犯罪。当然，在广义上说，由于法律的上限是道德，道德的下限是法律，因而这三个方面也可被视为道德底线。正如 2001 年中央印发的《公民道德建设实施纲要》把"守法"作为一项公民基本道德规范。"守法"本是一项法律要求，把这一法律要求作为公民一项基本道德规范体现了道德要求的层次性。

这里仅简要说明不能"买卖"这一底线。不能买性卖性，即反对任何形式的性交易，包括以金钱、权力及其他利益为媒介的性交易，也包括异性之间、同性之间的性交易。目前，性交易作为一种社会现象，有多种表现形式。其中，卖淫是最普遍的一种表现形式。新中国成立之初，国家曾强力禁止卖淫这一社会丑恶现象，但改革开放以后，这一现象又死灰复燃。有人主张对卖淫嫖娼实行"默许"，甚至有人主张实行"卖淫合法化"，认为这样有利于预防艾滋病，但我们认为，反对任何形式的性交易应该成为性道德的基本底线。事实上，卖淫现象不仅会对卖淫者的身心和人格尊严造成严重损害，而且与社会主义核心价值观相背离，严重败坏社会公序良俗和社会风气，并具有极大的艾滋病风险。

除了反对"为金钱而性"即卖淫，还要反对"为利益而性"，即身体与利益的交换，包括以权谋性、以性谋利等。

（二）明确多性伴行为的伦理定性

如何对各种多性伴行为进行伦理定性，是多性伴行为干预必须解决的一个重要问题。可以说，对各种多性伴行为的伦理定性是否客观、准确，在很大程度上直接决定着人们对多性伴行为的态度，决定着多性伴行为干预政策的合理性及其实效。为此，必须明确各类多性伴行为的伦理定性。

如前所述，对正常的恋爱失败和婚姻失败、重婚和"包二奶"、聚众淫乱以及婚外情和通奸造成的多性伴的伦理定性已经没有异议：正常的恋爱失败和婚姻失败造成的多性伴无须进行道德评价，法律和道德上均不予干预；重婚和"包二奶"、聚众淫乱是违法行为；婚外情和通奸是不道德的行为。需要进一步明确的是目前还存在分歧和争议的性工作者、"一夜情"、换偶、性虐恋游戏等造成的多性伴。为此，要在明确性权利的限度和性道德标准的基础上，结合各种多性伴行为的具体动机和效果，具体情况具体分析，对这些多性伴行为作出客观、准确的伦理定性。关于商业性性行为和性工作者的伦理定性第二章已有详细论述（商业性性行为是一种道德不当行为；性工作者是违法者和需要救助者），这里主要简要分析"一夜情"、换偶、性虐恋行为的伦理定性。

关于"一夜情"和换偶的伦理定性，我们认为二者均为不道德的行为。虽然不乏支持者从性权利或"性学原则"出发，支持"一夜情"、推崇换偶行为，但性权利的伦理原则及限度告诉我们，性权利虽然是人的一种基本权利，但在行使性权利时必须遵守法律、坚持相应的伦理原则，不能超过一定的限度。否则，就要受到道德的谴责甚至法律的制裁。因此，我们认为，"一夜情"、换偶行为都是不道德的行为；如果存在"聚众"的性行为，就是违法犯罪行为。显然，"一夜情"、换偶行为都是一种打着性权利旗号的故意性放纵。特别是像"南京换偶案"这样大规模的聚众换偶行为，既违背了性权利的伦理原则，超出了性权利的基本限度，也是对人类性文明的一种亵渎，是滥用性权利的一种典型表现。支持"一夜情"、换偶行为者所说的权利，仅仅是这些行为者的个人权利，是这些行为者满足其生理需要和感官快乐的权利，忽视甚至否定对他人和社会的义务与责任，因而是一种典型的"无义务的权利"。公民"有权支配自己的身体""换偶是公民的合法权利"等支持"一夜情"、换偶的观点是站不住脚的。

此外，支持换偶行为的人还从动机和效果出发为支持换偶行为寻找合理性根据，认为换偶行为除了满足生理需要和感官快乐之外，一个最重要的动机是为了"调剂夫妻生活""增进夫妻感情""保持婚姻稳定"；从效果看，一些夫妻换偶之后也的确达到了这样的客观效果。在我们的实地调查访谈中，大部分访谈者都认为换偶是不道德的行为，自己不能接受；但也有一些访谈者表达了支持换偶行为的观点，理由就是换偶行为能增进夫妻感情、稳定婚姻关系。但我们认为，虽然不能排除在一些夫妻中可能的确存在这样的客观效果，但换偶行为是出于"调剂夫妻生活、增进夫妻感情、保持婚姻稳定"的动机是站不住脚的；根据性权利的限度和性道德的标准，无论是从动机还是效果看，换偶行为的不道德的性质都是不可能改变的。

关于性虐恋行为的伦理定性，我们认为应该包括两个方面：一方面，性虐恋是一种心理疾病，需要治疗。虽然，有的学者认为虐恋是一种亚文化现象，是一种自愿选择并能获得快乐和愉快的心理体验，是一种正常的心理表现；虐恋不仅不是心理疾病，喜好虐恋者甚至比一般人心理更健康。如中国社科院研究员李银河把性虐恋美化为一种高雅的性行为；华东师范大学心理学博士张玲认为性虐恋作为一种亚文化现象有进步意义，但我们认为性虐恋是一种性心理疾病，包括性施虐癖与性受虐癖。其中，性施虐癖是指施虐者通过对受虐者施加肉体或精神上的折磨（如鞭打、针刺、滴蜡、窒息、语言羞辱等）而获取性满足；性受虐癖正好相反，是受虐者通过接受施虐者的性虐待，在肉体或精神的痛苦中获得性满足。这种以性施虐或受虐的行为作为性满足来源的行为是一种性心理疾病，是性心理变态、性扭曲的表现，应该通过一定的方式和途径予以矫正治疗。另一方面，如果性虐恋行为发生在多人之间，则属于不道德的行为和违法行为（聚众淫乱）。

（三）区分并行性多性伴与非并行性多性伴

从时间序列上看，多性伴可以分为并行性与非并行性两种情况。并行性多性伴与非并行性多性伴的艾滋病传播风险有很大差异，在多性伴行为干预中，对这两种情况予以区分，进而有重点地实施干预就显得十分重要。

由于各种主客观因素的影响，很多人一生的性伴数量均不止一个，有的甚至有几十个甚至更多。在多个性伴中，有的是在同一时间阶段同时拥有的，有的则是在不同时间阶段累加形成的。前者即为并行性多性伴，后者即为非并行性多性伴。目前，学术界对这两个概念还没有一个统一的界定。一般地说，并行性多性伴指的是"一个人同时有两个以上的性伴，且这些性伴在时间上相互重叠（至少为一个月）"①；非并行性多性伴，即序列单一多性伴，指的是一个人拥有的两个以上的性伴在时间序列上有先

---

① 惠珊、王璐：《并行性多性伴行为与艾滋病病毒传播之间的关系》，《国际流行病学传染病学杂志》2011 年第 3 期。

后关系，不存在时间上的相互重叠。

并行性多性伴与非并行性多性伴的艾滋病传播风险有很大差异。从艾滋病传播的概率看，不言而喻，在单一固定性伴的性行为中，艾滋病传播的风险只存在于性行为者双方之间；在单一序列多性伴的性行为中，传播的范围也很有限，因为后发生性行为的性伴不可能把艾滋病传播给先发生性行为的性伴；但在并行性多性伴中，性行为形成了一种网状结构，往往有比发生性行为者多得多的人被卷入这一网状结构。根据性行为传播理论，当一个人在一周内与 2 个性伴发生性行为，就意味着他（她）间接地与十几个人发生了性行为。处于网状结构中的性行为者，只要其中有 1人是艾滋病感染者，就意味着所有人都处于艾滋病感染的风险之中。因此，即便是并行性多性伴行为者极少数量的增加，也会引起性网状结构中人数的大量增加，进而大大增加艾滋病传播的风险。这是艾滋病从高危人群向一般人群蔓延的直接因素。

因此，在多性伴行为干预中必须区分并行性多性伴与非并行性多性伴。在前述各类多性伴行为中，由于正常的恋爱失败和婚姻不稳定造成的多性伴均属于非并行性多性伴，而"一夜情"、换偶、婚外情、通奸、重婚、"包二奶"、聚众淫乱、性交易等均属于并行性多性伴。事实上，对正常的恋爱失败和婚姻不稳定造成的非并行性多性伴一般不予道德评价，与艾滋病的传播并无明显关联，法律和道德均不予干预；而并行性多性伴，无论是从性道德还是从艾滋病预防的角度看，都应该成为干预的重点对象。

（四）对多性伴行为实施综合干预

多性伴行为十分复杂。要根据各种多性伴行为的伦理定性和不同的动机，具体问题具体分析，实施包括宣教、道德、法律以及具体行为干预和社会支持等在内的综合干预措施。

1. 宣教和道德层面

主要应注意两个方面：一是在一般的宣传教育中，加强婚恋伦理和性道德方面的宣传教育，突出性权利限度和性道德标准方面的内容；倡导安全性行为的观念，推广使用安全套。二是要正视社会性行为多元化的客观实际，根据各种多性伴行为的不同性质、动机和结果，有针对性地实施有不同内容侧重的宣传教育。如对一般的婚前性行为，要适应"中国人已经全面接纳了婚前性行为"的实际，在宣传教育中突出性道德的婚姻标准的内容，在全社会树立和倡导"只有夫妻之间的性行为才具有道德的完满性"的观念，引导人们减少婚前性行为。对"一夜情"、换偶、婚外情、通奸行为，在宣传教育中除强调其不道德性之外，应着力强调行为的违法性。虽然社会还存在一些人美化"一夜情"、换偶、婚外情的现象，对通奸行为还存在"入罪"和"不应被入罪"两种意见的争议，但这些行为在实质上都是非婚姻的两性关系，违法性质都是无可争议的。

2. 法律层面

一方面，要加强立法，特别是要针对人们的性观念和性行为不断变化的实际，针对聚众淫乱、通奸是否入罪、卖淫合法化等问题的争议，完善相关的法律法规，确保法律本身的道德合理性；另一方面，要严格司法，确保法律的实施和执行。如对商业性性行为，我国《治安管理处罚法》第六十六条有"卖淫、嫖娼以及在公共场所拉客招嫖的行为及处罚"的明确规定；对聚众淫乱行为，我国《刑法》明确规定以聚众淫乱罪实施处罚；对重婚、"包二奶"，我国《刑法》《婚姻法》和一些司法解释均明确规定以重婚罪予以处罚。

在加强立法、严格司法的同时，我们建议把这重婚、"包二奶"从自诉案件改为公诉案件。虽然，目前我国对重婚、"包二奶"的行为和现象予以法律制裁在法律和伦理上均无异议，但在现实实践中，很多重婚者和"包二奶"者并没有受到应有的法律制裁。就重婚而言，一些重婚行为之所以不能受到法律制裁，主要有两个原因：一是重婚罪属于自诉案件，适用不告不理的原则。受害方由于种种原因可能不起诉，重婚者就不能受到法律追究。二是重婚者一般社会地位较高，掌握社会资源较多，往往采取种种办法来规避法律制裁，而受害方的举证能力有限，即使起诉也难以证明重婚者是"以夫妻名义共同生活"。至于"包二奶"，更是很少受到法律惩罚。在新《婚姻法》的立法过程中，有人提出要在"禁止重婚"的规定中，增加"禁止其他违反一夫一妻制的行为"；另一种意见认为，由于违反一夫一妻制的情形十分复杂，刑法和婚姻法不可能惩治所有违反一夫一妻制的行为，法律能够惩治的主要是"包二奶"的行为。综合考虑各种意见，《婚姻法》第三条明确规定"禁止重婚。禁止有配偶者与他人同居"所谓"有配偶者与他人同居"，主要就是指"包二奶"等不以夫妻名义共同生活但长期非法同居的行为。应该说，我国《婚姻法》的这一规定针对性更强，法律责任也更明确。但即便如此，在现实生活中，"包二奶"者受到法律处罚的仍是少数。正因为这样，重婚特别是"包二奶"的现象日益增多，严重败坏社会风气。对此，我们建议把重婚、"包二奶"从自诉案件改为公诉案件。

3. 具体行为干预和社会支持层面：实施宽容策略

宽容策略作为防治艾滋病的有效策略，已被许多国家的艾滋病防治实践所充分证明。目前，这一策略在我国也广泛运用于艾滋病防治实践。就多性伴行为干预而言，虽然多性伴行为大多是不道德的甚至是违法的行为，很多人主张严厉打击，但从预防艾滋病的客观需要和性工作者等的社会处境看，由于艾滋病问题是一个特殊的公共卫生问题，简单的严打措施只会使目标人群转入"地下状态"，难以达到预期目的；相反，实施宽容策略，采取推广使用安全套、同伴教育、对性工作者等少数人予以社会支持等措施，可以使目标人群作出正确的利益权衡，从而走出"地下状态"，实现艾滋病预防的普遍可及。

（五）在法律和道德约束前提下保障公民的性自主权

目前，我国社会对多性伴行为的态度存在两个极端：一是无视社会性观念和人们性行为发生的变化，如婚前性行为的广泛性及公众很高的接受度、性行为的多元化等，继续用传统的贞操观念来进行教育和约束，这种教育和约束事实上显得十分苍白乏力。二是无视性的社会属性，以性权利的名义，把人的性行为和性关系降格为从动物兽性出发的性放纵。我们认为，解决这一问题，关键是要在把握性权利限度的基础上，在法律和道德约束前提下保障公民的性自主权。

关于性自主权，目前学术界还没有一个统一的界定。比如，梁清富、李江涛认为，"性自主权是指公民在恋爱、结婚、离婚等与性有关事件上不被他人与社会强制的一种状态，特别是在性伴侣的选择和性交的决定方面所享有的自由权"[①]。王竹认为，"性自主权就是自然人性行为的自我决

---

① 梁清富、李江涛：《论"性自主权"及其社会强制》，《社会科学》2002 年第 2 期。

定权，包括性行为决定权、避孕决定权、性行为方式选择权、性快乐享受权等内容"①。

笔者赞同郭卫华对性自主权作出的界定："性自主权是指人在遵循法律和公序良俗的前提下，自主表达自己的性意愿和自主决定是否实施性行为和以何种方式实施性行为，实现性欲望而不受他人强迫和干涉的权利。"② 这一定义表明，性自主权是一项重要的个人权利；同时，性自主权又是一项有明确法律和道德约束的权利。在实践中，一方面，要切实保障公民的性自主权。可以说，每个人都拥有按照自己的意愿来选择和决定在恋爱、结婚、离婚等与性有关的所有事务的权利，其他个人、组织、国家都不得侵犯个人的这种权利。具体地说，性自主权包括四个方面的内容，即拒绝权（拒绝他人性要求的权利）、自卫权（对指向自己的性侵犯的正当防卫的权利）、承诺权（对他人性要求有不受干涉的完全按自己的意愿作出是否同意的权利）和选择权（选择性行为方式及与何人进行性行为的权利）。③ 在保障公民的性自主权方面，目标我国尚无明确的立法。为此，我国可以借鉴一些国家的立法经验，通过立法对公民的性自主权予以保护。如《德国民法典》第 253 条第 2 款明确规定："因侵害身体、健康、自由或性的自我决定而须赔偿损害的，也可以因非财产损害而请求公平的金钱赔偿。"④

另一方面，要从法律、道德层面对性自主权予以必要的限制和约束。这是因为，人的性行为和性关系是一种高度社会化的社会关系。人的性需要不仅具有自然的生理基础，而且具有社会属性，即人的性需求和性满足都是在一定的社会环境中实现的。作为一种社会关系，人的性行为和性关系与社会物质资料和人本身的生产相联系，要受到社会的经济、政治、文化和婚姻制度等各方面因素的制约。从具体社会规范看，则主要是法律规范和道德规范的约束。法律约束方面，"性自主权是以人性为出发点的，性放纵、滥交行为中显现的是兽性而非人性，因此受到法律

---

① 王竹：《论性自主权的确立》，"国际民法论坛：人格权法律保护——历史基础、现代发展和挑战"会议论文，2010 年 10 月 14 日。

② 郭卫华：《性自主权研究》，中国政法大学出版社 2006 年版，第 23 页。

③ 郭卫华：《论性自主权的界定及其私法保护》，《法商研究》2005 年第 1 期。

④ 《德国民法典》，陈卫佐译，法律出版社 2006 年版，第 86 页。

的严格限制"①。凡是法律明确限制的部分就被排除在性自主权之外。比如，我国《婚姻法》第三条第二款明确规定"禁止有配偶者与他人同居"、我国《刑法》第三百六十条第二款对性行为对象年龄的限制（"奸淫不满十四周岁的幼女的，以强奸论，从重处罚"）、《治安管理处罚法》第六十六条关于不得卖淫嫖娼的规定（"卖淫、嫖娼的，处十日以上十五日以下拘留，可以并处五千元以下罚款；情节较轻的，处五日以下拘留或者五百元以下罚款。在公共场所拉客招嫖的，处五日以下拘留或者五百元以下罚款"），等等。道德约束方面，主要是社会道德舆论的谴责和公序良俗的规范，如对乱伦、在公众场所性行为的禁止。

① 王竹：《论性自主权的确立》，"国际民法论坛：人格权法律保护——历史基础、现代发展和挑战"会议论文，2010 年 10 月 14 日。

第五章　非保护性性行为干预中的伦理难题及对策

非保护性性行为干预是艾滋病危险性性行为干预的关键一环。各国艾滋病防治实践充分证明，推广使用安全套是一种投入低而效率高的艾滋病预防和控制措施，在性行为中正确使用安全套可以大大降低艾滋病感染或传播的几率。我国自 2000 年在湖北省武汉市黄陂区和江苏省靖江市开展 100% 安全套使用项目试点以来，推广使用安全套预防艾滋病作为一项社会系统工程，受到了国家的高度重视。但是同时，由于各种主客观因素的影响，这一措施从一开始就存在广泛争议，总体效果并不理想，非保护性性行为仍然广泛存在。从伦理学的角度看，推广使用安全套仍然面临诸多伦理难题是这项工作效果不佳的深层因素；解决这些伦理难题是增强非保护性性行为干预实效的必由之路。

一　非保护性性行为及其干预概况

（一）非保护性性行为：艾滋病性传播的风险归因

所谓非保护性性行为，又称无保护性行为，是指未能每次都使用安全套的性行为。可以说，在目前尚无能够治愈艾滋病的药物，也没有研制出艾滋病有效疫苗的情况下，安全套是预防艾滋病最强有力的阻断工具。世界卫生组织（WHO）认为，安全套防止艾滋病传播的有效率可达 90%。1985 年至 1995 年，世界卫生组织曾在泰国推行开展了一项预防艾滋病的专项运动——"娱乐场所 100% 使用安全套"运动，大大缓解了泰国的艾滋病疫情。1998 年柬埔寨借鉴推广泰国的经验并取得了成功。2000 年世界卫生组织与我国政府协商，在我国开展 100% 安全套使用项目合作试点，首选湖北省武汉市黄陂区和江苏省靖江市两个试点地区，2002年又增加了湖南、海南两省各1个县区开展试点，之后又陆续有一些地方开展了此项工作。由于试点的成功，2004年7月7日卫生部等六部委下发《关于预防艾滋病推广使用安全套（避孕套）的实施意见》；此后，包括《艾滋病防治条例》（2006年）在内的许多有关艾滋病防治的政策文件都就安全套推广使用作了明确规定，推广使用安全套预防艾滋病作为一项社会系统工程，受到了国家的高度重视。

应该说，通过包括宣传教育、组织管理、扩大供应网络等多方面的尝试和努力，安全套推广使用在预防艾滋病方面发挥了积极作用，特别是在一些重点人群如性工作者中取得了较好的效果。中国卫生部、联合国艾滋病规划署、世界卫生组织发布的《2011年中国艾滋病疫情估计》显示，"近年来暗娼商业性性为安全套使用率不断提高，2010年暗娼最近一个月商业性性为坚持使用安全套的比例为67.8%，最近一次商业性性为安全套使用率为90.5%"。这显然得益于我国推广使用安全套政策措施的出台，特别是在娱乐场所100%推广使用安全套项目的实施，使一些高危人群懂得在性行为中使用安全套的重要作用，从而出现这样的事实："人们在越是不安全的性关系中，使用安全套的比例就越高"；"只要是发生多伴侣性行为，哪怕是与长期的、互相信任的情人，安全套使用率就会增加接近6个百分点。如果与短期性伴侣过性生活，又上升大约10个百分点。如果是男人去找'小姐'，会再次上升大约17个百分点"①。这表明国家在一些高危人群中推广使用安全套政策措施已经取得了较好的效果。

但是同时，从总体上看，由于各种主客观因素的影响，我国安全套推广使用的总体效果并不理想，特别是在一般人群中如正常的夫妻之间安全套使用率并不高。根据世界避孕日组织机构2014年8月在我国14个城市对1000名18~35岁女性所做的调研，"82%的被调研女性在过去半年中有过无保护性行为"②。国家人口和计划生育委员会的调查显示，我国避

①　潘绥铭等著：《当代中国人的性行为与性关系》，社会科学文献出版社2004年版，第385页。

②　光明网：《今年世界避孕日调研数据发布》。（http://health.gmw.cn/yp/2014-09/23/content_13341908.htm）。

孕套的使用率只有 4.9%。① 潘绥铭教授 2010 年主持的一项调查显示，在夫妻性生活中，"总是用""经常用""很少用""从不用"安全套的比率分别为 7.1%、9.7%、23.9%、59.3%。而在与其他性伴侣的性生活，特别是在"买性""卖性"行为中安全套使用率明显高于夫妻之间的使用率。在与其他性伴侣的性生活中，"总是用""经常用""很少用""从不用"安全套的比率分别为 10.7%、13.4%、31.6%、44.2%；在"买性"行为中，"总是用""经常用""很少用""从不用"安全套的比率分别为 48.4%、11.2%、21.0%、19.5%；在"卖性"行为中，"总是用""经常用""很少用""从不用"安全套的比率分别为 49.0%、12.2%、18.0%、20.8%；男人找"小姐"时，"总是用""经常用""很少用""从不用"安全套的比率分别为 64.2%、15.4%、13.1%、7.2%。② 即使在如商业性性行为这样的高危性行为中，安全套使用率虽然高于甚至远远高于一般人群，但仍远未达到 100%。根据中国卫生部、联合国艾滋病规划署、世界卫生组织发布的数据，有 32% 的暗娼不能坚持每次使用安全套；有 87% 的男男性行为者最近六个月与多个同性性伴发生性行为，只有 44% 的男男性行为者在肛交时坚持使用安全套。③

在我们的实地调查中，针对一般公众的问卷调查显示，一般人群在性行为中每次都使用安全套的占 23.7%，大部分都使用的占 31.3%，偶尔使用的占 28.6%，从来不使用的占 16.4%，一般人群的不安全性行为达 76.3%。当问及"您认为什么样的性行为才是相对'安全'（不会被传上艾滋病）的"时，认为"和老公/老婆或者男女朋友之间，不用安全套也安全"的占 34.0%，认为"熟人或固定的情人，不用安全套也安全"的占 6.1%，认为"只要不是和妓女、伎男，不用安全套也安全"的占 5.2%，认为"任何情况下都要使用安全套才相对安全"的占 50.7%，认为"其他"的占 4.0%。针对艾滋病病毒感染者的问卷调查显示，感染者

---

① 光明网：《全国避孕套使用率仅 4.9%》。（http://health.gmw.cn/2015 – 07 – 01/content_ 16136212. htm）。

② 潘绥铭、黄盈盈：《性之变 21 世纪中国人的性生活》，中国人民大学出版社 2013 年版，第 236—237 页。

③ 中华人民共和国卫生部、联合国艾滋病规划署、世界卫生组织：《2011 年中国艾滋病疫情估计》。

在性行为中使用安全套的情况是，每次都使用的占 32.0%，大部分都使用的占 28.1%，偶尔使用的占 28.1%，从来不使用的占 11.8%，艾滋病感染者的不安全性行为（后三种情况）达 68%。这些数据表明，人们在安全套的使用问题上，知与行还存在不一致的情况。

毋庸讳言，安全套使用率低是造成我国艾滋病性传播比率不断上升的重要因素，非保护性性行为是导致我国艾滋病性传播的风险归因，加强非保护性性行为干预、推广使用安全套是艾滋病危险性性行为干预的关键一环。可以想象，既然使用安全套阻止艾滋病传播有效率达 90%，如果所有的性行为都能 100% 正确使用安全套，阻止艾滋病性传播就不难了。可事实并非如此，由于安全套使用率不高，特别是非保护性的商业性性行为、同性性行为、多性伴行为交织在一起，使这些性行为成为艾滋病的高危行为。单从艾滋病预防和控制的角度看，如果在商业性性行为、同性性行为、多性伴行为中能够 100% 正确使用安全套，其艾滋病传播的风险会大大降低。而这些性行为之所以成为艾滋病的危险性性行为，一个重要的因素也正是在这些性行为中远未实现 100% 正确使用安全套，性工作者和嫖客之间、男男同性性行为以及多性伴行为将艾滋病的传播从社会蔓延到家庭。

同时，包括本课题组在内的许多实地调查都表明，由于夫妻之间相互忠诚的义务、情人之间的"爱情"所要求的相互信任，使一些高危人群在夫妻之间、情人之间的性行为中使用安全套的比率更低，从而使得人们通常认为最安全的夫妻之间的性生活、有"爱情"基础的情人之间的性行为也变得并不安全，甚至更不安全。本课题组在实地调查中发现，一般性工作者在商业性交易中往往会要求对方使用安全套，但在与自己的丈夫、男朋友或情人的性生活中往往不会提使用安全套的要求，嫖娼者也是如此。这种情况导致很多高危性行为的危险性延伸到了一般人群，增加了婚内甚至正常恋爱导致艾滋病传播的风险，使正常的家庭和一般的两性关系中也不再是绝对"安全"的领域。正如潘绥铭教授所说的，"艾滋病跟中国妇女开了一个大玩笑：如果丈夫有艾滋病，那么，堂堂正正的良家妇女，被丈夫传染上的可能性反而大于那些'狐狸精'，更大于那些'臭婊子'"[1]。

---

[1]　潘绥铭、黄盈盈：《性之变　21 世纪中国人的性生活》，中国人民大学出版社 2013 年版，第 237 页。

（二）我国推广使用安全套的基本历程

不言而喻，非保护性性行为的干预措施主要就是推广使用安全套。从我国艾滋病危险性行为干预的历程看，第一阶段即 1995 年以前，并未针对非保护性性行为实施干预。由于艾滋病与西方、资本主义生活方式、同性恋等紧密联系在一起，艾滋病被视为来自西方的、由资本主义生活方式引发的、常见于同性恋者之间传播的疾病，防止艾滋病性传播的干预措施是严厉打击卖淫嫖娼，并未实施安全套推广使用的干预措施。1985 年 12 月 10 日卫生部《关于加强监测、严防艾滋病传入的报告》指出："艾滋病主要是通过性接触传播的一种传染病，为此，需要公安、司法、民政、妇联等部门的配合，打击取缔卖淫活动"；1991 年 8 月 12 日卫生部发布的《性病防治管理办法》第十五条也规定，"性病防治机构要积极协助配合公安、司法部门对查禁的卖淫、嫖娼人员，进行性病检查"。1991 年 9 月 4 日全国人大常委会第 21 次会议通过了《关于严禁卖淫嫖娼的决定》明确规定，要"严禁卖淫、嫖娼，严惩组织、强迫、引诱、容留、介绍他人卖淫的犯罪分子"。

第二阶段即 1995 年至 2002 年，在继续对卖淫嫖娼实施严厉打击的同时，开始在高危人群中推广使用安全套。1995 年 9 月 26 日卫生部发布《关于加强预防和控制艾滋病工作的意见》规定"在高危险行为人群中宣传推广使用避孕套"；1998 年 11 月 12 日国务院印发《中国预防与控制艾滋病中长期规划（1998—2010 年）》，提出要"把转变人群中高危行为作为防治工作的重点"，"加强宣传教育，改变人群中危险行为"，"减少重点人群（吸毒者、卖淫嫖娼者等）中的相关危险行为"，"要积极推广使用避孕套，宣传共用注射器的危害"。2000 年世界卫生组织与我国政府协商，在我国开展 100% 安全套使用项目合作试点，首选湖北省武汉市黄陂区和江苏省靖江市两个试点地区。2001 年 1 月 5 日卫生部等七部委联合下发《中国预防和控制艾滋病中长期规划（1998—2010）实施指导意见》进一步提出，要"加强对高危行为干预能力建设"，"支持在高危人群中宣传共用注射毒品可能引起艾滋病的危害以及推广使用避孕套等防护措施"；2001 年 5 月 25 日卫生部等 30 个部门和单位共同制定的《中国遏制与防治艾滋病行动计划（2001—2005 年）》提出，到 2005 年"高危行为人群中安全套使用率达到 50% 以上"；"推行社会营销方法，健全市场服务网络，在公共场所设置安全套自动售货机，利用计划生育服务与工作网络和预防保健网络大力推广正确使用安全套的方法"。2002 年我国 100%安全套使用项目试点又增加了湖南、海南两省各 1 个县区，之后又陆续有一些地方开展了此项工作。

　　虽然，这一阶段国家的严厉打击与干预、保护政策之间，即公安部门的严打行动与卫生部门的干预行动之间仍然存在明显的冲突，使得卫生部门的干预行动、安全套的推广使用效果并不理想，但安全套的推广使用，标志着国家开始认识到实施艾滋病危险性性行为干预的重要性，有意识地实施了行为干预。这是较之于第一阶段的明显进步。

　　第三阶段即 2003 年至现在，有意识地协调打击与干预之间的矛盾，实施综合干预，全面推广使用安全套。2004 年 3 月 16 日国务院发出《关于切实加强艾滋病防治工作的通知》，规定"有关部门要大力支持宣传推广使用安全套预防艾滋病的工作"，"公共场所经营、管理单位要采取适宜的形式宣传推广使用安全套，设立安全套自动售套机。"2004 年 6 月中国疾病预防控制中心印发《娱乐场所服务小姐预防艾滋病性病干预工作指南（试用本）》，把"促进安全套的推广与正确使用"作为娱乐场所服务小姐艾滋病性病干预的一个重要策略，提出要"以商业营销和社会营销相结合的方式提高优质安全套的可及性和可获得性；通过有效的健康教育、外展干预和咨询服务，促进服务小姐每次性行为都全程、正确使用安全套"。2004 年 7 月 7 日卫生部等六部委下发《关于预防艾滋病推广使用安全套（避孕套）的实施意见》，提出要把推广使用安全套作为一项社会系统工程来抓；对国务院防治艾滋病工作委员会办公室、卫生部、国家人口计生委、工商总局、国家食品药品监管局、广电总局、质检总局、地方各级政府在安全套推广使用中的职责进行了明确规定；把正确使用安全套纳入预防艾滋病宣传教育的重要内容；详细规定了安全套生产、流通等环节的管理、保障低价高质安全套的供应，特别明确规定了以商业营销作为预防艾滋病推广使用安全套的主渠道，同时，"国家对艾滋病病毒感染者和艾滋病病人实行免费供应安全套的政策"，"国家从中央艾滋病防治专项经费中划出一定比例，作为推广使用安全套防病工作的专项经费"。2005 年 5 月 20 日卫生部印发《高危行为干预工作指导方案（试行）》，对安全套的推广与正确使用作了进一步细化规定，提出要"拓宽安全套的销售渠道，以商业营销和社会营销等方式，支持、鼓励各类医疗卫生保健机构、药店、商店和超市销售优质安全套，在娱乐场所附近设立安全套自动售货机，提高安全套的可及性"。2005 年 11 月 18 日国务院印发《中国遏制与防治艾滋病行动计划（2006—2010 年)》提出了到 2007 年、2010 年安全套使用率分别达到 70% 和 90% 的目标。2006 年 1 月 18 日国务院第 122 次常务会议通过《艾滋病防治条例》明确规定："县级以上人民政府卫生、人口和计划生育、工商、药品监督管理、质量监督检验检疫、广播电影电视等部门应当组织推广使用安全套，建立和完善安全套供应网络"；"省、自治区、直辖市人民政府确定的公共场所的经营者应当在公共场所内放置安全套或者设置安全套发售设施"。2010 年 12 月 31 日国务院发出《关于进一步加强艾滋病防治工作的通知》，提出"重点加强对有易感染艾滋病病毒危险行为人群综合干预工作，在公共场所开展艾滋病防治知识宣传，摆放安全套或安全套销售装置"。2012 年 1 月 13 日国务院印发《中国遏制与防治艾滋病"十二五"行动计划》，要求"所有计划生育技术服务机构发放和推广使用安全套；95% 的宾馆等公共场所摆放安全套或设置自动售套机；高危行为人群安全套使用率达到 90% 以上"；"卫生、宣传、文化、人口计生、工商、质检、旅游等部门要落实宾馆等公共场所摆放安全套的有关规定，加强检查指导，提高安全套的可及性"；"各省（区、市）要明确放置安全套或者设置安全套发售设施的公共场所。有关场所的经营者要通过多种方式，促进安全套的使用。加强对高危行为人群以及感染者配偶的健康教育和综合干预，提高安全套的使用率"。

同时，各省、市、自治区也针对本地实际制订了具体的实施方案。比如，云南省制定了防治艾滋病的"一办法六工程"，将推广使用安全套作为防治艾滋病的一大工程来贯彻实施。2004 年云南省人民政府公布了《云南省推广使用安全套防治艾滋病工程实施方案》（以下简称《方案》)，对云南省推广使用安全套的具体目标、措施、组织管理、实施步骤、督导评估等作了非常详尽的规定；2007 年云南省人民政府专门印发《云南省推广使用安全套管理暂行办法》，对 2004 年的《方案》作了修订、进一步细化和补充。

较之于第二阶段，这一阶段的进步主要表现在，第二阶段的安全套推广使用仅限于高危人群或重点人群，这一阶段针对不同的目标人群全面推广使用安全套。正如卫生部《高危行为干预工作指导方案（试行）》所指出的：要"通过有针对性的健康教育，教会目标人群正确使用安全套，促进目标人群每次性行为都全程正确地使用安全套"。

（三）我国推广使用安全套政策的实施情况

1. 推广使用安全套工作的主体

推广使用安全套作为一项社会系统工程，是由各级政府组织领导，卫计委、工商、广电、质检等各有关部门分工协作、共同实施的。具体地说，国务院防治艾滋病工作委员会办公室负责全国推广使用安全套工作的指导、监督和评估；各级卫计委负责组织各级医疗、疾控机构开展安全套有关知识的宣传；向艾滋病病毒感染者和病人免费提供安全套；质检部门和食品药品监管负责监管生产领域的安全套产品监督，制定、落实国家质量标准，保障产品质量；工商部门负责监管经营流通领域，制定、落实、监管安全套广告、经营等方面的政策和规定，并在流通环节查处安全套假冒伪劣产品；广电部门负责组织、监管安全套方面的宣传报道；地方各级政府负责协调本地安全套推广的有关工作。特别值得一提的是，高危人群干预工作队、艾滋病性病防治服务机构、基层社区组织也是推广使用安全套的重要主体。特别是各级疾控机构组织成立的高危人群干预工作队作为高危人群行为干预的专门队伍，在安全套宣传教育、咨询、培训；组织开展同伴教育；支持、配合民间组织推广使用安全套活动等方面都发挥着重要作用。

2. 推广使用安全套的主要措施

一是宣传教育。利用影视广播、书报杂志、网络等载体，通过各种方式，宣传安全套的相关知识，促进人们对推广使用安全套政策的理解和支持。主要做法是：利用公益广告形式在车站、码头、机场等公共场所和重要商业网点，安排一些有关安全套的公益广告；利用基层社区组织，如社区健康中心、青年、妇女、职工活动中心等，开展安全套的宣传、咨询活动；采用咨询、发放宣传材料等形式，在艾滋病性病防治服务机构以及娱乐场所，向就诊者、咨询者及相关人员进行安全套知识的宣传。二是加强对安全套的生产、流通等环节的监管。2004年卫生部等六部委下发的《关于预防艾滋病推广使用安全套（避孕套）的实施意见》明确规定："所有的安全套产品要获得强制性产品认证证书并在最小销售包装上印注中国'CCC'认证标志后，方可出厂、销售、进口。国内生产企业均须取得《医疗器械生产企业许可证》和《医疗器械注册证》才能上市流通，进口产品必须取得《医疗器械注册证》方可销售。"严格规范安全套的生产、经营行为，对不符合国家标准的产品，依据国家有关规定予以查处，防止假冒伪劣的安全套产品流入市场。三是在安全套的供应方式上，以商业营销为主、向一些特殊人群免费发放为辅。商业营销方面，以药店为基础，在超市、商场和商店等设置安全套销售网点；在从事艾滋病性病诊治和咨询的医疗门诊和医院药房供应安全套；在流动人口集中的地方安装自动售套机；在宾馆、饭店、招待所等公共场所摆放安全套。免费供应方面，主要是针对艾滋病病毒感染者和病人等特殊人群，国家统一招标，每年采购一定数量的安全套免费供应；若有不足，则由地方各级政府拨款采购来弥补。四是在经费投入上，首先应在国家层面安排推广使用安全套方面的专项资金；同时各省（区、市）也在艾滋病防治经费中安排一定比例用于当地推广使用安全套。

3. 推广使用安全套政策的主要目标人群

一是对性工作者（主要是暗娼，特别是在娱乐场所、宾馆、饭馆等进行商业性交易的妇女），通过几个工作小组，包括管理人员、健康教育宣传员、性病诊疗服务和咨询人员、同伴教育宣传人员（从娱乐场所挑选，具有一定影响力的服务小姐），进行外展、同伴教育、咨询服务、流动销售安全套（由外展服务人员或同伴教育宣传员发放到目标人群）等工作，特别是在娱乐场所进行的健康教育宣传活动和在门诊进行的性病诊疗和咨询服务中，教给服务小姐正确使用安全套的方法，鼓励服务小姐在每次性行为中都坚持正确使用安全套。二是对男男同性性行为者主要开展同伴教育，即由各地疾控部门和与MSM民间组织在同性恋人群中挑选并培训积极分子作为同伴教育者，在同性恋人群相对集中的场所开展同伴教育，促进安全套的正确使用；同时，开展热线咨询、网络宣传、安全套推广及外展等活动。三是对艾滋病病毒感染者和病人及其配偶、性伴进行两个方面的干预活动：一方面，由艾滋病病毒感染者和病人本人或由检测机构依法通知其配偶或性伴，并告知正确使用安全套的有关知识；另一方面，由当地县级疾控部门为艾滋病病毒感染者和病人及其配偶、性伴免费发放安全套。四是采取外展和同伴教育等方式，对长期打工、外来务工人员开展安全套方面的宣传、咨询和培训。此外，对吸毒人员，可以把安全套推广使用与美沙酮维持治疗和针具交换相结合，促进这一群体的安全性行为；对性病病人，通过性病门诊，在为其提供规范化性病诊疗服务的同时，免费提供安全套。

二　非保护性性行为干预面临的伦理难题

目前，安全套推广使用作为我国艾滋病防控的一个重要措施和环节，取得了一定的进展。但是同时，从总体上看，安全套推广使用的效果并不理想，特别是在一般人群中如正常的夫妻之间安全套使用率并不高，非保护性性行为仍然广泛存在。其之所以如此，主要是因为受各种主客观因素的影响，安全套推广使用仍然存在很大争议，特别是社会普遍存在一种对安全套宣传的担忧，即认为宣传推广安全套可能进一步助推婚外性行为和多性伴行为，如"一夜情"、换偶、商业性以及青少年的性行为等。从伦理学的角度看，推广使用安全套面临的伦理难题是这项工作效果不佳的深层因素。

（一）保护性干预与惩罚性干预的价值冲突

不言而喻，推广使用安全套是对艾滋病危险性性行为的一种保护性的干预措施。而在我国艾滋病危险性性行为的干预历程中，传统的思维方式和干预模式是公共卫生进路，如围堵、隔离、打击、把艾滋病问题视为精神文明建设的一个方面等，即利用社会对艾滋病的恐慌和歧视，通过对艾滋病的政治化、道德化和对艾滋病高危人群的打击，来达到阻断艾滋病传播的目的。显然，这是一种迥异于保护性干预的惩罚性干预。在我国艾滋病危险性性行为干预的前两个阶段实施的主要是惩罚性干预措施。目前，随着社会对艾滋病问题认识的不断深化，我国艾滋病防控不断取得新进展，通过推广使用安全套这样的保护性干预措施来预防艾滋病已经成为国家和社会的共识。但是同时，一些传统的惩罚性干预措施仍然没有完全退出。保护性干预与惩罚性干预同时存在，是当前我国艾滋病危险性性行为干预的一个重要特点。

所谓保护性干预是指相关主体为实现预防艾滋病维护公共健康的目的，从尊重和保护性工作者、同性恋者等艾滋病高危人群的权利出发，通过一定的保护性办法或措施对其施加影响，促使其改变或减少危险性性行为，从而减少或阻止艾滋病性传播。所谓惩罚性干预是指相关主体从限制或牺牲性工作者、同性恋者等艾滋病高危人群的权利出发，通过一定的惩罚性手段或措施对其施加影响，从而促使其改变或减少危险性性行为，达到预防艾滋病维护公共健康的目的。可见，保护性干预与惩罚性干预的基本价值目标是一致的，都是通过一定的手段或措施对艾滋病高危人群施加影响，以改变或减少危险性性行为，进而减少或阻止艾滋病传播。

但是同时，二者在干预主体、性质和措施等方面存在明显差异甚至截然相反：保护性干预的主体主要是卫生、疾控部门、同伴、志愿者等，而惩罚性干预的主体主要是公安部门；保护性干预的措施主要有宣传、同伴教育、咨询服务、推广使用安全套等，而惩罚性干预措施主要是道德评判和法律惩罚。不同的干预主体、不同的干预性质和措施，特别是如何认识和对待性工作者、同性恋者等艾滋病高危人群，如何处理不同群体之间的关系，权利、义务是平等对待还是区别对待等，保护性干预与惩罚性干预都体现出不同的伦理价值取向。归纳起来，保护性干预与惩罚性干预的价值冲突主要表现在以下三个方面：

一是干预对象的伦理定性：违法者或道德不良者还是需要救助的生命个体或普通公民。惩罚性干预与保护性干预为了实现同一价值目标之所以采取两种不同甚至相反的路径，有一个认识前提，即对性工作者、同性恋者等干预对象的不同伦理定性。惩罚性干预的认识前提，是把性工作者、同性恋者等干预对象视为违法者或道德不良者。以性工作者为例。我们知道，性工作者是违法者或道德不良者，是新中国成立以来对从事卖淫活动的人的一种最传统、最基本的认识，性工作者跟好逸恶劳、贪图享乐、拜金主义等有着不可分割的联系，一直受到打击。特别是进入 21 世纪以前，我国一直把卖淫嫖娼和吸毒贩毒行为相提并论，认为"只有坚持禁止吸毒、卖淫、嫖娼等丑恶行为，才能防止艾滋病蔓延流行，保障社会主义精神文明建设"。而保护性干预的认识前提，是把性工作者、同性恋者等干预对象视为需要救助的生命个体或普通公民。不言而喻，性工作者既面临感染艾滋病、性病等传染病的巨大风险，同时又在艾滋病传播和流行中起重要的桥梁作用。但性工作者仍然是我国的公民，由于面临高感染风险而应得到政府和社会各界的宽容和救助，因而是亟须救助的生命个体；作为平等的生命个体，性工作者的生命尊严不容忽视。事实上，性工作者的产生和存在有主客观多方面的复杂因素，性工作者从事这一行为也有着各种不同的动机。至于同性恋者，由于社会歧视与排斥尚未从根本上消除，更需要国家和社会的宽容与帮助，改变其被歧视的状态，从而使其走出"地下"状态。显然，对艾滋病高危人群实施保护性干预的实质是倡导安全的性行为方式，而不是默认或鼓励卖淫嫖娼，并不涉及卖淫嫖娼是否合法的问题。因为从客观上看，不可能提前制止每一次卖淫嫖娼行为，所以通过推广使用安全套这样的保护性干预措施来预防艾滋病就显得十分必要。

二是价值考量的伦理原则：传统集体主义、功利论还是现代人道主义、道义论。惩罚性干预主要是出于传统集体主义和功利论的价值考量，即为了国家、社会的整体利益，为了多数人的健康，可以而且应该限制或牺牲少数人的权利。我国素有重集体、轻个人的文化传统，即在集体与个人的关系上，强调整体与服从而轻视个人权利；当集体利益与个人利益发生冲突的时候，强调集体利益的至上性，个人利益要为集体利益作出让步甚至牺牲。应该说，这种文化传统对于增强国家集体的凝聚力、形成高尚的社会道德风尚发挥了重要作用。但这一传统在很大程度上走向了极端：单纯强调集体利益的至上性，忽视了个人利益的正当性和合理性；当二者发生冲突的时候，片面强调个人利益对集体利益无条件地服从。这一文化传统对今天的艾滋病防控仍然有重要的影响。正是对集体主义的片面理解，导致在艾滋病防控实践中，出现了许多为维护公共健康而限制甚至牺牲一些特殊人群利益的做法。其结果是，由于随意侵害艾滋病患者和一些特殊人群的权利，使他们的社会关系发生隔离，与社会的关系出现对立，进而引起他们对社会的不满和敌意，最终使这些政策措施走向了集体主义的反面。而保护性干预则主要是出于社会主义人道主义和道义论的价值考量，每一个人都是平等的个体，都应当受到平等的尊重和对待，即便是为了国家、社会的整体利益，为了公共健康，也不能随意限制或牺牲少数人的权利；相反，应该通过尊重和保护少数人权利的措施，促使其改变行为。我们知道，社会主义人道主义作为在继承和发扬传统人道主义基础上形成的一种伦理原则，基本点是理解、尊重和关心人，要求医疗科技的发展、医疗制度政策的创制都要坚持以人为本、为人服务。就艾滋病危险性性行为干预而言，实施保护性干预显然是出于社会主义人道主义和道义论的价值考量，即便是对待性工作者，也暂时搁置其过去的违法行为，对其予以充分的宽容和尊重，从保护其应有权利出发实施相应的干预措施。

三是权利义务的伦理导向：限制、牺牲少数人权利还是尊重、保护少数人权利。从权利与义务的角度看，惩罚性干预侧重于强调艾滋病性传播高危人群的义务，实际行动中则表现为限制或牺牲他们的权利；而保护性干预侧重于强调对他们权利的尊重和保护。比如，惩罚性干预应用于性工作者，"严打"一直是这方面政策的主旋律。在改革开放以前，我国在封闭的条件下甚至以绝对的国家控制禁绝了卖淫嫖娼，但改革开放以后，卖淫嫖娼现象又再度重现。特别是 1985 年我国发现第一例艾滋病以来，结合艾滋病防控和社会主义精神文明建设，我国选择了对性工作者的严打政策。1987 年 1 月 1 日起施行的《中华人民共和国治安管理处罚条例》第三十条明确规定，"严厉禁止卖淫、嫖宿暗娼以及介绍或者容留卖淫、嫖宿暗娼"；1995 年卫生部下发的《关于加强预防和控制艾滋病工作的意见》明确指出："只有坚持禁止吸毒、卖淫、嫖娼等丑恶行为，才能防止艾滋病蔓延流行，保障社会主义精神文明建设"；2001 年《中国预防和控制艾滋病中长期规划实施指导意见》也明确规定："要严厉打击卖淫、嫖娼、贩毒、吸毒现象。"具体地说，对性工作者的严厉打击主要包括两个方面：一方面，通过宣传部门的宣传，强化公众对卖淫嫖娼行为的道德评判；另一方面，通过公安部门的严厉打击，来减少和消灭卖淫嫖娼现象。同样，对待同性恋者，由于在相当长一段时期内，同性恋都被视为一种心理变态行为，同性恋者历来被要求改变生活方式和行为模式，很多人一直主张政府和社会应该禁止同性恋，甚至对同性恋者进行惩罚。而保护性干预则基于对这些人群是"需要救助的生命个体"和普通公民的伦理定性，主张尊重和保障他们的应有权利。比如，对性工作者和同性恋者开展宣传教育、同伴教育、推广使用安全套等干预措施无不体现出对他们应有权利的尊重和保护。可见，对艾滋病危险性性行为人群的权利是限制、牺牲还是尊重、保护，也是惩罚性干预与保护性干预的一个价值分野。

（二）推广使用安全套与性道德的相斥或背反

安全套又称"避孕套"，最初还有另一个名称——"保险套"。从字面上看，安全套名称的更迭表明，它既有避孕的作用，也有预防性病、艾滋病的作用。各国艾滋病防治实践已经充分证明，推广使用安全套是预防艾滋病的有效手段。中国于 2000 年也开展了 100% 安全套使用项目合作试点，并逐渐推广，在预防艾滋病方面发挥了积极作用。但是目前，仍有许多人对推广使用安全套的政策不理解，安全套使用率不高。其之所以如此，一个直接原因是推广使用安全套与性道德，特别是与性行为的目的、性伦理原则之间存在一定的背反现象。这是推广使用安全套面临的一个重要伦理难题。正是推广安全套与性行为的目的、性伦理原则之间的背反，使这一被世界艾滋病防治实践所充分证明、被国际社会所广泛认可的政策在我国现实实施的过程中，遭遇了很多尴尬。

如第四章所述，性道德是调整人们的性行为和性关系的道德规范、伦理精神的总和。性道德涵盖的内容和范围很广，不同的性伦理学体系对其有不同的界定。其中，性行为的目的、性伦理原则是任何性伦理学体系都必须面对的两个基本问题。推广使用安全套与性道德的背反也突出地表现在它与性行为的目的、性伦理原则的相斥或背反两个方面。

先看推广使用安全套与性行为的目的。关于性行为的目的一直存有很大的争议，归纳起来，主要有"生殖""使双方结合的爱""生殖和使双方结合的爱""快乐"四类观点。[1] 其中，把性行为的目的视为"生殖"的观点认为，只有以生殖为目的的性行为才是道德的。[2] 第二种观点认为，性行为的目的是在男女相互奉献中实现融为一体的爱情；第三种观点是把生殖和求爱相结合，作为性行为的目的；第四种观点是把快乐作为性行为的目的。可以说，无论是把性行为的目的视为"生殖""使双方结合的爱""生殖和使双方结合的爱"还是"快乐"，推广使用安全套都是与

---

① 王伟、高玉兰：《性伦理学》，人民出版社 1999 年版，第 47 页。

② 在这种观点内部也存在一些差异，有人认为只有婚姻内以生殖、生育为目的的性行为才是道德的；也有人认为未婚同居的配偶以生育为目的的性行为也是可以容许的。

之相排斥的：推广使用安全套不仅直接与"生殖"的目的相背离，而且与"求爱""快乐"相排斥。我们的实地调查表明，很多人之所以不愿使用安全套，并非不了解安全套在预防性病艾滋病中的作用，而是使用安全套是对恋人之间、夫妻之间信任、忠诚的一种"怀疑"和"反动"。女方为了表示对对方的信任，不要对方使用安全套；男方为了表明自己对对方是忠诚的，因而不使用安全套（以往一直未使用安全套的夫妻，如果突然要使用安全套，就有可能被视为"有事"）。另外，在我们的调查中，也有一些被调查者表示，自己之所以不使用安全套，是"因为戴上安全套不舒服"。可见，在很多人看来，使用安全套会减少快感、快乐。

再看推广使用安全套与性伦理原则。一般地说，性伦理基本原则包括禁规、生育、婚姻、性爱、私事及审美原则。[①] 生育原则与性爱原则在上述性行为的目的中已有分析，这里主要简要分析推广使用安全套与其他四个性伦理原则。推广使用安全套与性伦理各项原则之间，要么互相排斥，要么互不相干。前者主要是禁规原则和私事原则；后者主要是婚姻原则与审美原则。

推广使用安全套与禁规原则、私事原则是互相排斥的。禁规原则是人类社会中最早的性伦理原则，最初表现为非性关系禁规。在现代社会，我国性伦理的禁规原则包括对血亲和疾病患者之间性关系的禁止两个方面。我国 2001 年修正的婚姻法规定的禁止结婚的两个条件，即"直系血亲和三代以内的旁系血亲""患有医学上认为不应当结婚的疾病"实质上也就是这两个方面。显然，禁规原则要求限制、禁止性行为，而不是使用安全套。私事原则意味着性行为是私人的事，即性行为是个人隐私，具有非公开性。作为现代性伦理的一个基本原则，私事原则包含隐私、自由和自律等丰富的内涵，意味着在一般情况下，国家对性行为和性关系不能干预。而推广使用安全套，对作为"私人的事"的性行为实施干预显然是有违性伦理的私事原则的。

推广使用安全套与性伦理的婚姻原则、审美原则互不相干。婚姻原则标示的是性行为的时间与空间限度。只有夫妻之间的性行为才符合道德规范。这就排除了未达到法定年龄者以及多人之间等各种性行为和性关系。

---

① 王伟、高玉兰：《性伦理学》，人民出版社 1999 年版，第 61 页。

此外，在公共场所、公开场合进行性行为在各国也都是普遍的性禁忌。婚姻原则告诉我们，婚姻之外的性行为都是不道德的。婚姻之内的性行为不必使用安全套；婚姻之外的性行为即使用了安全套，也不能改变其不道德的性质。审美原则也是如此，作为现代性伦理的一个基本原则，审美原则的基本内涵是性伦理美，包括性心灵美、性气质美和性仪表美三个方面，是两性在性伦理生活中通过语言、行为、仪表等所表现出来的道德品质、气质美感。显然，这与推广使用安全套并无直接的关联。

（三）安全套广告的伦理争议

我国是在 1955 年开始生产安全套的。在相当长一段时期内，安全套都由国家计生部门免费发放，厂家不存在销售难题，因而根本不用做广告。即便以后随着市场经济的发展，安全套面临销售竞争，安全套广告也一直被禁止。1998 年 10 月，国外安全套品牌"杰士邦"在广州 80 辆公共汽车上做了我国第一条安全套广告——"无忧无虑的爱"，但在短短的 33 天后就被撤下。1999 年 11 月 28 日，中国计划生育宣传教育中心在中央电视台第一套节目"中国人口"栏目播出了宣传安全套预防艾滋病的公益广告——"安全套，没烦恼"，这是在中国电视媒介上第一次出现的安全套公益广告。但仅仅播出一天即被叫停。2000 年 5 月 22 日，"杰士邦"安全套广告牌再次出现在武汉汉江桥旁一栋大厦上，但仅仅 20 小时之后就被当地工商部门撤下。但卫生、计生部门以及许多专家学者都一直在呼吁解禁安全套广告。1999 年 3 月，全国人大代表李宏规提出适当放宽安全套广告的建议；2002 年 3 月，李宏规又与 97 名人大代表联名提出这一建议。2002 年，全国政协委员陈雅棠向全国政协十届一次会议提交了"修改《广告法》，允许安全套公益性广告进入媒体发布"的建议。2003 年 6 月，国家工商总局承诺"改变原有的禁止性规定，允许有限制地发布"；2003 年 10 月，卫生等部门也表态支持解禁安全套广告。同时，国家陆续出台的相关法律法规也不断促使解禁安全套广告。比如，国务院《中国遏止与防止艾滋病行动计划（2001—2005）》就明确提出"要大力宣传、推广安全套"。2004 年 7 月，卫生部等六部委联合发布的《关于大力推广安全套使用的意见》也明确规定："支持、鼓励利用公益广告形式在大众媒体开展推广使用安全套预防艾滋病等传染病的健康教育宣传。在公共场所、商业网点、主要路段、车站、码头、机场等场所采取适宜的方式，设置一定数量的预防艾滋病（包括推广使用安全套防病）公益广告。"2014 年 7 月 14 日，国家工商行政管理总局宣布废止"避孕套广告禁令"。2015 年 4 月 24 日，十二届全国人大常委会通过新修订的《广告法》，对 1995 年的《广告法》作了一些修订，对"医疗、药品、医疗器械广告"作了明确规定，并未直接提及安全套广告。2015 年 9 月 11 日，中央电视台第十套节目播出了广州市康祥实业有限公司宣传避孕套品牌的广告，这是我国 2015 年新《广告法》出台之后中央电视台首次播出国产安全套的广告。

安全套广告解禁的漫长历程表明，安全套广告争议的背后，实质上是伦理观念和价值争议，即传统道德观念与公共健康需要的冲突：究竟把维护传统的道德观念放在首位，还是把维护公共健康需要放在首位。反对安全套广告的伦理依据是，安全套属于性用品，用广告来宣传安全套"有悖于我国的社会习俗和道德观念"。长期以来，安全套广告之所以一直被禁止，工商部门的解释是安全套广告违反了《广告法》（1995 年）的有关规定。但我们仔细查阅《中华人民共和国广告法》，并未找到关于禁止安全套广告的直接规定。其实，工商部门禁止安全套广告的依据实际上是1989 年 10 月 13 日国家工商行政管理局下发的《关于严禁刊播有关性生活产品广告的规定》："一些地区出现了有关性生活产品的广告……这类产品向社会宣传，有悖于我国的社会习俗和道德观念。因此，无论这类产品是否允许生产，在广告宣传上都应当严格禁止。"对违反规定的行为，按《广告管理条例》第八条第（一）项①处理。可见，"有悖于我国的社会习俗和道德观念"是我国安全套广告长期被禁止的根本原因。这在很大程度上代表了我国社会对安全套广告的看法。在我们的传统道德观念中，"谈性色变""谈套色变"，认为安全套是性生活用品，涉及个人隐私，如果做安全套广告，无疑是鼓励性行为，放弃性道德。

而支持安全套广告的伦理依据是安全套广告有利于维护公共健康，有利于保障安全套生产企业和消费者利益；禁止这种对大众有益的广告，是社会文明发展停滞不前的表现。具体地说，一是有利于阻止性病艾滋病传

---

① 《广告管理条例》第八条第（一）项的规定是"违反我国法律、法规"。

播。正确使用安全套是世界公认的低投入、高效率的预防性病艾滋病的方法。禁止安全套广告让人们少了一条了解安全套有关知识的重要渠道。充分利用电视、报刊等广告，使广大公众知晓安全套在预防性病艾滋病中的巨大作用、了解正确使用安全套的方法，是推广使用安全套的必由之路。二是避孕。中国是世界上堕胎数量最多的国家。中国人口宣传教育中心提供的信息表明，我国每年人工流产 900 万次左右，其中 50% 是由于未采取任何避孕措施。① 世界避孕日组织机构 2014 年 8 月在我国 14 个城市对 1000 名 18 ~ 35 岁女性进行调研数据显示，"82% 的被调研女性在过去半年中有过无保护性行为"②。国家人口和计划生育委员会的调查显示，我国避孕套的使用率只有 4.9%，男性避孕只占 13.1%。③ 三是有利于保障安全套生产企业和消费者利益。在市场经济条件下，安全套也是一种商品，面临激烈的市场竞争。由于安全套广告一直被禁止，至今没有中国自己的安全套名牌产品，同时造成假冒伪劣安全套的不断出现，损害了生产企业和消费者利益。一方面，导致人们在正确使用了安全套的情况下，由于产品不合格而未起到预防疾病和避孕的应有作用；另一方面，导致正规安全套生产企业利益无法得到应有保障。根据我国《广告法》的规定，在市场经济条件下，除法律明文规定的如炸药等国家限制流通的指令性产品之外，只要是国家允许生产和销售的产品，都应该允许做广告，否则就侵害了其发展的权利。

事实上，从 20 世纪 80 年代开始，我国卫生、计生等部门、安全套生产企业以及一些专家、学者就不断提出解禁安全套广告。但工商部门作为我国广告监管部门，长期坚持禁止安全套广告，直到 2014 年 7 月 14 日，国家工商行政管理总局才宣布废止"避孕套广告禁令"。虽然安全套广告已经解禁了，但关于安全套广告的伦理争议仍未停止。目前，从公众对安全套广告的接受度看，应该说，多数中国人都赞同或能够接受安全套广

① 光明网：《全国避孕套使用率仅 4.9%》。（http：//health. gmw. cn/2015 - 07/01/content_16136212. htm）。

② 光明网：《今年世界避孕日调研数据发布》。（http：//health. gmw. cn/yp/2014 - 09/23/content_ 13341908. htm）。

③ 光明网：《全国避孕套使用率仅 4.9%》。（http：//health. gmw. cn/2015 - 07/01/content_16136212. htm）。

告。早在 2000 年，中国社会调查事务所对北京、上海等 17 个城市的 1479
名成年人做了一项《计生用品广告与性文明》的调查，结果显示：55%
认为"这很正常，是文明的象征"；16.5% 坦言"感到新鲜，但可以接
受"；只有 28.5% 的受访者觉得"这种宣传方式有伤大雅"。① 尽管如此，
有关安全套的伦理争议仍在继续，政府部门之间、学者之间以及社会公众
之间都还存在明显分歧，这也是推广使用安全套面临的一大难题。

（四）中国特有的伦理文化对推广使用安全套的阻力

目前许多人对推广使用安全套的政策之所以还不理解，甚至坚决反
对，直接原因是他们认为推广使用安全套"违反我国传统文化、伦理"，
推广安全套等于"发放性执照""默许卖淫嫖娼""全面放开性行为"。
比如，1998 年"杰士邦"安全套在广州的公交车上作的广告，引起许多
市民的不满，有的向工商部门投诉，有的甚至打了 110，认为会诱导青少
年发生性行为，强烈要求撤除安全套广告。2000 年"杰士邦"安全套广
告牌再次出现在武汉汉江桥旁一栋大楼上，但仅 20 小时之后就被撤下。
至于为什么要撤下安全套广告，武汉一位政府干部的说法颇具代表性：
"如果在青年中推广使用安全套，就等于发放性执照、放弃性道德。"

为什么推广使用安全套会"腐蚀青少年的心灵，败坏社会风气"？为
什么推广使用安全套"等于发放性执照、放弃性道德"？显然，公众得出
这样的结论，是基于自己的知识框架和道德认识做出的判断；而这样的知
识结构和道德认识缘于自己长期接受的教育和文化环境的熏染，即缘于中
国特有的伦理文化。可见，中国特有伦理文化的阻力也是推广使用安全套
面临的一大伦理难题。

1. 中国传统性伦理对推广使用安全套的观念阻碍

众所周知，儒家伦理思想是中国传统主流伦理文化的代表。儒家思想
中的性伦理观念对后世产生了深远影响，对中国现代的性伦理观念也仍有
很大影响。从总体上看，中国甚至整个东南亚地区，人们大多不喜欢使用
安全套，中国人的主要避孕方法是扎管、上环和紧急避孕药。应该说，这

---

① 中国新闻网：《安全套广告被撤在武汉引发社会话题》。（http://www.chinanews.com/
2000 - 5 - 25/26/31128.html）。

一状况与中国的传统伦理文化特别是儒家性伦理观念是分不开的。

虽然，在中国儒家思想中有着较为丰富的性观念和性伦理思想。其中，影响至今、对推广使用安全套有直接或间接影响的性伦理观念主要有两个方面：一是生育和传宗接代观念。儒家认为，性是人的自然性的一个表现或反映。《礼记》中说："七年，男女不同席，不共食"①，即是强调男女之间在性的自然性上的差异，体现儒家思想对性的自然性的尊崇。儒家认为男女之间的性生活如同吃饭，也是人的最重要的本欲之一。而天地间的雄性和雌性交合，就会产生后代。正是从性的自然性出发，儒家十分重视生育，甚至认为男女之间的性生活也是建立在生育的基础之上的。当然，建立在生育基础之上的性，也必须符合一定的礼仪道德。儒家认为，不合礼仪的婚姻是不道德的，在全国范围内都要受鄙视的。如《礼记》中说："男女非有行媒，不相知名；非受币，不交不亲。"②《孟子》中也说："不待父母之命、媒妁之言，钻穴隙相窥，逾墙相从，则父母国人皆贱之。"③ 在儒家伦理思想中，孝是一个非常重要的道德规范，并直接影响到儒家的性观念。《孟子》说："不孝有三，无后为大，舜不告而娶，为无后也，君子以为犹告也"。④ 可见，从孝的角度看，一个人要成为有道德的人，必须"有后"；如果"无后"，不仅是最大的不孝，而且不能成为一个有道德的人。二是性与男女的社会地位。在我国封建社会，女性的社会地位很低。孔子说："唯女子和小人难养也，近之则不孙，远之则怨"⑤，女性的地位甚至低于"小人"。《礼记》也说："男帅女，女从男，夫妇之道由此始也。妇人，从人者也：幼从父兄，嫁从夫，夫死从子。"⑥从根本上规定了女性是男性的附属品的社会地位。另外，我们知道，在先秦儒家思想中，关于性的讨论主要通过"色"的概念来进行的，如"食色性也""贤贤易色"等。显然，其中的"色"指的是"女色"，而不是"男色"。这也表明女性在性生活中的地位远远低于男性。正是由于社会

① 《礼记·内则》。
② 《礼记·曲礼》。
③ 《孟子·滕文公章句》。
④ 《孟子·离娄上》。
⑤ 《论语·阳货》。
⑥ 《礼记·礼运》。

地位低下，女性在性生活中没有主动权。

应该说，中国人大多不喜欢使用安全套，中国人避孕的方法主要选择了扎管、上环和紧急避孕药，与中国上述传统性伦理观念是密不可分的。虽然，中国这些传统的性伦理观念，经过时代的发展演变，特别是经历"五四"运动和新中国改革开放已经发生了很大转变，但生育和传宗接代观念、女性地位低于男性、女性在性生活中没有主动权等，对当代中国人的性行为和性生活仍然有着深刻的影响。在两性关系上，在有关爱情、婚姻与性的问题上，中国现有的伦理文化呈现出相互矛盾的两极化格局：一方面，如第四章所述，人们已经在很大程度上接受了婚前性行为，甚至对"一夜情""包二奶"等现象都表现出一定程度的宽容；另一方面，受中国传统伦理文化的影响，性的概念未能成为一个独立的思维概念，性本身未能成为一个独立的社会存在。比如，在儒家思想中，性是婚姻家庭的附属品，并未成为一个完全独立的概念；在道家思想中，性是修养的工具；在佛家思想中，性的存在是不合理的。正是受这种传统伦理文化的影响，至今很多中国人仍然羞于谈"性"，更别说通过广告宣传来推广使用安全套了。

2. 现代婚恋道德与性健康要求的冲突

在我们的实地调查中，发现一个非常令人惊讶的现象：在商业性性交易中，"小姐"往往会要求对方使用安全套，很多"男客"也会主动使用安全套；但在与丈夫或妻子的性生活中却不使用安全套。究其原因，"小姐"要求对方使用安全套、"男客"主动使用安全套，主要是因为国家和社会在推广使用安全套预防艾滋病方面的宣传，他们已经认识到在性交易中不使用安全套而感染艾滋病的风险。因此，"人们越是在不安全的性关系中，使用安全套的比例就越高"，"只要是发生多伴侣性行为，哪怕是与长期的、互相信任的情人，安全套使用率就会增加接近 6 个百分点。如果与短期性伴侣过性生活，又上升大约 10 个百分点。如果是男人去找'小姐'，会再次上升大约 17 个百分点"①。

相反，越是有爱情基础的、相互信任的男女之间的性关系，使用安全

---

① 潘绥铭等著：《当代中国人的性行为与性关系》，社会科学文献出版社 2004 年版，第 385 页。

套的比例越低，特别是在与自己的恋人、丈夫或妻子的性生活中往往不会使用安全套。在访谈中，我们发现出现这种现象的直接原因主要有两个方面：一是"不必"。这是就女朋友或妻子的角度而言的。女朋友或妻子对自己的男朋友或丈夫是信任的，男朋友或丈夫是什么样的人自己心里是有数的，因而认为没有必要因为预防艾滋病的缘故而要求对方使用安全套，特别是在对方没有主动使用安全套的情况下，自己要求对方使用安全套可能导致对方的误解，被认为是对对方的怀疑，同时还可能会降低对方的性满足程度。二是"不敢"。这是就男朋友或丈夫的角度而言的。特别是对有过性交易、有过其他性伴的人而言，为了保密，在女朋友或妻子面前，往往"不敢"使用安全套，因为这样做似乎等于"不打自招"；而即便是没有性交易和其他性伴的人，在以往都没有使用安全套的情况下，也"不敢"主动使用安全套，因为这样做会担心女朋友或妻子怀疑自己"有事儿"。

有爱情基础的、相互信任的男女之间在性生活中之所以认为"不必"或"不敢"使用安全套，从更深层的原因看，则是基于现代社会的婚恋道德观念作出的判断。我们知道，忠诚与信任是现代婚恋道德两个基本规范和要求。我国《婚姻法》第四条明确规定"夫妻应当互相忠实、互相尊重"；从道德的角度看，互相忠实也是婚姻道德的一个基本要求。而爱情作为一种高级的心理现象和高尚的道德感情，也有相应的道德规范和道德要求，如注重双方的品德、尊重对方的情感、平等地承担责任等。其中，信任是恋爱道德的重要基础。如果恋爱双方缺乏最基本的信任，其他一切都无从谈起。正是缘于夫妻之间互相忠实、恋人之间互相信任的道德要求，恋爱中的男女之间和夫妻之间使用安全套的比率远低于"不安全"性行为中使用安全套的比率。这是现代婚恋道德与性健康要求之间的冲突。

三　解决非保护性性行为干预伦理难题的对策

解决非保护性性行为干预面临的伦理难题，必须树立以保护性干预为主的理念，消除公安部门与卫生部门协作中的价值与制度冲突，渐进式放开安全套广告，革新伦理文化，落实政府、企业、媒体及公民的责任。

（一）树立以保护性干预为主的理念

如前所述，世界艾滋病防治实践已经充分证明，推广使用安全套是预防艾滋病的一种低投入、高效率的措施。从理论上说，只要所有人在所有的性行为中都正确使用安全套，艾滋病的性传播完全可以得到有效控制。但现实恰恰相反，许多艾滋病危险性性行为人群都处于隐蔽状态，艾滋病危险性性行为干预未能实现普遍可及。其中一个重要因素在于惩罚性干预的影响：惩罚性干预在很大程度上加剧了社会对艾滋病的歧视和排斥，从而使艾滋病危险性性行为人群纷纷转入"地下"状态。

解决这一问题，必须改变传统艾滋病防治模式，有效协调惩罚性干预与保护性干预的关系，实现从以惩罚性干预为主向以保护性干预为主的转变。具体地说，树立以保护性干预为主的理念，包括两个方面的内容：一方面要有效协调惩罚性干预与保护性干预之间的价值冲突。艾滋病危险性性行为干预以保护性干预为主，并不意味着惩罚性干预完全退出。相反，对商业性性交易、重婚、"包二奶"、聚众淫乱等违法甚至犯罪行为实施相应的惩罚仍然是必要的。在保护性干预与惩罚性干预并存的情况下，协调二者之间的价值冲突就显得十分重要。在干预对象的伦理定性上，要突出其公民身份和需要救助的生命个体，弱化其法律和道德评价。比如，对性工作者，在突出其公民身份和需要救助的生命个体的同时，弱化其违法者和道德不良者的定性；对同性恋者，在突出其公民身份和需要救助的生命个体的同时，要纠正社会对这一群体的歧视与污名。在价值考量的伦理原则上，要改变惩罚性干预从传统集体主义、功利论出发，为了国家和社会整体利益而忽视个人权利的做法，坚持从现代人道主义和道义论出发，认识到干预对象也是平等的生命个体，应当受到平等的尊重和对待。在权利与义务的伦理导向上，应坚持尊重、保护"少数人"权利：即改变惩罚性干预以限制、牺牲"少数人"权利为主的做法，通过尊重和保护他们的应有权利，促使其改变行为。

另一方面，要注重对艾滋病感染者施以伦理关怀。从一定意义上说，艾滋病感染者是预防艾滋病的一个关键群体，艾滋病感染者的态度在很大程度上直接影响着艾滋病防控的成效；艾滋病防治的各个环节和政策措施都或直接或间接地涉及艾滋病患者。非保护性性行为干预也不例外。解决非保护性性行为干预面临的伦理难题，树立和坚持以保护性干预为主的观念，必须注重对艾滋病感染者的伦理关怀，即坚持社会主义人道主义，从道义上关注这一群体，努力消除社会对这一群体的歧视和排斥，尊重他们的生命存在和生命价值，维护他们的生命尊严，并从生理和心理、工作和生活等各个方面予以支持和关怀，以帮助他们提高生命质量，从而使他们对社会产生认同和满足感。

（二）消除公安部门与卫生部门协作中的价值与制度冲突

如果说树立以保护性干预为主的理念，主要是解决对待艾滋病相关人群的态度问题，那么，协调公安部门与卫生部门之间的关系，实现两个部门在非保护性性行为干预中的密切协作，则首先要解决价值和制度障碍，即公安部门与卫生部门在干预实践冲突背后的价值和制度冲突。

虽然，在艾滋病相关人群的干预问题上，我国政府和相关法律文件都明确表示打击卖淫嫖娼等违法活动与行为干预并不矛盾，公安部门与卫生部门的工作并不冲突，但实际情况远非如此。我国政府和相关法律文件所强调的打击卖淫嫖娼等违法活动与行为干预的一致性还主要停留在目标层面，而在实现目标的具体方法和手段方面仍然存在巨大的差异。的确，从总体目标看，公安部门打击卖淫嫖娼等违法活动与卫生部门的行为干预是一致的，都是为了减少危险性性行为，遏制艾滋病性传播；但在实现目标的具体方法和手段方面仍然存在明显的差异。主要表现在两个方面：一是公安部门与卫生部门的措施不同：公安部门的主要措施是"扫黄""严打"；而卫生部门的主要措施是教育、帮助，即通过宣传教育、咨询培训、同伴教育、推广使用安全套等措施，帮助相关人群减少或改变危险性性行为。二是在对待相关人群的态度上，在公安部门那里是被打击的对象，公安部门与相关人群的关系是国家行政机关与被行政管理方的敌对关系；而在卫生部门那里是帮助的对象，卫生部门与相关人群的关系是朋友式的平等关系。

从实践看，公安部门与卫生部门的工作一直存在明显的矛盾和冲突。在过去很长一段时期，由于公安部门在"扫黄"行动中很难对商业性性交易"抓现行"，很多时候就以持有安全套作为卖淫嫖娼的证据，甚至出现"疾控部门这边刚发放安全套，公安部门那边立即以此作为其从事卖淫的证据对其进行行政处罚和收容"的情况。显然，在这个问题上两个部门的做法是背道而驰的，使用安全套恰恰是卫生部门极力推广的措施。虽然，后来以"不再将持有安全套作为卖淫嫖娼证据"解决了这一冲突，但由此折射出这一问题在价值选择和制度规范层面的冲突远未从根本上得到解决。从价值观念层面看，公安部门与卫生部门的工作职责和价值选择不同：公安部门的工作职责和直接目的是维护社会治安，其基本价值选择是公序良俗，即秩序价值；而卫生部门的工作职责和直接目的是预防性病艾滋病等疾病，其基本价值选择是维护公共健康、促进生命价值。从制度规范层面看，公安部门与卫生部门的工作所依据的制度规范不同：公安部门"扫黄""严打"所依据的主要是《治安管理处罚法》《关于严禁卖淫嫖娼的决定》等法律文件；而卫生部门的行为干预主要依据的是《艾滋病防治条例》《高危行为干预工作指导方案（试行）》《关于预防艾滋病推广使用安全套（避孕套）的实施意见》等法律或政策文件。

我们认为，协调公安部门与卫生部门的关系、实现两个部门之间的协作，在价值观念层面，要树立生命至上理念。在公安部门与卫生部门工作所指向的各种价值目标之间存在一种价值高低序列的位阶关系：生命健康具有最高价值地位，生命健康是第一位的权利，生命至上自然应该成为艾滋病预防的一个基本理念。从生命伦理学的角度看，生命至上一直是生命伦理学的基本理论前提。作为生命伦理学的一项基本理念，生命至上指的是人的生命存在具有最高价值，它既是人类社会一切价值得以产生的源泉，也是一切价值存在的基础，因而也是价值判断和行为选择的根本依据。其之所以如此，根本原因在于生命的一维性和不可逆性，没有了生命，一切都无从谈起。值得注意的是，生命至上理念内在地包含生命平等，即所有人的生命在价值等次序列中都居于同等地位，人的生命价值是不能比较的。生命平等意味着不能为了一部分人的生命而舍弃或剥夺其他人的生命，即使是为保障更多人的生命，也不允许故意剥夺某个无辜的生命。显然，毕达哥拉斯所说的"生命是神圣的，因此我们不能结束自己和别人的生命"、康德所说的"人命有价值无价格"，强调的都是一个道理。因此，解决公安部门与卫生部门协作中的价值冲突，坚持生命至上理念，就是要把人的生命健康摆在优先地位，尽最大可能保障每一个人的生命健康，即使是曾经有过不道德甚至违法行为的艾滋病患者和艾滋病高危人群也不例外。

在制度规范层面，与以保护性干预为主的理念相适应，在非保护性性行为干预中要坚持"以卫生部门为主、公安部门为辅"的原则。以往对性工作者等艾滋病相关人群的管控，采取的是以公安部门打击为主的社会治安管理模式。在这样的管理模式下，对卖淫嫖娼等案件的罚款成为了许多公安机关经费的重要来源，正是"罚款了事"也成为卖淫嫖娼活动屡禁不绝的重要原因之一。因此，改变以公安部门打击为主的管控模式，实施以卫生部门为主、公安部门为辅的社会综合管理模式就成为解决艾滋病危险性性行为干预难题的当务之急。为此，应该在实现卫生部门与公安部门之间互相监督的基础上，树立卫生部门在艾滋病危险性性行为干预中的权威，突出对性工作者等相关人群的帮助与行为干预；在把握前述宽容理念应有限度的基础上，让公安部门的打击行动适当为卫生部门的干预行动"让道"。

（三）从公益广告到商业广告：渐进式放开安全套广告

安全套广告是推广使用安全套的一个不可或缺的重要途径。无论是保障消费者合法权益、预防性病艾滋病、维护公共健康，还是维护安全套产品市场秩序、维护安全套生产企业的利益，解禁安全套广告都势在必行。

2014 年 7 月 14 日国家工商行政管理总局宣布废止"避孕套广告禁令"，标志着我国安全套广告在法律和政策层面的解禁，但人们在观念上完全解禁可能还需要一个过程。考虑到我国传统社会习俗和道德观念，考虑到社会的可接受程度，在安全套广告的推广路径上，应采取分两步实施，即从公益广告到商业广告逐步放开的渐进式推广策略。第一步，放开安全套公益广告。由国家卫计委、疾控等部门组织卫生、人口等相关领域的专家，设计形式多样的安全套公益广告，充分利用电视、报刊、网络等媒介，选择适当的时间、适当的栏目进行发布。在内容上，安全套公益广告应注重和突出三方面的宣传：一是宣传安全套的有关知识，包括安全套的由来、安全套产品发展的历史以及目前世界上安全套的生产和使用情况。二是宣传在现实的性生活中使用安全套在预防性病、艾滋病等疾病中的重要意义，要让人们充分了解正确使用安全套作为一种低投入、高效率的预防性病艾滋病的方法，对人对己的双重效用。三是提示人们通过正规渠道购买合格的安全套产品以及正确使用安全套的方法和注意事项。

全面推广使用安全套，在广告宣传上单凭公益广告显然是不够的。在条件成熟的时候适时放开安全套商业广告也是推广使用安全套的必由之路。对安全套生产企业而言，放开安全套商业广告有利于促进安全套产品市场竞争，有利于打造中国自己的安全套品牌，打击安全套假冒伪劣产品，维护安全套生产企业的利益。对消费者而言，正确使用安全套预防性病艾滋病的前提是购买到合格的安全套产品，而安全套商业广告显然有利于消费者选择物美价廉的合格安全套产品，防止假冒伪劣。同时，也有利于消除人们在购买安全套时的害羞心理。在调查中我们发现，人们在购买安全套时都存在不同程度的害羞心理，多数人都不会很自然地像购买一般商品一样选择购买安全套；很多人都是在超市、药店结账付款的地方随手拿下一盒安全套。

经过半年到一年左右的安全套公益广告的宣传，人们对安全套广告的接受程度有了较大提高以后，就可以开始实施第二步，逐渐放开安全套商业广告。考虑到人们的道德观念和接受程度，安全套商业广告仍然不能一举全面放开，而应按地区、分内容逐渐放开。这是因为，虽然人们已经有了一年左右的安全套公益广告的耳濡目染，但由于商业广告毕竟不同于公益广告，公益广告侧重于公益性，即使用安全套对于预防疾病、维护健康的作用，而商业广告侧重于对安全套产品的宣传和推广，安全套生产销售企业发布、刊登安全套广告的直接目的首先是赢利——推销自己的产品、扩大市场份额、实现利润最大化。相对而言，沿海发达地区、一线城市人们的观念更开放一些，更容易接受新鲜事物和观念，因此，安全套商业广告可以大体按东、中、西部地区的顺序逐渐放开；在内容上，除了严格按照我国《广告法》的相关规定之外，要针对安全套产品相对于一般商品的特殊性予以具体规定，如规定在安全套商业广告中，公益性内容应该占一定的比重；在一些不适宜发布安全套商业广告的场所（如未成年人比较集中的游乐场、动物园等），作出明确的限制性规定，等等。为此，建议由国家卫计委、国家工商行政管理总局等有关部门，在《广告法》的基础上，联合制定有关刊播安全套商业广告的具体规定或实施细则，据此对安全套商业广告进行审批和监管。

（四）革新伦理文化，突出性健康教育

我国安全套广告在法律和政策层面已经解禁了，但在政府部门之间、学者之间以及社会公众之间仍然存在广泛争议的事实表明，人们在观念上仍然没有完全解禁。即便是国家工商行政管理总局明确宣布解禁安全套广告之前，我国旧《广告法》（1994 年）和其他法律都并没有禁止安全套广告的明确规定，工商部门禁止安全套广告时均表示禁止的原因是安全套广告违反我国《广告法》的有关规定，但真正依据是 1989 年国家工商行政管理局下发的《关于严禁刊播有关性生活产品广告的规定》，认为安全套广告"有悖于我国的社会习俗和道德观念"。可见，安全套广告是否解禁，从根本上说并不是一个法律和政策问题，而是一个"社会习俗和道德观念"问题。

对此，要在推广使用安全套政策、逐步放开安全套广告的同时，针对"社会习俗和道德观念"革新伦理文化，突出性健康方面的宣传教育，逐渐转变人们的道德观念。具体地说，一是要促进传统性道德观念的现代转换。应该说，中国传统性道德观念既有肯定的成分，也有否定的成分。如前所述，在中国传统性道德观念中，存在一些影响至今、对推广使用安全套有直接或间接影响的观念，如生育和传宗接代观念、男女社会地位观念、性是婚姻家庭的附属品等。受这种传统观念的影响，至今很多中国人仍然羞于谈"性"、羞于谈"套"。因此，在新的历史条件下，必须从实际出发，加快推进传统性道德观念的现代转换。"性"的问题也是一个相对独立的社会问题，安全套也是一个相对独立的客观事物，可以而且应该正视。同时，要根据不断变化着的新情况调整、重建性道德。如"婚前守贞"是在婚前性行为不存在或者极少的社会条件下倡导的一个道德观念，但在目前婚前性行为已经成为一个较为普遍的社会现实的情况下，如果仍然仅仅抱守"婚前守贞"的道德观念，不在正视这一客观事实的基础上调整道德观念，加强性健康教育，"婚前守贞"观念会引起越来越多的反感，最终沦为一种空洞的道德说教。

二是有效协调性道德要求与性健康要求之间的矛盾，在性教育中突出性健康方面的内容。从总体上看，性道德要求与性健康要求之间应该是相

互统一的，性道德要求本身应该有利于维护和实现性健康；不利于维护和实现性健康的性道德要求本身是"不道德的"。但在预防艾滋病的特定背景下，性道德要求与性健康要求之间却存在一定的矛盾和冲突。比如，根据性道德要求，婚前性行为、婚外性行为都是不道德的，因而排斥对青少年的性健康教育；而根据性健康要求，既然婚前性行为已经成为了一个较为普遍的客观事实，那么，正视这一客观事实，在包括青少年在内的各类人群中加强性健康教育也是预防艾滋病的一条必由之路。因此，必须有效协调性道德要求与性健康要求之间的矛盾，在性教育中突出性健康方面的内容，在不违背社会基本伦理关系要求的前提下，倡导有利于维护性健康的性道德观念，把维护和实现性健康作为性道德教育的一个基本价值目标。

三是在全社会树立"进行保护性性行为""预防艾滋人人有责"的观念。在性传播成为艾滋病传播的最主要途径、艾滋病向一般人群扩散的背景下，减少和改变非保护性性行为，通过正确使用安全套加强自我防护是预防艾滋病最有效的办法。为此，必须着力培养人们在性行为中的健康防护责任意识，在全社会树立"进行保护性性行为"的观念。通过各种形式的宣传和倡导，使"预防艾滋人人有责"成为全社会的基本共识，把在性行为中正确使用安全套作为对自己、对他人、对社会的一项义务和责任。其中，要特别倡导使用安全套与夫妻、恋人之间的忠诚、信任无关的观念，使在日常生活中使用安全套成为全社会预防艾滋病的一种新的观念和风尚，从而消除人们在使用安全套问题上的疑虑，消除使用安全套与夫妻、恋人之间忠诚、信任的冲突，使"进行保护性性行为"成为人们的一种性行为习惯。

（五）落实政府、企业、媒体及公民的责任

应该说，做到以上四个方面可以为解决非保护性性行为干预面临的伦理难题扫清观念、制度和文化障碍。同时，从主体的角度看，解决非保护性性行为干预面临的伦理难题关键在于社会各界承担相应的责任。推广使用安全套预防艾滋病作为一项社会系统工程，涉及政府、企业、媒体以及公民个人的责任。

其中，政府是推广使用安全套预防艾滋病最重要的责任主体。在推广

使用安全套的过程中，政府的责任主要是从实际出发制定、完善和执行相关政策和措施，为推广使用安全套提供必要的人员、经费等保障。如前所述，国务院防治艾滋病工作委员会办公室、国家卫计委、工商总局、国家食品药品监管局、广电总局、质检总局、地方各级政府及其组成部门对推广使用安全套都负有重要的职责。只有政府各部门在各负其责的基础上密切协作，才能使推广使用安全套工程成为一个整体。需要特别指出的是，各级疾控机构组织成立的高危人群干预工作队作为把握艾滋病高危人群的状况、开展高危人群行为干预、改变高危行为的专门队伍，是推广使用安全套预防艾滋病的直接责任主体。其具体职责主要包括：把握本辖区安全套推广使用的基本情况，针对不同人群制订安全套推广使用计划；采多种不同方式有针对性地开展安全套方面的宣传教育，如在公共场所、商业网点、主要路段、车站、码头、机场等场所设置一定数量的推广使用安全套预防艾滋病的公益广告，采用宣传单（册）、光盘、磁带以及口头交流等形式，对营业性娱乐场所的业主、服务人员以及顾客进行安全套方面的知识宣传等；对目标人群面对面地开展安全套方面的宣传教育、咨询、培训；深入性工作者、同性恋者等人群培养、组织同伴教育宣传员、志愿者开展同伴教育；动员、配合民间组织推广使用安全套预防艾滋病的行动，等等。此外，艾滋病性病防治服务机构、基层社区组织在推广使用安全套中也承担着一定的责任。如艾滋病性病防治服务机构的责任是通过咨询、发放宣传材料等形式，向就诊者和咨询者进行安全套方面的宣传；基层社区组织，包括社区健康中心、妇幼中心以及工、青、妇活动中心等，要通过适当的方式，组织开展有关安全套方面的宣传教育和培训活动。

同时，包括安全套生产企业、宾馆、娱乐场所业主等在内的相关企业、媒体以及每一位公民也都是推广使用安全套预防艾滋病的重要责任主体。不言而喻，安全套生产企业最重要的责任是根据国家质量标准，确保安全套产品质量，为消费者提供物美价廉的安全套产品。宾馆、娱乐场所业主等相关企业则要积极配合国家推广使用安全套的政策措施，在自己的营业场所内履行摆放安全套等方面的义务。影视、广播、报纸、杂志、书籍、互联网等媒体的主要责任是根据自身特点，采取人们喜闻乐见的各种形式，开展推广使用安全套预防艾滋病的宣传，提高人们对安全套方面知

识的知晓率，促进人们对推广使用安全套政策的理解和支持。公民个人的
主要责任是认真学习安全套方面的有关知识，理解和支持国家推广使用安
全套预防艾滋病的政策措施，树立"预防艾滋人人有责""预防艾滋从我
做起"的观念，自觉履行在性生活中正确使用安全套的义务。

第六章　性教育中的伦理难题及对策

性教育是艾滋病危险性性行为干预的起点和重要基础。特别是在性传播已经成为艾滋病传播主要途径的情况下，通过性教育，使人们掌握必要的性知识，树立正确的性健康与性道德观念，并据此指导自己的行为和活动，从而减少和改变危险性性行为，是艾滋病危险性行为干预不可或缺的重要一环。但从总体上看，我国性教育的进展仍比较缓慢，其现实状况与实际需要之间还存有较大差距，性教育仍然面临诸多伦理难题。进一步推进性教育和艾滋病危险性性行为干预，必须正视和解决这些伦理难题。

一　性教育及中国现状

（一）性教育及其在艾滋病危险性性行为干预中的地位

性教育是对性的问题的教育，也是人在成长过程中必须接受的教育的一个重要方面，是人的自由全面发展的客观需要。一般地说，性教育是教育者通过一定的途径和方式，向受教育者揭示或传授性的自然方面和社会方面的知识、价值，使受教育者接受性知识、形成性观念、提升性文化素养的过程。泛美卫生组织、世界卫生组织、世界性学会认为，性教育"是一个提供和转化非正式与正式的涉及人类性学所有方面的知识、态度、技能和价值的终生教育过程"[①]。

性教育包含非常丰富的内容，是包括生理、心理、道德、法律及社会等在内的一切与性的问题有关的教育。正如中国性学会所指出的，性教育

[①]　泛美卫生组织、世界卫生组织、世界性学会：《性健康促进行动方案建议：区域磋商会议纪要》2000 年 5 月。

"包括生殖系统的解剖结构和生理功能、疾病预防、生殖与避孕、性心理的发展、相关法律等知识的教育；人际关系、亲密关系、沟通与拒绝的技巧、决策能力等技能的教育；认识自己、决定能力、责任、义务、权利等知情选择的教育"①。其中，两个最基本的内容是性知识教育和性道德教育。前者是性的生理、心理和卫生保健等方面知识的教育；后者则是对性的道德方面的教育，如性道德和性价值观念、性道德原则和规范、性伦理精神等。其基本目标是"提供准确实用的信息""使青少年形成科学的价值观，态度和社会规范""建立健康的人际关系并掌握丰富的人际关系技巧""承担对自己行为的责任"②。可见，性教育是人成长、成人过程中素质教育的基础；根据社会的性教育状况和水平可以看到该社会的文明程度。

如前所述，艾滋病危险性性行为干预是相关主体通过一定的手段或措施对有危险性性行为的人群施加影响，促使其改变或减少危险性性行为的活动，而性教育作为包括生理、心理、道德、法律等在内的与性的问题有关的教育，正是对人们加以影响进而改变行为的一种基础手段，其直接目标是使受教育者了解或掌握性方面的知识，形成或改变性观念，指导或调整性行为和性关系，不仅促进性生理和知识的成长，也促进性心理和道德的完善。可见，性教育也是艾滋病危险性性行为干预不可或缺的重要一环，在艾滋病危险性性行为干预中具有重要的基础性地位。

具体地说，性教育在艾滋病危险性性行为干预中的地位主要表现在两个方面。其一，性教育可以为艾滋病危险性性行为干预提供观念基础和应有的社会道德环境。从商业性性行为、同性性行为、多性伴行为以及非保护性性行为及其干预的基本现状我们可以看到，艾滋病危险性性行为干预要取得更好的效果，一个重要的基础或前提是适应不断变化着的艾滋病疫情和各类危险性性行为的客观形势，树立相应的性健康与性道德观念，形成有利于实施艾滋病危险性性行为干预的社会道德环境。这正是性教育的一个基本功能和目标。前述各类艾滋病危险性性行为干预之所以面临诸多伦理难题，一个重要因素就是人们的性健康、性道德观念与性行为多元的

---

① 中国性学会：《中国青少年性健康教育指导纲要（试行版）》2012 年 3 月。

② 同上。

客观实际之间的脱节，未能形成相应的社会道德环境和舆论氛围。以推广使用安全套为例。如第五章所述，公众之所以认为推广使用安全套"等于发放性执照、放弃性道德"，特别担心推广使用安全套会"腐蚀青少年的心灵，败坏社会风气"，是基于自己的知识框架和道德认识做出的判断。而这样的知识结构和道德认识缘于自己长期接受的教育和文化环境的熏染。在性的问题上，中国现有的伦理文化和道德环境呈现出相互矛盾的两极化格局：一方面，性的概念附着在婚恋道德尚未独立出来；另一方面，性行为多元化已是客观现实，人们在很大程度上已经接受了婚前性行为，甚至对"一夜情""包二奶"等现象都表现出一定程度的宽容。一方面，人们羞于谈性，甚至"谈性色变"；另一方面，青少年第一次性行为日益低龄化已是客观现实。一方面，正确使用安全套是预防艾滋病的有效手段；另一方面，夫妻之间、恋人之间有互相忠诚与信任的义务，使用或要求对方使用安全套存在"不打自招"或"怀疑对方"的嫌疑。性健康与性道德之间存在明显的矛盾和冲突，导致夫妻之间、恋人之间使用安全套的比率远低于一些"不安全"性行为中使用安全套的比率。为此，通过性教育，使人们知晓性知识，树立安全性观念，在全社会形成有利于推广使用安全套的道德环境和舆论氛围，消除人们在使用安全套问题上的疑虑，也是推广使用安全套的一条必由之路。

其二，性教育是艾滋病危险性性行为干预的题中之义。从各类艾滋病危险性性行为干预的具体措施和过程看，性教育不仅是艾滋病危险性性行为干预的起点和重要基础，也是其不可或缺的重要环节和手段，贯穿于艾滋病危险性性行为干预的全过程。无论是商业性性行为、同性性行为干预，还是多性伴行为和非保护性性行为干预，都离不开性教育。就商业性性行为和同性性行为干预而言，大到国家在艾滋病防治方面的宣传教育，小到对性工作者、同性恋者进行的性健康知识教育、同伴教育等，都是性教育的重要内容；就多性伴行为和非保护性性行为干预而言，包括学校、家庭和社会等不同方面开展的性教育是一个不可或缺的重要手段。我们以针对婚前性行为和青少年第一次性行为低龄化而进行的学校性教育为例。我们知道，婚前性行为和青少年第一次性行为低龄化是造成多性伴的一个重要因素；在校大学生已经成为艾滋病的一个高危人群，主要原因有二：一是大学生在观念上已经较为普遍地接受了婚前性行为，导致大学生的婚前性行为快速增加；二是大学生的性健康意识普遍不足，在性行为中不使用或不会正确使用安全套。因此，对此类行为干预的一个重要手段即是性教育。对包括大学、中小学在内的在校青少年而言，针对不同的年龄特征和知识结构对其进行性教育，帮助他们了解性知识，树立正确的婚恋伦理和性道德观念，增强性安全和性健康意识，是解决在校青少年危险性性行为的关键。

（二）新中国性教育政策及其倡导的基本历程

中国的性教育最早可以追溯到 1909 年：鲁迅在浙江杭州的一个初级师范学堂最早开设性健康知识课。但性教育真正受到重视是 1949 年新中国成立之后的事情。我们可以把新中国性教育政策及其倡导的基本历程分为以下三个阶段。

第一阶段：1949—1977 年。新中国成立以后，党和国家非常重视青少年的性健康教育问题。1954 年，刘少奇在一次座谈会上向卫生部提出了编写一些卫生常识方面书籍的要求。1955 年，王文彬、赵志一、谭铭勋三位医生共同编写《性的知识》一书。毛泽东在 1957 年党的八届三中全会上提出要在中学增开一门节育方面的课程。1963 年，周恩来在全国卫生科技规划大会上提出要对青少年进行青春期的性卫生知识教育。1975 年教育部、卫生部在《中小学卫生工作的暂行规定》中要求"加强性卫生教育"。这一时期，还出版了一些与性的问题有关的著作。如罗炳臣的《性与婚姻》（上海文通书局 1950 年版）、王文彬等的《性的知识》（人民卫生出版社 1956年版）等。特别值得一提的是，1954 年中孚图书出版社出版了高云汉编著的《性教育与性卫生》，这是新中国第一部关于性教育问题的著作。这些著作的出版打破了性教育在中国传统社会一直受到禁锢的局面。但是，由于意识形态特别是"反右"和"文化大革命"的影响，性教育在这一时期总体上缺乏足够的空间。一些性教育方面的倡导者和先行者受到批判和打击，性知识和性教育方面的书籍遭到禁止，情侣之间在公共场所的拥抱、接吻等行为都被视为流氓行为。公开的正规渠道被堵，人们只得寻求"地下"渠道，如《少女之心》这样在地下流传的手抄本是 20 世纪 70 年代青少年性启蒙与性教育的一个重要途径。

第二阶段：1978—1993 年。1978 年党的十一届三中全会之后，基本被中断的性教育随着思想的解放而获得了全新的发展空间。这一时期，陆续出台了一系列有关性教育的政策措施，出版了一系列有关性教育的论著。如1978年教育部颁布的《生理卫生大纲》（试行草案）、1979年教育部、卫生部联合印发的《中小学卫生工作的暂行规定》、1980年教育部颁布的《高等学校卫生工作暂行规定（草案）》都要求加强卫生教育。1981年国家教委决定在高中增加一门课程——"人口教育"，专门对高中生进行人口和性知识方面的教育。同时，许多有关性教育的论著纷纷问世，如谢柏樟的《青春期卫生》（北京出版社1978年版）、阮芳赋的《我们的身体》（北京出版社1980年版）、胡廷溢的《性知识漫谈》（北京出版社1980年版）、吴阶平的《性医学》（科技文献出版社1982年版），等等；同时，《大众医学》《中国青年》《健康报》《中国妇女》等杂志或报刊发表了许多有关性教育的文章，有力推动了性教育的发展。

　　1985年以张贤亮的小说《男人的一半是女人》和阮芳赋主编的《性知识手册》（科技文献出版社1985年版）为标志，在性教育取得了重要突破。正是在这一年，上海大学刘达临教授在上海举办了性教育讲习班。上海市教育局确定以98所中学为第一批性教育试点学校，并于1986年向初一年级开设《青春期常识》课。上海教委把上海社科院姚佩宽研究员主编的《青春期教育》确定为指定教材。1987年，吴阶平在《中国心理卫生杂志》发表文章《开展青春期性知识和性道德教育刻不容缓》，指出："我国的性教育与资本主义国家不同，在介绍性知识的同时，应着重进行性道德教育。"[1] 1988年国家教委、卫生部和国家计生委联合发布《关于在中学开展青春期教育的通知》，明确规定了青春期性教育的内容、工作方针和原则。1990年6月教育部和卫生部联合发布的《学校卫生工作条例》规定："普通中小学必须开设健康教育课，普通高等学校、中等专业学校、技工学校、农业中学、职业中学应当开设健康教育选修课或者讲座。"1991年第七届全国人大常委会第二十一次会议通过《中华人民共和国未成年人保护法》，也对未成年学生的青春期教育作了明确规定。1992年卫生部、国家教委和全国爱卫会联合印发《中小学健康教育基本

---

① 吴阶平：《开展青春期性知识和性道德教育刻不容缓》，《中国心理卫生杂志》1987年第3期。

要求（试行）》、1993 年国家教委发布《大学生健康教育基本要求（试行）》，两个文件分别提出要对中小学生、大学生进行性生理、性心理和性道德教育。

此外，值得注意的是，这一阶段还诞生了一些性教育方面的专门刊物。1988 年深圳发行了我国第一个以《性教育》命名的内部刊物；1990年广东省计划生育性教育学会创办了性教育科普杂志《人之初》；1992 年中国性学会（筹）和北京医科大学共同创办了《中国性学》（后改名为《中国性科学》）。此外，一些学术期刊、大学学报和综合性报纸杂志都刊发了许多性教育方面的文章，为推进我国的性教育作出了积极贡献。

第三阶段：1994 年到现在。1994 年第三次联合国国际人口与发展大会发表了《关于国际人口与发展行动纲领》，指出"要满足青少年教育和服务的要求，使他们能够积极地、负责地对待性的问题"①。中国政府响应大会倡议，先后出台了一系列政策措施。1995 年国家计生委颁布《中国计划生育工作纲要（1995—2000 年)》，提出要在中学有关课程中进行青春期教育。1998 年国务院印发《中国预防与控制艾滋病中长期规划》（1998—2010 年），提出"到 2002 年，普通高等学校和中等职业学校新生入学预防艾滋病、性病健康教育处方发放率达 100%；普通初级中学要将艾滋病、性病预防知识纳入健康教育课程"。2001 年《中华人民共和国人口与计划生育法》规定"学校应当在学生中，以符合受教育者特征的适当方式，有计划地开展生理卫生教育、青春期教育或者性健康教育"。教育部 2001 年颁布的《中小学健康教育基本要求》、2003 年颁布的《中小学生预防艾滋病专题教育大纲》和《中小学生毒品预防专题教育大纲》，对中小学的性教育都提出了明确的要求。2006 年，国务院办公厅印发了《中国遏制与防治艾滋病行动计划（2006—2010)》对校内外青少年艾滋病防治和无偿献血知识的知晓率提出了具体要求和时间表。2008 年 12 月1 日教育部制定了《中小学健康教育指导纲要》，完善了从小学到高中各阶段性教育知识体系的要求。2011 年中国颁布的《中国儿童发展纲要（2011—2020)》明确规定将性与生殖健康教育纳入义务教育课程体系。2011 年教育部发布《普通高等学校学生心理健康教育课程教学基本要

①　美国疾病控制中心：《性传播疾病治疗指南》，《性病情况简况》2002 年第 6 期。

求》，提出把大学生性心理和恋爱心理列入心理健康课程的一个主要内容。中国性学会 2012 年 3 月发布了《中国青少年性健康教育指导纲要（试行版）》，对青少年各个年龄阶段需要接受的性教育内容作了详细阐述。

同时，一些专家学者出版了一系列性教育方面的教材或著作。如2001 年黑龙江教育出版社出版了王滨主编的青春期性教育系列教材《初中生性教育》、《高中生性教育》、《大学生性教育》，经过 8 年的试用，2009 年黑龙江省在各级学校推广使用；2001 年在上海试点的学校使用了陈一筠主编的《青春期性健康教育读本》（分初中和高中两册；人民教育出版社 2001 年版）；2003 年 21 世纪出版社在南昌出版了阮芳赋主编的"全年龄全方位的科学性教育"系列丛书（共 9 册），包括《婴幼儿科学性教育》、《小学生科学性教育》、《中学生科学性教育学生读本》、《中学生科学性教育课堂读本》、《中学生科学性教育家长读本》、《大学生科学性教育》、《青年科学性教育》、《中年科学性教育》、《老年科学性教育》，2010 年北京师范大学出版社出版了刘文利主编的《珍爱生命——小学生性健康教育读本》，等等。

（三）当前我国性教育的基本现状

从我国性教育的基本历程可以看到，新中国成立以来，党和政府对性教育非常重视。特别是《中华人民共和国人口与计划生育法》（2001）、《中小学健康教育基本要求》（教育部，2001）、《中小学健康教育指导纲要》（教育部，2008）、《普通高等学校学生心理健康教育课程教学基本要求》（教育部，2011）等一系列法律和政策文件的颁布实施，为我国的性教育提供了法律和政策依据。经过几代教育、卫生等方面工作者的努力，我国的性教育从无到有、从点到面，取得了一些进展。但由于传统观念的制约，我国性教育在发展过程中面临着较大的阻力，总体进展比较缓慢，性教育的现实状况与实际需要之间还存有较大差距。

在中小学性教育方面，总体上还处于起步阶段。不容否认，国家在中小学性教育方面有明确的政策规定和要求。比如，1975 年教育部、卫生部在《中小学卫生工作的暂行规定》中就曾要求"加强性卫生教育"。此后，又陆续发布了一系列有关中小学性教育或健康教育方面的文件。但从总体上看，我国中小学性教育进展仍比较缓慢。早在 1980 年，上海市教育局就在个别中学开展了青春期性教育的试点。1985 年组织人员编写试验教材，1986 年上海市教育局在初中一年级开设"青春期常识"课。同年，出版了姚佩宽研究员主编的我国第一部青少年性教育的教学参考书《青春期教育》。1988 年，上海把青春期性教育的试点范围扩大到近 250 所中学。北京在 1984 年由教育局牵头成立了"青春期卫生教育课教研小组"，在 12 所中学开展了青春期性教育试点。1988 年北京市教育局明确要求学校在初中一年级开展 10—12 课时的青春期生理健康教育。至 1988 年年底，我国开设性教育相关课程的学校突破 6000 所。从表面上看，我国中小学性教育发展似乎非常迅速，但由于受到传统观念、应试教育等方面的影响，大部分学校都未能不折不扣地执行性教育方面的法律和政策规定，中小学性教育课的落实情况并不理想：一方面课时安排很少，而且被主课挤占的情况比较普遍；另一方面，在内容上主要停留在医学和健康层面，并被冠以"青春期教育"、"健康教育"、"卫生教育"以及"防艾教育"等名称，很少涉及性的实质性问题。进入 21 世纪，一些有识之士主张对性教育的内容和尺度进行突破，但很多试点都遭遇到了意想不到的困难。比如，2004 年深圳在 24 所中小学校进行性教育试点，并编写了专门的教材——《深圳市中小学生性健康教育读本》，内容包括一般生理卫生知识、怀孕、避孕和流产、同性恋以及性心理障碍等问题。但很快该教材受到许多家长的投诉，《读本》推广使用的范围很小。2003 年，重庆也出版了一套性健康教育教材，并在小学进行试点，但短短几年之后就被叫停，理由是"加重学生的学习负担"。北京制定了《北京市中小学性健康教育大纲》，并在全市 30 所中学和 18 所小学进行试点。特别值得关注的是，北京出版的我国首部"大尺度"的小学生性教育试点教材——《成长的脚步》于 2011 年 9 月北京朝阳区定福庄二小率先使用，但被许多家长视为不健康的"黄色"漫画而加以反对。不久，上海的首部性教育教材《男孩女孩》刚上架也被停售。

在大学生性教育方面，虽然在很大程度上实现了由点到面的发展，但从总体上看，大学生的性教育也仍未真正得到普及。2004 年中央印发的《中共中央国务院关于进一步加强和改进大学生思想政治教育的意见》、2005 年教育部等部门印发的《教育部卫生部共青团中央关于进一步加强和改进大学生心理健康教育的意见》（教社政〔2005〕1 号）以及 2011 年教育部印发的《普通高等学校学生心理健康教育工作基本建设标准（试行）》等文件均未直接涉及大学生的性教育问题。在上述三个文件的基础上，教育部 2011 年 5 月 28 日出台《普通高等学校学生心理健康教育课程教学基本要求》，规定把大学生性心理和恋爱心理列入心理健康课程的一个主要内容。从实践看，目前我国很少有大学把性教育方面的课程列入本科的基础课程。1985 年潘绥铭教授在中国人民大学开设性的历史研究课程，20 世纪 90 年代又开设性社会学课程。1989 年华南师大开设了《性科学与性教育》选修课。20 世纪 90 年代初华中师范大学也开设了《性生物学》《性科学概论》和《人类性学》等课程。1994 年首都师范大学健康教育中心为大三学生开设了一门公共选修课——"性健康教育"。1995 年北京大学陈守良教授开设了"人类的性、生育与健康"课程。2005 年中山大学张滨教授在北校区开设"性医学"公选课，2008 年又在南校区向非医学专业本科生开设"性与生殖健康教育"公选课。此外，上海交通大学、中央民族大学、浙江大学、四川大学等数十所高校都开设有性教育方面的课程。同时，许多高校还建立了促进性教育的学生社团，举办了有关性教育的讲座。如华中师范大学成立了我国高校首个大学生性科学协会；清华大学红十字会学生分会推出同伴教育，通过讲座、情景表演和互动等形式普及性知识、性伦理。特别值得一提的是，2012 年 12 月，广东、上海、山西、湖北、湖南等地部分高校在广州举行了"海峡两岸性与生殖健康课程建设研讨会"，专门研讨性与生殖健康的课程建设问题，标志着我国高校的性教育实现了由点到面的突破。但是同时，由于受到传统观念的束缚，我国大学性教育总体上也仍处在起步阶段。表现在课程类型上，性教育基本都是设置为公共选修课；在内容上，除了少数高校的个别老师敢于突破，大多仍然有些遮掩、含糊，未能完全明明白白地"放到桌面上"进行。

总之，无论是中小学还是大学，我国的性教育仍然处在教育课程的边缘，是历来被忽略的课程之一，离真正普及还有相当大的距离。一方面，各方面客观形势的发展提出了普及性教育的要求，大学生也有接受性教育的愿望。在我们的实地调查中，针对一般公众的问卷调查结果显示，认为学校有必要开设性教育课程的占 78.7%，认为无所谓的占 13.2%，认为没必要的占 4.0%，不知道的占 4.0%；针对艾滋病感染者的问卷调查结果显示，认为学校有必要开设性教育课程的占 78.9%，认为无所谓的占 6.8%，认为没必要的占 5.6%，认为不知道的占 8.5%。这表明，在学校开展正规的性教育已经势在必行。另一方面，由于受到传统观念和社会道德环境的影响，我国的性教育无论是在普及面还是内容等各个方面都远未能满足现实需要。对此，在实地调查中，我们设计了"您认为我们目前开展的性教育（可多选）"的问题。针对一般公众的问卷调查结果显示，对我国性教育的状况，认为"学校排了课，但老师基本上不讲"的占 11.5%，认为"课堂和宣传材料中主要是生理方面的知识"的占 21.8%，认为"内容很少涉及新型的性道德观"的占 19.4%，认为"性教育从内容到方式都滞后于社会现实"的占 15.0%，认为"性教育总体上还比较封闭、落后"的占 21.8%，认为"说不清"的占 10.6%；针对感染者的问卷调查结果显示，认为"学校排了课，但老师基本上不讲"的占 11.0%，认为"课堂和宣传材料中主要是生理方面的知识"的占 22.1%，认为"内容很少涉及新型的性道德观"的占 12.8%，认为"性教育从内容到方式都滞后于社会现实"的占 15.4%，认为"性教育总体上还比较封闭、落后"的占 19.8%，认为"说不清"的占 18.9%。

另外，在家庭的性教育方面，虽然父母在性教育中的重要作用已经为人们所了解，我们的实地调查结果显示，32%的人认为性教育的责任在于家长（仅次于学校的 38.2%）。但事实上，性的问题几乎是中国家庭教育不敢触及的领域，绝大多数家长很少与子女谈论具体的与性有关的话题。黄盈盈、潘绥铭的调查数据显示，调查对象中从未与子女谈论过与性有关话题的父亲占 82.8% 至 85.8%，母亲占 83.0%。[①] 不少父母担心与孩子进行性问题的讨论会导致孩子过早发生性行为；有些家长甚至反对学校的性教育，如许多家长把我国首部"大尺度"的小学生性教育试点教材——《成长的脚步》视为不健康的"黄色"漫画而加以反对。

[①] 黄盈盈、潘绥铭：《中国少年的多元社会性别与性取向——基于 2010 年 14—17 岁全国总人口的随机抽样调查》，《中国青年研究》2013 年第 6 期。

二　当前我国性教育面临的伦理难题

应该说，目前我国的性教育已经有了充分的法律和政策依据，社会各界为此也付出了诸多努力，但总体进展仍比较缓慢，性教育的现实状况与实际需要之间还存有较大差距。其之所以如此，一个深层原因是当前我国性教育面临诸多伦理难题。归纳起来，主要有三个方面，即多元性道德之间的差异和对立、性知识教育与性道德教育的冲突、性教育单一化与性行为多样化之间的鸿沟。

（一）多元性道德之间的差异和对立

性道德作为社会生活中评价性事的善恶标准和调整两性关系和性生活应遵守的道德准则，具有相对性和不确定性，在不同的社会历史条件下，不同的阶级和阶层、不同的主体都可能存在不同的性道德标准。当前，我国社会的性道德呈现出多元化的态势，多元的性道德之间的差异和对立是当前我国性教育面临的一大伦理难题。

1. 中西方性伦理观念的差异

当前我国社会既存在着由传统社会承延下来的性伦理，也存在随着改革开放从西方社会传入的性伦理思潮和观念。由中西方两种性伦理观念之间的差异与冲突导致的一定程度的性价值观多样化，是我国社会性道德多元化的一个重要表现。具体地说，中西方两种性伦理观念之间的差异与冲突表现在两个方面：一是性行为目的方面的差异。在中国传统性伦理观念中，生殖和传宗接代是性行为的首要目的，"不孝有三，无后为大"，性的生殖目的被无限放大，性的愉悦、维系婚姻家庭和谐稳定的意义受到贬抑，单纯追求性的欢愉的观念和行为都是社会所唾弃的。这种观念甚至在今天仍然有很大的影响：不生育仍然被视为对父母和宗族的不孝，重男轻女的观念作为性的生死目的观念的延伸，在今天的中国也还一定程度地存在着。而在从西方传入的性伦理观念中，性的目的与意义的核心并非生殖，而是快乐。"在西方最重要的是个人情感，事情的道德与否通常取决于爱情是否为'真'，或双方是否'幸福'，如果是'真'的，那么夫妻分离或已婚男女之间的私通都是正当的。"① 与中国传统性伦理观念正好相反，西方认同性与生殖相分离，肯定和重视性的欢愉和快乐，重视人的性权利，不把婚姻作为性行为和性生活唯一道德的途径。

二是中西方性价值取向的差异。即性道德方面所体现的集体主义和个人主义精神和价值理念的差异。众所周知，中国文化是一种典型的伦理型文化，素有非常浓郁的集体主义精神传统。个人的性与婚姻关系往往牵扯许多方面，小到包括父母、子女在内的家庭、亲戚朋友，大到集体、社会和国家，人们不可能摆脱亲情和社会的评判和规范。因此，对很多中国人而言，道德评判、法律惩罚以及家庭等方面的约束是规制人们性行为和性生活的基本因素，人们的性活动必须服从集体、整体和社会秩序的需要。如果一个人在性方面违反道德或法律的行为被曝光，将面临身败名裂的结局。而西方社会强调个人利益和自由，这种个人本位的特点，决定了规制人们性行为的主要因素不是外在的道德和法律，而是个人内在的羞耻感和负罪感，因而在两性关系中更注重个人的感受。

目前，我国社会存在着中西方这两种不同的性道德价值取向，并在人们的实际生活中发生碰撞和交锋。一方面，中国传统性伦理从集体主义要求出发，强调性的生殖功能、强调两性关系秩序和社会道德风尚等，较少涉及性关系双方的感受与权利；而西方传入的性伦理观念正好相反。由于过分重视个人的感受和利益，易于造成对责任与义务的忽视，增加性病艾滋病等疾病传播的风险。另一方面，男尊女卑历来是我国传统社会性伦理中一个重要规范，正是男尊女卑这一规范使社会往往对男性的婚外性行为更为宽容，而对女性的婚外性行为更为苛责，往往会得到更多负面评价与道德谴责。而西方文化一般认可男女性道德标准的同一性。

2. 保守与开放两种性道德之间的差异和对立

目前，中国社会面临保守与开放两种性道德并存的局面。前者主要以儒家性道德为代表，在一定程度上具有禁欲型和家长制的特征，主张性与爱、性与婚姻的统一性；重视贞节、贞操，禁止婚前、婚外性行为，主张"从一而终"，反对离婚。这一传统在今天仍有不可忽视的重要影响。在家长制中，家长是一个家庭的核心，享有至高无上的权力，家庭成员必须

---

① 王健：《中西性观念差异及其导因》，《社会科学战线》2003 年第 3 期。

服从家长。具体到性的问题上，父亲对家庭的至上权力也延伸到对家庭成员的性行为的掌控之中，家长往往以爱和保护的名义对家庭成员个人的性行为施以控制，社会对此报以理解和赞同。这体现在性道德观上，表现为性的唯一目的是生殖；性的合法形式是父母之命和媒妁之言；忽视爱情与快乐在性生活中的地位。虽然，现在人们的自主意识和权利意识日益增强，国家赋予公民个人私生活越来越多的自由，但家长制思想观念的影响仍未从根本上消除。

开放的性道德正好相反。主张性与爱、婚姻互相分离、相互独立；甚至把性行为与握手、拥抱等一般行为相提并论，认为这些行为并无道德上的本质区别；性是当事者个人的私事，属于私人生活领域，只要不违背法律和一般道德规范，就可以自由发生，不应受到限制。在具体的性关系中，开放的性道德并不反对婚前性行为，甚至在很多情况下宽容婚外性行为，不歧视同性性行为，节欲不被提倡和鼓励，性的快乐被摆在最为重要的位置，人们可以自由地选择性行为方式来实现和满足性的快乐。

3. 性道德领域中的"主文化"与"亚文化"之间的矛盾和冲突

不言而喻，性道德领域中的"主文化"是为大多数社会成员所认同、接受或奉行的性道德标准、价值观念和行为方式，而"亚文化"则是少数人所认同、接受和奉行的性道德标准、价值观念和行为方式。目前，由于各种主客观因素的影响，我国性道德领域中"主文化"与"亚文化"并存，二者之间存在不同程度的矛盾和冲突。这种矛盾和冲突集中体现在道德标准与道德态度两个方面：

在道德标准方面，"主文化"强调主流和社会多数人的标准，并要求"少数人"群体也必须遵循这一标准；"亚文化"则反对在性道德标准上"一刀切"的做法，强调性道德标准的相对性，主张性道德的标准是每个人自己的内心感受。在婚恋观与生殖观上，"主文化"一般坚持性关系应建立在爱和婚姻的基础之上，生殖和生育是性行为的重要目的。"亚文化"的性道德标准与此迥然不同。以同性恋者为例。同性恋者认为性行为发生在异性还是同性之间无关道德；如果违反自己的内心，勉强结成异性婚姻甚至生育子女反而是不道德的。同时，同性恋和同性性行为的目的是情感、娱乐或感官的快乐；而异性恋和异性性行为的目的除情感、娱乐或感官的快乐之外，一个最原始、最基本的目的是生殖。特别是在中国的传统伦理观念中，生殖和生育历来是性行为最重要的目的和价值所在，而把追求性的快乐视为道德堕落的表现。

在道德态度方面，"主文化"往往以正统、正确、正当的面目出现，而"亚文化"的性道德则被视为异端，其认同的性取向与生活方式被认为是违反自然本性的，因而是不道德的。而在"亚文化"看来，大多数人的喜好并不是客观的性道德标准，自己的性倾向与道德并无关联，无须进行道德评价。仍以同性恋者为例。虽然在我国历史上不同时期对同性恋者的态度有所不同，在有些时期甚至对同性恋并不歧视，但从总体上看，同性恋历来没有获得过正当的地位。加上同性性行为的性病艾滋病易感性，同性性行为往往被与艾滋病相联系，甚至把艾滋病视为同性恋人群的疾病。但在"亚文化"看来，这是多数人对同性恋者的道德暴力，将同性恋与艾滋病画等号是不公平的，社会应给予他们应有的理解与尊重。

（二）性知识教育与性道德教育的冲突

如前所述，性知识教育与性道德教育是性教育两个最基本的内容，两者具有不同的内容与功能，科学的性教育应该是性知识教育与性道德教育的统一。但是目前，在我国的性教育中，两者之间在很大程度上是相互脱节甚至冲突的。主要表现在两个方面：

一方面，性道德教育对性知识教育存在明显的排斥。从总体上看，由于我国传统文化的影响，目前我国的性教育在一定程度上仍然表现出禁欲型的特质。性教育的一个直接目的是限制、约束人们的性行为和性关系，通过减少和阻止基于爱与婚姻之外的性行为和性关系，如婚前性行为、婚外性行为、低龄青少年的性行为等，达到防止非婚怀孕、疾病传播的目的。显然，这属于性道德教育的内容。但在性知识教育中，不可避免地涉及避孕和安全套的有关知识，很多人担心性知识教育会导致婚前性行为、婚外性行为和青少年性行为的低龄化。因为传播避孕套和安全套的有关知识，可能使人们特别是青少年产生错觉，即只要使用安全套就可以发生性行为，这无异于"诱导青少年发生婚前性行为"。

另一方面，性知识教育对传统性道德提出了挑战。性知识教育对传统性道德的挑战主要表现在：一是对传统性道德中"性神秘""性耻感"观念的挑战。不言而喻，性知识教育的一个基本要求是向受教育者传播正确、客观的性知识。为此，必须打破"性神秘"，不避讳谈论性的问题。但在中国传统的"性神秘""性耻感"文化下，性是不能登大雅之堂的低级事务，人们以谈性为耻，极少有人公开谈论性的话题。至于青少年性知识的获得，人们大多相信性知识可以依靠人自身的本能获取，不必专门进行教育。前面提到的家庭性教育存在的空白，一个重要原因即在于此。父母们往往根据自己的成长过程，认为不需要专门的性教育，孩子是完全可以获得性知识的，虽然可能不全面系统，甚至"不能言全"，但至少不会影响将来的性生活；而实施专门的性教育，反而有助长青少年性行为的低龄化。从这样的认识出发，面对青春期孩子的性方面的困惑，家长们大多是"避重就轻"，尽量回避搪塞，不愿或不敢从正面与孩子谈论性的话题。显然，这都是传统性道德中"性神秘""性耻感"观念影响的结果。性知识教育对此提出了严峻挑战。

二是对婚前禁欲和传统生殖观念的挑战。主张婚前禁欲，反对婚前性行为是我国传统性道德观念的一个重要内容。而性知识教育的主要目的是通过向受教育者传授性的生理、心理等方面的知识，帮助受教育者树立正确的性观念，增进人们的性健康，预防性病艾滋病。性知识教育虽然也离不开一定的规范和要求，但其本身并不直接涉及对婚前性行为的立场或态度，或者说并不直接否定婚前性行为。这对反对婚前性行为、主张婚前禁欲的传统性道德提出了严峻挑战。同时，传统儒家文化历来把性的功能和价值主要限定为生殖生育，抵制不以孕育儿女为目的的性行为。这一观念在今天仍有很大的影响。而在性知识教育中向受教育者传播的性方面的知识却包括对性的欲望与冲动的理解、对自慰行为的认知、性行为中性病艾滋病的防护等方面的内容，这些内容主要是为维护人们的性健康，而与性的生殖目的并无直接的关联，这也对传统的生殖观念提出了挑战。

（三）性教育单一性与性行为多样化之间的鸿沟

目前，我国社会性行为的多样化已是一个不争的事实，多样化的性取向、婚前性行为、婚外性行为、离婚以及青少年性尝试的低龄化等因素造成的多性伴行为广泛存在。但是同时，目前我国的性教育仍然比较单一，难以适应和满足规范多样化性行为的客观需要。

具体地说，我国性教育的单一性表现在以下几个方面：一是性教育对象的单一性。从我国性教育对象的年龄阶段看，主要集中在青少年特别是大学生和中学生，而对儿童和老年人的性教育需求未能予以应有的重视。其之所以如此，就儿童而言，一般人认为儿童由于受到身心发展阶段的限制，儿童都是懵懂无知的，不具备接受性教育的基础和能力，因而没有必要对儿童进行性教育。对于儿童阶段的孩子，只要注意其身体的成长和发育状况就行，如果对处于儿童阶段的孩子进行性教育，反而会诱发儿童的性早熟，损害儿童的纯洁性。就老年人而言，一般认为，人们对性兴奋的追求是与年龄成反比的，年龄越大对性的兴趣越弱。因此，与老年人谈论性的问题是很荒唐的事情，是对老年人的不尊重。应该说，这种认识在一定程度上反映了性行为与人的生理特征的关系。但是，性行为不仅与人的生理特征相联系，还与人的心理特征相联系。老年人仍然不同程度地具有性的需求。当然，老年人的性需求不一定是一般的性交，可能是接吻、拥抱等刺激性感受。如第一章所述，我国老年人感染艾滋病的比例上升明显，其主要途径是性传播，这一情况表明，开展对老年人的性教育不仅是促进老年人性健康的需要，也是艾滋病危险性性行为干预的客观需要。

二是性教育内容的单一性。这主要表现在性知识教育方面。目前，我国的性知识教育的内容主要停留在人的身体和生理结构、避孕、性病艾滋病等性传播疾病的防护、安全套的有关知识等方面。这在学校的性教育方面表现得更为明显。在学校的性教育中，由于缺乏专门从事性教育的老师，承担性教育任务的主要是生理卫生、生物学方面的老师，性教育的内容多为生理卫生常识，如人在青春期的生理、心理特征及变化，艾滋病的基本常识等，很少能够正面谈论性的话题。性教育内容的单一性造成的结果是很多中小学生知道艾滋病，甚至知道艾滋病的危害和传播途径，但不了解人在各个年龄阶段的身体发育变化情况，不清楚自己身体特别是性器官的发育情况，甚至对自己性器官的变化感到害怕。显然，这种把内容仅停留在性生理知识、性传播疾病预防等方面的性教育并不是全面的性教育，在很大程度上脱离实际。同时，在性道德教育方面，与艾滋病防治的传统公共卫生进路相一致的恐吓策略，使得性道德教育主要停留在婚前、婚外性行为的危害特别是艾滋病危险性和不道德性等方面，未能在性知识教育的基础上，引导受教育者正确认识、合理处理两性关系，帮助受教育者树立正确的性道德观念观念。

　　三是性教育目标导向的单一性。从"青春期教育""健康教育""卫生教育"以及"防艾教育"等名称可以看出，我国性教育主要以性生理健康为导向，目标显得过于单一。究其原因，主要有两个方面的因素：一方面，从教育主体看，在我国中小学进行性教育的老师主要是生物老师，受自身的知识背景的影响，性教育大多仅停留在生理卫生知识，而对性的社会方面少有涉及；另一方面是性教育的工具化或者功利化，即把性教育的功能主要放在防止性传播疾病的滋生及蔓延、避孕等方面。特别是艾滋病疫情形势严峻的情况下，性教育被视为防控艾滋病的一个重要方面，因此，以性生理健康为目标导向，通过传授推广使用安全套、预防艾滋病的有关知识，就能实现救急的功能。显然，在艾滋病防控背景下匆忙开展的性教育，难免有"头痛医头、脚痛医脚"之嫌，不能完整实现性教育的应有功能。

　　此外，我国性教育的单一性还表现在教育形式上。比如，学校的性教育大多局限在课堂上，老师讲授的方式非常传统、单一，如向学生解说人体解剖图、给学生放映艾滋病病毒等方面的幻灯片等，对一些敏感的知识往往"绕道而行"。这样的教学形式很难对学生产生足够的吸引力。

　　这样，一面是单一的性教育，一面是人们日益多样化的性行为，单一的性教育由于脱离实际，不能满足形势发展的要求，无法帮助社会普及性知识，无法帮助人们养成正确的性观念，因而难以指导和有效规制多样化的性行为。由于接受不到正规的性教育，大多数人只能从一些非正规的渠道了解性知识。我们针对艾滋病感染者的调查数据显示，在获得性知识的途径中，书报杂志占 33.5%，影视录像占 27.4%，网络媒体占 13.4%，公共场所的谈论占 7.9%，同学和朋友占 7.6%，而学校老师和家长是排在最后的两个途径，其中，通过老师的占 2.9%，通过父母的仅占 1.7%（其他占 5.5%）。针对一般群众的调查结果与此大同小异：书报杂志占 27.2%，同学和朋友占 23.2%，影视录像占 11.3%，网络媒体占 16.9%，公共场所的谈论占 6.6%，老师占 5.6%，父母仅占 0.3%（其他占 8.6%）。由于网络媒体、公共场所谈论、同学和朋友等渠道的信息良莠不齐，甚至存在许多错误的知识或信息，因此，从这些非正规渠道获取性知识有很大的局限或风险，特别是一些错误的性知识和信息会误导青少年，不仅不能帮助他们获取性知识，还可能使其形成错误的性观念。

三 解决我国性教育面临的伦理难题的对策

解决我国性教育面临的伦理难题，必须树立开放、平等、全民终身的性教育理念；在正视社会性观念变化的基础上更新性道德观念；坚持科学原则，实现性知识教育与性道德教育的统一；全面推进学校、家庭、社会性教育；充分发挥政府、民间组织、健康教育宣传员和同伴教育宣传员在性教育中的作用。

（一）树立开放、平等、全民终身的性教育理念

解决我国性教育面临的伦理难题，首先必须正视当前我国性行为多元化的客观事实，打破以谈性为耻、"谈性色变"的传统观念的束缚，树立开放、平等、全民终身的性教育理念。

1. 树立开放的性教育理念

如前所述，性教育是通过向受教育者传授性以及与性有关的知识，提高受教育者对性知识的知晓率，提升性健康意识和性道德等方面的水平，并以此指导自身的实际行为和活动。从终极意义上说，性教育的根本目标应该是保护受教育者。但我国的性教育在很大程度上被视为"灭火器"，即通过给受教育者灌输性病艾滋病的风险，使其因为害怕而减少或改变危险性性行为。树立开放的性教育理念，意味着冲破传统禁锢观念的束缚，直面人的性欲望，不以谈性为耻，不回避搪塞性的本质问题；意味着公开、全面地开展性教育，教育者不带主观喜好和偏见传授性知识，客观展示性的生理、心理、道德、法律及社会等一切与性有关的问题。

同时，树立开放的性教育理念，还要求避免使性教育成为唯理智教育。唯理智教育是以传授知识、开发理性能力为唯一目的，借助于具有固定含义的语言、概念、逻辑、科学等理性的手段和工具来实施的教育。[①] 具体到性教育，唯理智教育表现为只注重性知识特别是生理卫生知识、艾滋病知识、安全套知识的传播，轻道德教育，特别是情感经验、感受能力的培养。为此，必须树立和坚持开放的性教育理念，在性教育中突出性道

---

① 李建华：《道德情感培育的社会举措》，《吉首大学学报（社会科学版）》2000 年第 3 期。

德教育和情感层面的内容，实现性知识教育与性道德、生命情感教育的统一，做到"晓之以理、动之以情"。

2. 树立平等的性教育理念

这里讲的平等，主要包括两个方面：一是教育者与受教育者之间的平等，要求教育者在认识和处理自己与受教育者的关系时，思想上肯定受教育者的人格和尊严平等，尊重其主体地位；行动上采取"朋友式"的平等交流和对待。二是受教育者之间的平等，要求教育者平等地、一视同仁地对待受教育者。其中，最重要的有两个方面：一方面要实现一般人群与性工作者、同性恋者、双性恋者等少数人的平等。教育者在面对这些少数人群体进行性教育时，切实做到不回避、不歧视，引导受教育者理解与宽容少数人群，营造平等、宽容的社会环境。另一方面，要注意避免性别歧视。虽然，现代社会男女平等的观念日渐深入人心，但由于男女两性存在的客观差异和男尊女卑等传统观念的影响，男女不平等的观念和现象仍然存在。这一情况也不可避免地影响到性教育。在性教育的过程中避免性别歧视，要求教育者客观认识两性差异，树立正确的性别观念，认同男女性别平等的价值。

3. 树立全民终身性教育理念

树立全民终身的性教育理念也是现代性教育的本质要求。客观地说，性是伴随人的终生的一个重要属性。作为伴随人的终身的属性，性在包括婴儿、幼儿、少年、青年、成年以及老年的人生各个阶段有不同的特点与要求。与此相适应，性教育也应伴随人的终生，同时在不同阶段有不同的侧重。如儿童时期的启蒙性教育应侧重性别和性防范意识方面的教育；少年时期的基础性教育应侧重于性生理卫生和性规范方面的教育；青年时期侧重于性安全和性健康、婚恋道德和性道德教育；成年时期侧重于提高夫妻性生活质量和保健教育、防止婚外性行为、乱伦的道德教育以及如何对子女开展性教育；老年时期侧重于老年人性生理和性行为变化规律方面的教育。

树立全民终生的性教育理念，一方面，要使人们正确认识性的问题，特别是性的终生属性和性教育的终生要求；另一方面，在进行性教育的过程中，要根据不同年龄阶段受教育者的特点和要求，根据受教育者不同的生活经验与知识储备、不同的道德关系与觉悟水平不同，要着眼于受教育者的性健康和幸福开展教育，而不能不加区别地用同样的内容或同样的标准对不同年龄阶段的人进行教育。如在对大学生进行性教育时，要着眼于大学生未来的幸福生活，使其了解性的心理作用，同时加强婚恋观和性道德教育；而在对老年人进行性教育时，则应侧重于在肯定老年人的性欲望与性权利的同时，突出以科学健康的方式追求终身性健康等方面的内容。

（二）正视社会性观念的变化，更新性道德观念

性道德教育是性教育的一个非常重要的内容。当前我国性教育面临的一大伦理难题即是性道德教育对性知识教育的排斥。这表明我国社会性道德在很大程度上已经不符合人们性观念变化的实际，不适应性教育发展的客观要求。为此，必须在正视人们性观念变化的基础上更新社会的性道德观念。

1. 提倡男女平等的贞洁观和负责任的性行为观念

贞操观念是我国传统性道德观念的一个重要内容。在传统社会，贞操观念仅仅针对女性，是男尊女卑的一个典型表现。它要求女性婚前保护贞洁并坚持从一而终，这实质上是在贞操的名义下限制、禁锢女性的性和婚姻自由，即女性只履行义务、不享受权利的贞操观念。能否保护贞操，是衡量女性道德品性的一个十分重要的因素甚至是决定性因素，一个不能保护贞操的人将会遭到全盘否定，受到各种难以想象的惩罚。随着社会的发展，这种贞操观念逐渐退出历史舞台。由于各种主客观因素的影响，特别是西方性自由、性解放等思潮的影响，当前我国婚前性行为在很大程度上已经为大众所宽容，潘绥铭教授甚至认为当前我国公众已经全面接受的婚前性行为，而我国法律对婚前性行为持不干预的态度。在这样的背景下，一方面，要重树贞洁观念，使人们严肃对待性的问题；另一方面，要摒弃传统的由女性单方面承担义务的贞操观，而提倡男女平等的贞洁观和负责任的性行为观念。

坚持男女平等的贞洁观，要求无论男性还是女性都以审慎的态度对待恋爱、婚姻和性的问题，主张建立在爱情基础上坦诚相待、忠诚专一的两性关系；守贞作为一个道德准则，不再是仅对女性的要求，而是对男性和女性双方的要求。负责任的性行为观念强调谨慎的、负责任的性行为，意味着男女双方对性行为的自我约束，并共同承担性行为的后果与责任；那

种认为人对自己的身体拥有绝对支配权，以追求性快乐为原则，认为性结合与社会无关、与道德无关，只要双方自愿便可发生性行为的观念是必须摈弃的。

具体地说，性行为的责任包括对社会负责和对性行为的后果负责两个方面。所谓对社会负责，是指性行为要符合社会规范，不违背基本社会公德；所谓对性行为的后果负责，指的是对对方的生理、心理健康以及由此连带产生的其他方面的事务负责，如对怀孕、对下一代负责。以婚前性行为为例。我们知道，恋爱失败无关道德，对恋爱失败无须进行道德评判，但其中更应强调男性谨慎、负责任的性行为观念。由于女性生理的脆弱性，女性比男性面临更大的健康风险，因性行为而受到的各方面伤害也远大于男性，因而必须提倡男性谨慎、负责任的性行为观念，着重强调男性在性行为中的义务与责任。

2. 提倡与抵御人类健康风险要求相适应的性道德观念

早在 1998 年，中国健康教育研究所朱琪教授就曾提出过抵御艾滋病的人文机制和文化力量："我国社会很可能存在抵御艾滋病迅速蔓延的人文机制，一种可以有效延缓艾滋病流行的文化力量。如果我们能认真发现和正确认识产生这种力量的源泉，也就找到了我国预防和控制艾滋病流行的策略基础。"① 我们认为，这种能抵御艾滋病的人文机制的一个重要内容就是性道德，即提倡与抵御人类健康风险要求相适应的性道德观念。

具体地说，与抵御人类健康风险要求相适应的性道德观念，要在倡导男女平等的贞洁观和负责任的性行为观念的基础上，提高人们的性健康意识，将健康作为预防艾滋病的基本价值理念。为此，艾滋病预防理念必须实现从"救亡"向"健康"、从一般公共卫生进路向宽容策略的转变。在我国艾滋病防控初期，基本上是遵循着"救亡"、一般的公共卫生进路进行的。先是把艾滋病视为外国人的、由资本主义腐朽生活方式产生的疾病，接着又把艾滋病防控与社会主义精神文明建设相联系，甚至在一定程度上加重艾滋病的道德化、政治化、污名化倾向，强调艾滋病的危险性和艾滋病对经济与社会发展甚至民族和国家安全和稳定的影响。结果导致人们对艾滋病传播的具体途径和细节并不了解，仅有对艾滋病的极度恐怖的

---

① 朱琪：《传统文化：我国预防和控制艾滋病的策略基础》，《性学》1998 年第 2 期。

大致印象，甚至出现对同性恋人群的"艾滋病污名"；艾滋病患者则选择"隐姓埋名"继续生活，进而大大增加了艾滋病传播的风险，增加了艾滋病预防的难度。因此，必须转变性道德观念，实现从"救亡"向"健康"、从一般公共卫生进路向宽容策略的转变，提高公民的性健康防护意识，使人们认识到艾滋病防治的目的是为了个人健康和公共健康。只有这样，才能促进人们对艾滋病预防政策措施的理解和支持。

（三）坚持科学原则，实现性知识教育与性道德教育的统一

如前所述，性知识教育与性道德教育作为性教育的两个基本内容，在我国性教育仍然存在相互脱节或冲突的情况。进一步推进我国性教育，必须实现二者的相互促进、有机统一。

事实上，性知识教育和性道德教育是性教育不可或缺的两个方面，只谈性知识教育或只谈性道德教育都是不科学的。就两者之间的关系而言，性知识教育是性道德教育的基础，性道德教育是性知识教育的升华。性知识教育主要解决"知"的问题，性道德教育则主要解决"行"的问题。性知识教育作为性教育的重要内容与基础环节，对科学地破除性无知与性神秘有重大意义。但是同时，性教育的最终目的是要解决人们在性的问题上的"知"与"行"的矛盾，实现"知"与"行"的统一。为此，光凭性知识教育显然是无能为力的。在性知识教育基础上加强性道德教育是不可或缺的重要一环。其中，价值观念与道德观念十分重要，而正确的性价值观与道德观的形成，取决于性道德教育的实际效果。

我们认为，要解决性知识教育与性道德教育的脱节与冲突，必须在性教育中贯穿科学原则，以科学原则为指导开展性知识教育和性道德教育。具体地说，就性知识教育而言，坚持科学原则就是要做到客观、准确、全面。一方面，不能把性知识教育局限于生理卫生教育而忽视心理方面的教育。应该说，心理方面的健康也十分重要，甚至比生理方面的健康更为关键。因此，性知识教育除了生理卫生方面的教育之外，也要注重性的心理方面的教育，如"性别"与"社会性角色"、性生理与心理之间的关系、性的社会卫生等，都应成为性知识教育的重要内容。另一方面，不能将性知识教育等同于性病艾滋病预防知识教育。性病艾滋病预防知识教育的确应该作为性知识教育内容的一个重要方面，但并不是性知识教育的全部。

如果把性知识教育等同或局限于性病艾滋病预防知识教育，势必造成人们性知识的不完整，导致性知识教育与性道德教育的脱节甚至冲突，从长远看，不利于人们形成健康的性观念，不利艾滋病预防。

就性道德教育而言，坚持科学原则就是要将性道德教育建立在性科学的基础之上，与一定社会的政治、经济、文化与风俗相适应，符合和体现性道德教育的特征和规律。具体地说，建立在性科学基础之上的性道德教育，首先要求从正面、客观、积极地对待性的问题，评价行为关系时做到理性、客观，不掺杂个人主观偏见；坦然面对敏感问题，不避讳也不夸张；正常对待受教育者在性的问题上的好奇心，不视之为粗俗下流而简单否定。科学的性道德教育应与我国经济与社会发展水平，特别是与我国的文化传统和社会现实婚恋伦理和性道德状况相适应，同时又能辩证认识世界其他文明特别是西方的性文化和性道德。同时，人的道德观念的形成是一个渐进的过程，性道德教育的过程也具有渐进性。因此，科学的性道德教育应遵循道德教育的客观规律，不能急于求成。

就性知识教育与性道德教育的结合而言，坚持科学原则就是要实现性知识教育与性道德教育的相辅相成和有机统一。以学校的性教育为例。目前，在我国学校的性教育中，性知识教育与性道德教育还不平衡，存在明显的脱节现象。性教育主要表现为不全面的性知识教育，性道德教育成为性教育中的难点和弱点。比如，很多人了解性生理知识，也知晓正确使用安全套的重要意义和方法，但在面对自己的亲人、子女、配偶、朋友的问题时却羞于回答，自己的性知识与性道德之间发生明显的冲突。对一些所谓"大尺度"的性教育教材、安全套广告等存在的很多争议，在很大程度上就是人们性知识与性道德冲突的表现。为此，必须将性知识教育与性道德教育同时并举，学校在开设性知识教育类课程的同时，开设性伦理学、性法学、性社会学、性心理学等方面的课程。政府应在有关性教育的法律、政策文件中，明确规定性知识教育与性道德教育；甚至可以直接颁布性教育大纲，对性知识教育与性道德教育两方面的具体内容作出明确规定。

（四）全面推进学校、家庭、社会性教育

学校、家庭和社会是性教育的三个不可或缺的领域。其中，学校是性

教育的主阵地，家庭是性教育的重要基础，社会的性教育是学校教育和家庭教育的重要补充。解决当前我国性教育的难题，进一步推进我国的性教育，必须全面发挥学校、家庭与社会在性教育中的作用，形成三位一体性教育的合力。

1. 强化学校在性教育中的主阵地作用

学校是青少年集中的地方，有师资、设备等各种软硬件条件，应该充分发挥学校在性教育中的主阵地作用。对学校的性教育，我们有以下三个方面的建议：一是在 2008 年教育部颁布的《中小学健康教育指导纲要》、2011 年教育部发布的《普通高等学校学生心理健康教育课程教学基本要求》以及中国性学会 2012 年发布的《中国青少年性健康教育指导纲要（试行版）》等政策文件的基础上，针对大、中、小学生不同阶段的学生，制定专门的"性教育指导纲要"。在名称上，直面"性教育"，不再用"青春期教育""卫生教育"以及"防艾教育"等名称；在具体内容上，对性知识教育与性道德教育两个方面作出明确规定；在适用对象上，根据大、中、小学生不同年龄阶段的特点，有目的、有计划、有层次地实施系统的性教育，增强各年龄阶段性教育的针对性。

二是加强性教育方面的课程和师资队伍建设。建议把性教育课程规定为必修课。在大、中、小各级学校就性知识教育、性道德教育两个方面开设两门必修课，规定一定数量的课时，任何情况下都不允许占用。同时，参照体育教师师资队伍，在各级各类学校设置一定比例的专门师资岗位。

三是加强对学校性教育课程的监管。可以由教育行政部门和卫计委共同负责，对学校性教育课程的落实情况进行监督检查，对性教育课程落实不到位的学校和相关责任人予以严格问责。

2. 重视家庭在性教育中的基础性作用

家庭是人生教育的第一课堂，也是性教育的第一课堂，在性教育中具有重要的基础性作用。父母作为子女的第一任老师，也是性教育方面的启蒙老师。但如前所述，由于很多家长未能真正实施有效的性教育，加上很多学校的性教育也很薄弱，当孩子面临性的困惑时只能转向网络、影视、朋友等其他途径寻求解答，其中一些存在偏见甚至错误的性知识对孩子产生了严重的负面影响。可见，加强家庭性教育也是破解当前我国性教育难题的一个重要方面。

受传统家长制观念的影响，很多家庭教育都是家长式的说教，效果并不理想。性教育也不例外。大部分家庭并没有真正地进行过性教育，进行过性教育的家庭主要也是家长式的管束或说教。我们认为，在家庭开展性教育，首先要注意营造和睦、宽容、友爱的家庭氛围，父母应尊重孩子的人格，以平等的朋友式沟通代替对孩子的命令、指责。其次，父母要在正视性的问题的基础上，坦然开展家庭性教育。孩子并不会天生自动地获得性知识。如果父母对性的问题讳莫如深，在与孩子讨论性的问题时遮遮掩掩，会增强孩子对性的问题的神秘感和羞耻感，就难以改变"谈性色变"的状态，不利于孩子获得正确的性知识、形成正确的性观念。

为此，我们的建议是，从改变家长入手，促进我国家庭的性教育。第一，宣传部门要开展家庭性教育方面的宣传（如在电视等媒体上播放家庭性教育方面的公益广告等），在全社会形成"重视家庭性教育"的环境和氛围；第二，由卫计委牵头组织专家编撰"家庭性教育手册"，对各个年龄阶段孩子性教育的内容、方式方法等作出具体的说明。

3. 发挥社会在性教育中的辅助作用

社会的性教育是学校和家庭性教育的重要补充。开展社会的性教育，有利于人们了解性知识，确立正确的性道德标准，形成正确的性道德观念。

这里讲的"社会"，指的是在学校、家庭之外的领域。从内容上看，社会的性教育主要包括两个方面的内容：一是宣传普及正确的性知识和性道德观念；二是营造有利于促进学校和家庭性教育的社会环境和舆论氛围。此外，针对一些特殊人群开展的性教育，如高危人群干预工作队、志愿者等在性工作者、同性恋者中开展性教育也在社会的性教育之列。在社会层面开展的性教育，应注重引导人们以直面坦然的态度面对性的问题，既要改变那种在性的问题上遮遮掩掩的回避态度，也要避免急功近利、狂风骤雨式的灌输和宣传，尤其要避免为了吸引眼球而进行刻意的渲染和危言耸听的宣传。

在社会的性教育中，应充分发挥媒体的作用。在现代社会，各级各类媒体在信息传播中的作用越来越大，在社会的性教育方面可以而且应该发挥重要作用。媒体及其从业人员要恪守职业道德，向社会提供客观准确的性方面的知识信息，帮助人们了解正确的性知识，树立正确的性道德观念；同时，帮助人们树立重视家庭与学校的性教育的观念，形成与此相适应的社会舆论氛围。为此，必须进一步加强对媒体从业人员的规范、培训和教育，加强对媒体的监督和管理。

（五）发挥政府、民间组织、健康教育宣传员和同伴教育的作用

1. 发挥政府在性教育中的主导作用

政府在性教育中的主导作用主要表现在三个方面：一是制度保障。不言而喻，由政府制定符合实际的好的制度和政策是性教育的先导和制度保障。特别是学校的性教育，从内容到形式，从初级、中等教育到高等教育，从课程设置到师资配备等各个方面，政府都应形成规范的制度。目前我国学校的性教育已经有了一些制度和政策，但仍不完善，一些内容已经不适应当前我国社会发展的实际，一些亟须的内容尚存在空白。为此，政府必须尽快补充、完善从小学、中学到大学各个阶段的性教育的制度和政策，为我国学校的性教育提供充分的法律依据和制度保障。二是指导或参与。政府的一些部门，如教育部门、卫计委等对性教育工作不仅具有直接指导作用，而且是性教育的直接组织者和参与者。在性教育的具体实践中，要将教育部门的计划与卫计委、疾控部门的工作相结合，加大教育部门在性教育工作中的比重，卫计委特别是疾控部门的一个直接职责是组织开展相关目标人群的性教育，对青少年特别是学校的性教育主要起指导作用。正如国家性艾中心主任吴尊友所说的，"性艾中心的首要职责，还是对艾滋病的控制与预防，青少年的性教育更多地应由教育部门承担"。三是为性教育工作提供人力、物力、财力保障，包括性教育方面的师资队伍建设、教材等各种软硬件设施和设备以及必要的经费等。

2. 发挥性民间组织、健康教育宣传员和同伴教育宣传员在性教育中的特殊作用

如第三章所述，随着艾滋病形势的发展，我国先后出现的一些民间组织，积极投身于我国的艾滋病防治工作，承担了政府在艾滋病防治中的部分职能，与政府部门开展了较为广泛的合作。其中，许多工作都或直接或间接地涉及性教育，在我国性教育中发挥了独特作用。目前，进一步发挥民间组织在性教育中的作用，主要应针对我国民间组织的地位和活动空间和相对有限、所处的法律和政策环境有待进一步改善的状况，在加强对民

间组织管理监督的基础上，尊重民间组织的主体地位和作用，改善民间组织从事艾滋病防治的法律和政策环境，以推动包括许多草根组织在内的民间组织更为广泛的参与。

同时，要充分发挥健康教育宣传员和同伴教育宣传员在性工作者、同性恋者等"少数人"群体性教育中的特殊作用。其中，健康教育宣传员是从卫生、计生、妇联及民间组织（如红十字会）等部门选择出来，富有责任心、工作能力较强的人员。健康教育宣传员都是有志于从事艾滋病高危行为干预的人员，他们对目标人群的行为和活动有充分了解，在与目标人群接触时，能够设身处地站在目标人群的角度以"帮助者"的身份与之进行交流和沟通，因而能够取得目标人群的信任。比如，就性工作者的教育而言，让健康教育宣传员定期深入娱乐场所进行宣传教育，包括提供咨询、宣传艾滋病的有关知识以及进行性病艾滋病预防方面的培训等。同伴教育宣传员则是根据各地实际情况，从娱乐场所等地方挑选的具有一定影响力和人际交流能力的性工作者或同性恋者，培训他（她）们作为同伴教育宣传员。在发挥同伴教育宣传员的作用方面，要把好人员挑选关，要通过健康教育宣传员在目标人群中选择那些通过教育培训自愿参加、有一定的文化水平、较强的影响力、责任心和人际交往能力的人作为同伴教育宣传员；要明确其工作职责，如参加培训、宣传艾滋病、安全套等有关方面的知识、发放宣教材料等。

第七章 艾滋病危险性性行为干预伦理难题的焦点、成因和解决的总体思路

应该说，到这里为止，我们对各类艾滋病危险性性行为干预面临的伦理难题已经有了一个较为完整的论述。本章试图从整体论和系统论的视角，把艾滋病危险性性行为干预伦理难题作为一个问题，从总体上分析这一问题的焦点和社会成因，并提出解决的总体思路。

一 艾滋病危险性性行为干预伦理难题的两大焦点

在艾滋病危险性性行为干预面临的诸多伦理难题中，有两个贯穿始终的焦点性难题：宽容策略的伦理争议和部门合作的主体困境。可以说，在商业性性行为、同性性行为、多性伴行为、非保护性性行为干预以及性教育等各个方面，都始终贯穿着这两大焦点性争议或困境。

（一）宽容策略的伦理争议

所谓宽容策略，是指"尊重与艾滋病相关人群的基本权利，以医学人道主义宽恕和谅解 HIV/AIDS 人群过去的行为和错误，以医学人道主义帮助吸毒人群、卖淫人群、同性恋人群免受艾滋病病毒感染的危险"①。其实质是在尊重和保护艾滋病患者和易感人群的权利和基本自由的前提下，宽恕他们过去的行为和错误，消除对他们的歧视和排斥，从而使他们作出有利于艾滋病防治的正确选择。就艾滋病危险性性行为干预而言，世界艾滋病防治实践已经充分证明，向性工作者、同性恋者等人群进行性健

---

① 王延光：《中国艾滋病预防的宽容策略》，《中国性病艾滋病防治》2000 年第 2 期。

康教育、推广使用安全套等是预防艾滋病的有效措施。目前，这些措施在我国也已经从理念倡导上升到国家法律和政策实施层面。但是同时，宽容策略在现实实践中仍然面临伦理争议和实施难题。应该说，其根本症结在于如何对待相关人群过去的行为和错误：是否宽恕这些人群过去的行为和错误，不仅是左右预防艾滋病政策选择的重要因素，也是决定相关人群对待预防艾滋病态度的重要因素。就前者而言，宽恕相关人群过去的行为和错误意味着保护性的干预策略，反之则以惩罚性干预为主；就后者而言，宽恕相关人群过去的行为和错误，则可能使他们走出地下状态，主动配合国家预防艾滋病的政策措施；反之，艾滋病预防很难实现普遍可及。

1. 宽容策略及其道德合理性

实施宽容策略是艾滋病防治的客观需要。采取有效措施对同性恋、性工作者、吸毒人群等艾滋病高危人群进行积极的行为干预是遏制艾滋病传播、控制艾滋病疫情的必由之路。但是，由于艾滋病的严重威胁和人们价值取向和行为方式等方面的巨大差异，社会对艾滋病和同性恋、性工作者、吸毒人群等相关人群的歧视态度仍未消除，这些人群往往会因害怕受到社会歧视和法律惩罚而转入"地下"状态，从而导致各种干预措施难以落到实处。为此，社会必须改变对这些人群的歧视态度，国家的艾滋病防控政策措施必须体现出对他们的宽容，这些高危人群才可能走出"地下"状态，理解、支持和配合国家的各种政策措施，艾滋病防控才能实现普遍可及。

实施宽容策略的重要性和道德合理性已在国外艾滋病防控历程和实践中得到了充分证明。在艾滋病流行初期，绝大多数国家都采取了一般的公共卫生进路，如对商业性服务和吸毒等艾滋病高危行为进行严格管控，对艾滋病病毒感染者和病人进行隔离，限制他们的活动和自由等。事实证明，这种一般的公共卫生进路不仅未能达到预期目的，相反，艾滋病疫情急剧发展，艾滋病感染率急剧上升。一些国家汲取这种经验教训，开始反思和调整艾滋病防控策略，从一般的公共卫生进路向宽容策略转变，采取有效措施保护艾滋病患者和易感人群的权利和自由，宽恕他们过去的行为和错误，消除对他们的歧视和排斥，艾滋病防控取得了较好的效果。如泰国政府与私营雇主就消除社会歧视进行合作，并向高危人群实施了100%

安全套项目；美国等国家鼓励和支持同性恋者组建自己的组织，如同性恋酒吧、专门针对同性恋者的网络平台等，并通过开展联谊活动与同性恋者进行面对面的接触，从而向他们提供人道主义医疗救助和积极的行为干预。正是由于艾滋病防控策略的转变，特别是宽容策略的实施，这些国家的艾滋病防控取得了良好的效果。

从伦理学的角度看，宽容策略是一个具有道德合理性的重要策略，它既符合目的论的实现社会整体最大健康利益的要求，也符合道义论的伦理正当性要求。就前者而言，从表面上看，艾滋病患者和高危人群只是社会的少数，通过对这些人群实施严格管控，牺牲他们的一些权利，有利于维护社会整体的健康利益。这也是我国传统艾滋病防治模式的主要做法。这种传统艾滋病防治模式的结果是事与愿违，我国艾滋病疫情持续加重。这表明一般的公共卫生措施未能奏效。相反，目标人群会因此而选择逃避、抵触国家的防治措施，进而转入"地下"状态。而实施宽容策略，暂时抛开艾滋病患者和相关人群的既往错误，消除对他们的歧视，使他们作出有利于艾滋病防治的正确选择，才能实现艾滋病防治的普遍可及，更好地维护和实现社会整体的健康利益。

就后者而言，宽容策略也符合道义论的伦理正当性要求。所谓伦理正当性，"必定是伦理的而非单个道德主体自身行动目的或价值的实现程度。正当（right）意味着他者的评价，所以一行为的伦理正当性，根本在于它'与某种形式［的道德］原则相符'"。① 在艾滋病危险性性行为干预中实施宽容策略的伦理正当性，在于它体现了社会主义人道主义和生命伦理基本原则的要求，是以人为本、生命至上价值原则的具体体现。具体地说，宽容策略的伦理正当性表现在动机和效果两个方面：从动机上看，向艾滋病患者和高危人群实施宽容策略的动机是具有道德合理性的：实施宽容策略的直接动机，一方面是为了维护艾滋病患者和艾滋病高危人群的生命健康等权利，维护和尊重他们的人格尊严；另一方面，则是通过对艾滋病患者和艾滋病高危人群的宽容态度，取得这些人群对国家艾滋病防控政策措施的理解、支持和配合。显然，这一动机是善的，是具有道德合理性的。而从效果上看，实践已经充分证明，实施宽容策略尊重艾滋病感染

---

① 万俊人：《论道德目的论与伦理道义论》，《学术月刊》2003 年第 1 期。

者和相关人群的应有权利，直接有利于促进他们走出"地下"状态，有利于实现艾滋病防治的普遍可及。

2. 宽容策略的伦理争议

尽管国内外艾滋病防治实践都充分证明，宽容策略是一种具有道德合理性的策略，但在实践中仍然面临很多的伦理争议。从我国艾滋病防治历程看，2003 年以前基本上采取诸如隔离、追踪等一般的公共卫生措施。这种传统公共卫生进路的显著特点，是通过把艾滋病政治化、道德化，把艾滋病患者及受艾滋病影响的人群视为管理和打击的对象。在艾滋病性传播方面，对同性恋者、性工作者等人群主要实施严厉打击，少有教育和行为干预。事实证明，这种"严打"策略不仅未能达到预期的目的，反而造成社会对艾滋病的普遍歧视，使我国的艾滋病防控陷入困境。

随着社会对艾滋病问题认识的不断深化，社会日益认识到艾滋病问题是一个特殊的公共卫生问题，不能采取一般的公共卫生措施，而应该实施宽容策略。即对艾滋病感染者和相关人群予以应有的理解、尊重、宽容和支持，保障他们的应有权利，从而使他们作出有利于艾滋病危险性性行为干预的正确选择，从而走出"地下状态"，实现艾滋病防治的普遍可及；而国家制定实施的许多政策措施，特别是危险性性行为干预措施体现了宽容策略。但是同时，在策略选择上的争议仍未停止。究其原因，主要是对同性恋者、性工作者等人群的宽容策略与社会主流道德标准存在对立。其中，对同性恋人群的宽容策略与主流婚姻家庭道德存有明显冲突。"婚姻是男女两性结合的一种社会形式，其结果形成了为当时社会制度所确认的夫妻关系；家庭是存在于夫妻及其子女后代等人之间的一种社会生活的共同体。"① 这是社会主流的婚姻家庭道德观。显然，同性恋者的观念与行为与主流婚姻家庭道德观念是相冲突的，它不仅违反了婚姻家庭的基础，而且与家庭的本质目的背道而驰。据此，社会许多主流人群认为同性恋和同性恋者都是不道德的，政府和社会应当禁止同性恋，甚至对同性恋者进行惩罚；而宽容策略却主张对同性恋者予以宽容，这与社会主流婚姻家庭道德观念是格格不入的。

---

① 罗国杰：《伦理学》，人民出版社 2014 年版，第 287 页。

　　而对性工作者的宽容策略则与性道德原则存在明显冲突。如第五章所述，性道德基本原则包括禁规、生育、婚姻、性爱、私事及审美原则六个方面。[①] 对性工作者的宽容策略与这些原则都是相冲突的。因为性工作者所从事的商业性性行为，既不是出于爱情而发生，也不是基于婚姻的意义；既不是出于情感需要的满足，也不利于维护婚姻和家庭的稳定；它同时违背了禁规、生育、婚姻、性爱等各项性道德基本原则。同时，从商业性性行为的道德评价看，由于商业性性行为的发生可能存在多种因素，比如，既有出于贪图享乐、丧失人格尊严的行为，也有因生存、生活困难而作出的选择，等等。前者自不必说，即使是后者在现实中也很难获得同情和宽容。而且，不管出于何种因素，商业性性行为的客观后果都是一样的，它可能加剧包括艾滋病在内的许多传染病的传播，不利于公共健康的维护。因此，对性工作者的宽容策略，如向性工作者进行性安全教育，摆放避孕套等，无异于默许甚至纵容这种行为的存在，与一般的性道德要求是背道而驰的。

　　3. 实施宽容策略，尊重和保障目标人群权利

　　虽然，我国社会各界对艾滋病防治策略选择仍然存有争议，但随着社会对艾滋病问题认识的不断深入，宽容策略得到越来越多的认可。目前，可以说，宽容策略已从一般的理论和理念倡导进入了我国艾滋病防治，特别是危险性性行为干预的实践层面。下一步要做的，主要是在具体政策措施制定和实施中贯彻宽容精神和宽容理念。为此，必须实现两个转变：一是实现从"打击"向"保护"的转变。如前所述，在相当长一段时期，我国艾滋病防治采取的都是一般的公共卫生进路，艾滋病患者及受艾滋病影响的人群被视为管理和打击的对象。在艾滋病的性传播方面，对性工作者、同性恋者未能实施应有的教育和行为干预，特别是对性工作者，采取的主要措施是严厉打击，结果造成社会对艾滋病的普遍歧视，使我国的艾滋病防控陷入困境。为此，必须实现从"打击"向"保护"的转变：通过尊重和保障目标人群的权利，使他们作出正确的利益权衡，从而走出"地下状态"，实现艾滋病防治的普遍可及。

---

① 王伟、高玉兰：《性伦理学》，人民出版社 1992 年版，第 61—97 页。

二是要实现从"以病为本"向"以人为本"转变。艾滋病问题产生以来，之所以受到社会各界的广泛关注，一方面是由于艾滋病无法治愈和传染性；另一方面则是由于艾滋病和性工作者、同性恋者、多性伴者等高危群体之间的联系以及社会对艾滋病的"道德化"甚至"污名化"。可见，"以病为本"是以往艾滋病防控的一个基本特征。正是由于"以病为本"，特别是社会对艾滋病的"道德化"甚至"污名化"，使艾滋病患者和受艾滋病影响的人群感受到来自社会的歧视和排斥，很难实现正常的工作和生活，进而加剧社会对他们的否定性评价。解决这一问题，在艾滋病防控法律政策的制定和实施中必须实现从"以病为本"向"以人为本"的转变，把关注的重心转移到艾滋病患者以及受艾滋病影响的人群，转移到这些特殊人群的教育、关怀和权利保障上来。只有消除对艾滋病的"道德化"和"污名化"，维护他们的应有权利，才能取得他们的信任和配合，形成全社会共同抵抗艾滋病的局面。

当然，实施宽容策略，对艾滋病感染者和相关人群的宽容是有限度的，即主要是基于艾滋病防治的客观需要和对艾滋病感染者及相关人群基本权利的维护和保障，并为此暂时抛开他们过去的错误。这并不意味着不讲是非界限，无视其错误行为的不道德性甚至违法性，更不意味着保护其不道德的甚至违法犯罪的行为。在实践中，对那些因高危人群损害他人和公共利益、为所欲为甚至作出报复社会的行为时，国家和社会仍要对这些行为进行法律制裁和道德谴责。比如，有些艾滋病患者在得知自己感染艾滋病后，不但不采取措施约束自己的行为，反而故意实施无保护性行为，故意把病毒传给其他人，更有甚者则决心对社会进行报复；"南方某城市艾滋扒窃团伙猖狂，六年内竟查出百余艾滋病扒手。而艾滋病扒手在被抓时，却面不改色心不跳，只是对警察大呼'我有艾滋病'，因为他们知道得了艾滋病，警察就不敢轻易去抓，即使抓了最终也会放掉的"[①]，等等。显然，这样的行为不仅违背了道德底线，而且直接违反了国家法律。对于艾滋病患者和受艾滋病影响的人群诸如此类的行为是不在宽容策略的宽容范围之内的。

---

① 朱敏贞、胡志：《对艾滋病患者社会歧视问题的理性思考》，《中国公共卫生管理》2005年第3期。

（二）部门合作的主体困境

艾滋病危险性性行为干预作为一项社会系统工程，离不开多部门之间的有效合作。如第一章所述，目前我国艾滋病危险性性行为干预部门合作取得了较大进展，但同时仍然面临主体困境。这是我国艾滋病危险性性行为干预伦理难题的第二个焦点性问题。

1. 艾滋病危险性性行为干预部门合作面临的主体困境

从总体上看，我国艾滋病危险性性行为干预部门合作既有法律支撑，又有政策保障；各级卫生、疾控部门、公安、司法、文化、工商、旅游、宣传、教育、交通等部门在艾滋病危险性性行为干预中都发挥了一定的作用，但在多部门合作的一些具体方面和环节仍然存在不协调的状况，部门合作仍然面临主体困境。主要表现在：

第一，一些政府部门参与和配合艾滋病危险性性行为干预的意识有待进一步增强。艾滋病首先是一种疾病，艾滋病问题首先是一个公共卫生问题。因此，艾滋病传入我国以后，首先是卫生部门承担了艾滋病防治的重任。但艾滋病问题又不仅仅是一个单纯的卫生问题，它还是一个复杂的社会问题。艾滋病预防不仅需要卫生部门的努力，也需要政府其他部门之间的密切合作和全社会的共同参与。特别是宣传、教育、公安、司法等部门在艾滋病的宣传教育、艾滋病高危人群的行为干预等方面可以而且应该发挥重要作用。只有形成合力，才能取得最佳效果。但是目前，一些部门仍然未能充分认识到艾滋病问题的特殊复杂性，把艾滋病问题视为单纯的卫生问题，认为艾滋病问题与本部门关系不大，不能认识到完成本部门的工作对于实现多部门整体合作的重要意义，未能把参与艾滋病预防列入本部门的日常工作，成为影响和制约多部门合作的一个重要障碍。

第二，宣传、教育部门的工作与艾滋病危险性性行为干预不够协调。应该说，随着我国艾滋病防治工作的不断推进，艾滋病宣传教育取得了重要进展。在广大城市和农村广泛开展了形式多样的宣传教育活动，社会对艾滋病的歧视与排斥有所缓和。但针对艾滋病危险性性行为干预方面的宣传教育与实际需要之间还存有一定距离。比如，对性工作者、"一夜情"、换偶等多性伴行为的定性，特别是对同性恋的认识问题，未能通过宣传教育来统一社会的认识，消除社会对同性恋者的歧视和排斥；在安全套的推广使用方面的宣传力度不够，特别是安全套广告解禁以后，无论是商业广告还是公益广告发展都十分缓慢；在性教育方面，由于传统观念的影响，性道德教育与性健康教育之间还存在明显矛盾和冲突，从而未能发挥性教育在艾滋病危险性性行为干预中的应有功能和作用。如目前我国学校的性教育一般主要停留在艾滋病教育、安全套教育等方面，而且很少能真正落到实处。

第三，公安部门与卫生、疾控部门在艾滋病危险性性行为干预的理念和策略选择存有明显分歧。众所周知，公安部门一个重要职责是维护社会治安和社会秩序，即"公序良俗"，而卫生、疾控部门的职责是疾病防控、维护公共健康。而为了维护社会治安和社会秩序，公安部门的干预理念和策略是惩罚性干预，即把性工作者、同性恋者等干预对象视为违法者或道德不良者而实施道德评判和法律惩罚；而卫生、疾控部门为了控制疾病、维护公共健康，其干预理念和策略是保护性干预，把性工作者、同性恋者等干预对象视为需要救助的生命个体或普通公民，而对他们采取咨询服务、同伴教育、推广使用安全套等干预措施。这种分歧在现实实践中往往会导致直接的矛盾甚至冲突。例如，推广使用安全套是卫生、疾控部门大力推行的艾滋病预防措施；但在过去很长一段时期，公安部门在打击卖淫嫖娼的行动中由于很难"抓现行"，就以携带一定数量安全套作为证据。后来公安部门虽然作出让步，不再以携带安全套作为证据，但公安部门与卫生部门出于工作职责的差异，两者在对待艾滋病相关人群的态度上仍然存在明显分歧。

第四，工商部门的工作与推广使用安全套政策的不协调。这突出表现在对安全套广告的态度上。20世纪90年代末，我国陆续出现一些安全套商业广告和公益广告，但都被工商部门叫停。工商部门对此的解释是安全套广告违反了《广告法》（1995年）的有关规定。但事实上，《广告法》并没有关于禁止安全套广告的直接规定，工商部门禁止安全套广告的依据实际上是1989年10月13日国家工商行政管理局下发的《关于严禁刊播有关性生活产品广告的规定》，认为安全套广告"有悖于我国的社会习俗和道德观念"而"应当严格禁止"。虽然2014年7月14日，国家工商行政管理总局宣布废止"避孕套广告禁令"，但其影响仍然没有消除。

第五，政府与民间组织之间的合作仍有较大的提升空间。如前所述，政府与民间组织之间的合作虽然取得了重要进展，但由于民间组织总体上发展尚不成熟，民间组织在艾滋病防控中所处的地位和活动空间还相对有限，政府与民间组织的合作还有待进一步加强。特别是目前我国一些参与艾滋病防治的民间组织甚至并不具有合法的身份。这种状况极大地制约了民间组织的活动空间。同时，一些政府部门对民间组织存在偏见，一些政府工作人员对民间组织存在误解，担心民间组织开展艾滋病防治是为赚钱，甚至担心出现政治风险。

2. 走出部门合作主体困境的对策

面对艾滋病危险性性行为干预部门合作的主体困境，必须在统一认识的基础上，建立和完善部门责任机制和协调机制，加强对各部门参与这项工作的考核评估，建立责任追究制度，加强专业队伍建设。同时，要尊重民间组织在艾滋病危险性性行为干预中的主体地位，实现政府与民间组织之间更有效的合作。

第一，统一认识。实现多部门有效合作，一个基本的前提是要实现在艾滋病问题的认识上高度统一。具体地说，统一认识主要包括两个方面的基本内容：一是使各部门充分认识到多部门合作在艾滋病危险性性行为干预中的重要意义；二是各部门在对相关政策措施的认识上要高度统一。前者已经基本解决，各部门已经认识到艾滋病危险性性行为干预离不开多部门有效合作。目前在多部门合作认识上的不统一主要是第二个方面，如在安全套推广、性教育等环节，实现多部门有效合作显得尤为重要和紧迫。尽管在许多国家这些措施已被证明是行之有效的，但一些部门却并不能像参与艾滋病问题的宣传教育那样易于达成一致，他们担心这些做法不仅不能减少和消除高危行为，反而会助长高危行为的发生。这种认识上的分歧显然不利于各部门的统一协调行动。因此，实现多部门有效合作首先必须统一认识，特别是在艾滋病危险性性行为干预的具体政策措施上达到高度一致，这是实现多部门有效合作的基础和前提。

第二，完善责任机制。艾滋病危险性性行为干预是一个复杂系统工程，需要多部门各司其职、密切合作。事实上，艾滋病危险性性行为干预的每一项具体工作都可能需要由多个部门共同完成。为此，必须对各部门的职责与任务予以细化和规范化，建立健全各部门在艾滋病危险性性行为干预中的责任机制。比如，各级防治艾滋病工作委员会是组织、领导和协调机构；各级卫生、疾控部门是艾滋病综合干预的组织者和实施者；同时，对公安、司法、财政、民政、文化、工商、旅游、宣传、教育、药监、交通、监察、劳动保障、农业、工会、共青团、妇联等部门以及红十字会等部门和组织的职责也要予以明确。只有在分工的基础上展开合作，才能增强各部门的主动性和责任感，为实现多部门有效合作提供保障。

第三，完善协调机制。实现多部门有效合作，除了必须对各部门的职责与任务予以细化和规范化以外，还必须建立必要的协调机制。一是要建设艾滋病相关信息共享平台，建立各部门之间的信息共享机制，对艾滋病问题的各种信息定期进行汇总和分析，加强对艾滋病问题各种信息的整合和利用。二是建立工作报告制度。如牵头部门首先要向政府有关领导汇报艾滋病危险性性行为干预的主要措施，特别是各部门所要承担的职责和任务，以取得政府和各部门的支持；各部门要从本部门工作实际出发，有效整合本部门资源，扎实完成本部门的职责和任务，并定期向组织、领导和协调机构通报本部门工作情况。三是在政府的组织领导下，完善协调会议制度。一方面，可以集中研究解决各部门在工作中遇到的困难和问题；另一方面，当各部门在对相关政策措施出现不同意见时，通过协调会议可以及时统一各部门的认识，从而实现各部门相互理解、相互支持和配合，从而真正实现各部门工作的一体化。

第四，完善考核评估和责任追究制度。建立和完善督导考核评估机制，特别是建立责任追究制度，也是实现多部门有效合作不可或缺的重要一环。前述各部门的职责和任务的履行和完成情况以及多部门合作的效果，都需要一个专门的机构予以考核和评估。比如，目前云南省已经成立了由省防艾委成员单位、省艾滋病防治专家咨询委员会专家和相关专业技术人员组成的艾滋病防治督导评估工作组，一些地方也成立了相应的督导评估工作组。此外，还应该根据实际需要委托相对独立的外部机构进行督导评估。对艾滋病危险性性行为干预的考核和评估可以从两个方面着手：一方面，对各部门及其人员的工作进行分别考核，即对各部门及其人员工作的效果实行分级考核和评估，把握各部门及其人员履行职责和完成工作任务的状况；另一方面，对多部门合作的效果进行整体考核，即把各部门的工作当作一个整体来考虑，着重关注其工作的整体效果。

第五，加强专业队伍建设。艾滋病危险性性行为干预的多部门合作，说到底是人与人之间的合作。多部门合作的程度和水平不仅取决于包括领导、责任、协调等机制在内的合作机制的状况和水平，也取决于参与合作的人员的业务能力和合作意识。因此，实现多部门之间的有效合作，必须十分重视各部门参与艾滋病危险性性行为干预工作人员的理论水平、业务素质的提高和合作意识的增强，建设一支高素质的专业队伍。为此，应该在各部门中培养一批有志于从事艾滋病危险性性行为干预工作的人员，对他们进行相关法律法规和专业知识方面的系统培训，使他们掌握必要的艾滋病方面的法律政策和专业知识，提高参与部门合作的意识和能力。

此外，要在加强对民间组织管理监督的同时，尊重民间组织的主体地位和作用，实现政府与民间组织之间更有效的合作。关于这一点，我们在第三章已有详细论述，这里不再赘述。

二　艾滋病危险性性行为干预伦理难题的社会成因

艾滋病危险性性行为干预之所以面临诸多伦理难题，有着主客观多方面的因素。归纳起来，主观方面的因素主要是：对艾滋病问题的认识偏差、性道德建设的滞后、社会对艾滋病的歧视、目标人群难以实现身份认同；客观方面的因素主要是：性行为本身的广泛性与私隐性、中国传统性道德观念的影响、西方性解放思潮的冲击、市场经济与网络发展的影响。

（一）主观因素

1. 对艾滋病问题的认识偏差

我国对艾滋病问题的认识曾出现过许多偏差，主要包括两个方面，一是回避、否认我国存在艾滋病问题和对艾滋病的过度恐慌两种极端；二是在长期把艾滋病问题与社会主义精神文明建设联系在一起，强调加强社会主义精神文明建设必须推进艾滋病防治。这是导致艾滋病危险性性行为干预面临伦理难题的认识因素。

（1）在艾滋病问题认识上的两个极端

一是回避、否认我国存在艾滋病的倾向。1985 年 6 月中国发现的第一例艾滋病患者是一位美籍阿根廷人，在艾滋病传入中国初期，艾滋病病毒感染者和病人主要分布于沿海的几个省市，患者基本上是外国人、海外华侨和归国劳工。因此，艾滋病问题被认为完全是"国外的问题"，艾滋病被认为是西方的疾病，是由资本主义社会的腐朽生活方式而导致的疾病。国家对艾滋病传播的严重性、危害性估计不足，认为作为社会主义的中国，只要能抵制资本主义的生活方式，通过"严防死守"就能"拒艾滋病于国门之外"。这种回避、否认我国存在艾滋病的认识直接导致我国艾滋病防治初期实行"严打"政策，未能针对艾滋病危险性性行为实施应有的干预措施。

二是对艾滋病的过度恐慌。1989 年在云南发现 146 名静脉注射吸毒者感染艾滋病病毒。以此为标志，艾滋病在中国进入广泛流行阶段。到1998 年青海报告艾滋病感染者病例，中国所有省份均有艾滋病病例报告，艾滋病感染者和病人数量激增，艾滋病逐渐从特殊人群向一般人群扩散。日益严峻的艾滋病疫情引起了社会各界对艾滋病的极度恐慌，甚至普遍出现"谈艾色变"的心理。即使到了今天，不少人对咳嗽、打喷嚏、蚊虫叮咬、与艾滋病患者共用餐具、共用办公用品、共用浴室、游泳池等不会传播艾滋病的行为都仍感恐惧。1989 年《传染病防治法》明确规定"对艾滋病病人，予以隔离治疗"，"拒绝隔离治疗或者隔离期未满擅自脱离隔离治疗的，公安部门协调治疗单位采取强制隔离治疗措施"。可见，对艾滋病的过度恐慌不仅是我国一段时期艾滋病防控政策出现偏差的重要因素，也是我国艾滋病危险性性行为干预面临伦理难题的一个直接因素。

（2）把艾滋病防治当作社会主义精神文明建设的重要方面

艾滋病问题与同性恋、性工作和毒品问题有着密切联系，艾滋病的易感人群主要是同性恋者、性工作者和静脉吸毒人员，这些易感人群恰恰是社会主流人群所排斥的对象。正因为如此，在我国相当长的一段时期内，艾滋病问题都与同性恋、性工作和毒品问题相联系，被视为社会主义精神文明建设的一个重要方面，艾滋病防治在很大程度上被意识形态化，认为艾滋病是一种道德的疾病，控制艾滋病必须严厉打击卖淫嫖娼和吸毒行为。1995 年 9 月，卫生部《关于加强预防和控制艾滋病工作的意见》明确指出，"要把预防和控制艾滋病的工作作为社会主义精神文明建设的一项内容切实抓好"，"只有坚持禁止吸毒、卖淫、嫖娼等丑恶行为，才能防止艾滋病蔓延流行，保障社会主义精神文明建设"。事实上，艾滋病问题与同性恋、性工作和毒品问题"是两个不同的问题：同性恋行为、商业性行为、服用精神药品行为不一定都导致感染艾滋病，如果采取安全措施或服用代用品的话"①。

可以说，把艾滋病问题与社会主义精神文明建设联系在一起，也是导致艾滋病危险性性行为干预面临伦理难题的一个重要认识因素。比如，同性恋者遭受的社会歧视与污名，除了由于同性恋与异性恋在道德观念、生活方式和行为方式的显著差异，不符合社会主流的婚恋伦理与性道德之外，艾滋病问题的意识形态化也是一个重要因素。由于同性性行为的艾滋病易感性，而艾滋病问题又与社会主义精神文明建设联系在一起，同性恋就被或直接或间接地与社会主义精神文明联系起来，加剧了社会对同性恋的歧视与污名。改变这一状况，必须转变对艾滋病问题的认识，纠正那些把艾滋病道德化、把艾滋病问题意识形态化、把艾滋病问题与社会主义精神文明建设相联系的认识和做法。

2. 性道德建设的滞后

性道德建设的滞后是艾滋病危险性性行为干预面临伦理难题的第二个主观因素。正是由于性道德建设滞后，未能构建与现实性行为状况相适应的性道德，性的善与恶、对与错还没有一个让全社会接受和认同的统一的标准，性道德规范与人们实际所遵循的性行为准则常常出现不一致的情况；社会上客观存在的处于自发状态的多元性道德缺乏应有的引领和导向，传统的性道德在一些现实的性行为面前又显得苍白无力，从而使人们的性道德观念在很大程度上出现无所适从的迷茫状态，使多元的性行为缺乏应有的观念指导。

（1）多元化的性道德导致观念迷茫和底线崩塌

当前，在我国恋爱、婚姻与性之间的关系发生了重要变化。本来，婚姻应该建立在爱情的基础之上，性行为则应该以爱情和婚姻为基础，但是目前，恋爱、婚姻与性三者之间在一定程度上似乎失去了必然的联系，人们的性道德观念不同程度出现无所适从的迷茫状态。我们针对一般群众的实地调查结果显示，49.7%的人认为，"传统性道德有其合理之处，但已不适应当今开放的社会形势"；14.2%的人认为"传统性道德将性视作'洪水猛兽'，阻碍人们获得正确的性知识"；只有31.8%的人认为"很

---

① 邱仁宗:《生命伦理学》，中国人民大学出版社 2010 年版，第 225 页。

合理，尤其是传统的'贞操观'应该大力提倡"；另有 4.3% 的人选择"其他"。在这样的情况下，有人选择保守和传统，有人主张开放和西化。正因为这样，我国社会在性道德领域的底线被一次又一次地突破。"一夜情"、换偶、性交易、"包二奶"、重婚、聚众淫乱等行为和现象的屡屡发生都是性道德底线不断被突破的结果。这也是导致艾滋病危险性性行为干预伦理难题的重要原因。

（2）滞后的性道德使婚前性行为缺乏应有的规导

就婚前性行为而言，随着经济与社会的发展、人民生活水平的提高，我国青少年性生理发育、性成熟的时间普遍提前，青少年第一次性尝试年龄越来越小；但与此相反，人们的结婚年龄却越来越大，导致青年人从性生理成熟到结婚之间单身的时间阶段越来越长，从而导致不具备法律保护的性行为迅速增加。我们知道，从法律上说，只有合法夫妻之间的性关系才能受到法律的保护；从传统道德的角度看，也只有夫妻之间的性关系才是道德的。但如前所述，目前，由于各种主客观因素的影响，婚前性行为不再是个别现象，社会很多人已经接受了婚前性行为。但是同时，社会对婚前性行为的认识仍然存在"保守派"与"开放派"两种意见的分歧。其中，"保守派"认为婚前性行为是不道德的，不符合性道德的婚姻原则；而"开放派"则认为只要出于双方自愿婚前性行为就可以自由发生；此外，很多人的观念与行为摇摆在保守与开放之间无所适从，传统的"婚前守贞"观念在大量存在的婚前性行为面前显得十分苍白。

就同性性行为而言，如第三章所述，同性恋虽然在总体上不为中国传统社会所认同，但并未受到太严重的歧视，在一些时代甚至是被宽容的。目前，我国对同性恋并未合法化，法律地位尚不明确。在这样的情况下，道德调整就显得尤为重要。但是目前，由于性道德建设的滞后，同性性行为也缺乏应有的道德调整。在现实生活中，由于受到歧视，同性性行为大多仍然处于"地下"状态，少有单一固定性伴，成为性传播疾病易感人群。

此外，在网络时代，面对隐秘化、非固定化与多端化的网络性关系如网恋、网婚、网性等，滞后的性道德也显得十分无力。

3. 社会对艾滋病的歧视仍未从根本上消除

应该说，随着我国艾滋病防治工作的不断推进，社会对艾滋病的歧视有所缓和，但仍未从根本上消除。这也是艾滋病危险性性行为干预面临伦理难题的一个重要因素。具体地说，社会对艾滋病的歧视主要表现在两个方面：一是社会对艾滋病的歧视态度仍广泛存在。在我们的实地调查中，针对艾滋病感染者的问卷调查显示，40.2%的人认为社会公众对艾滋病感染者的态度是"歧视"；30.8%的人认为是"非常歧视"；当问及"您担心自己的感染者身份被暴露吗"时，52.9%和33.6%的人表示"非常担心"和"担心"。在针对一般公众的问卷调查中，当问及"您身边的亲人或朋友如果感染了艾滋病，你会有何态度"时，14.3%表示"立即疏远"，50.8%的人表示"虽觉不舒服，但仍然保持表面交往"。当问及"您愿意与艾滋病患者共用餐具吃饭吗"时，表示"不太愿意"和"非常不愿意"的分别占45.8%和19.8%，表示"非常愿意"和"愿意"的仅占1.6%和26.0%，另有6.8%的人表示"不知道"。

二是艾滋病患者在现实生活中受到的实际歧视仍然存在，一些艾滋病患者甚至遭受过不同程度的侮辱和威胁。在针对艾滋病感染者的问卷调查中，当问及"自您感染艾滋病以来，有被拒绝或推诿以下医疗服务吗（可多选）"时，12.6%的人被拒绝进行抗病毒治疗；39.4%的人被拒绝计划生育（流产、结扎、生孩子等）服务；29.3%被拒绝或推诿进行其他手术；48.5%被拒绝或推诿其他疾病的诊断和治疗。当问及"自您感染艾滋病以来，您是否遇到到以下现象（可多选）"时，17.0%的人表示"被迫提交医疗或健康报告"，75.3%的人表示"住院治病时被要求进行艾滋病检测"，17.0%的人表示"到非定点医疗机构进行有伤性检查或手术治疗时，被要求购买检查或手术器械"，7.2%的人表示"子女被学校要求转学或退学"，18.7%的人表示"被拒绝提供健康、人寿保险"。当问及"自您感染艾滋病病毒以来，是否发生下列情况"（多选）时，52.1%的人选择"被议论"，13.4%的人选择"受到言语侮辱或威胁"，7.7%的人选择"身体受到骚扰"，13.4%的人选择"身体受到攻击"，11.2%的人选择"放弃教育、培训机会"，22.4%的人选择"放弃工作机会"。

同时，艾滋病患者的自我歧视也仍然普遍存在。比如，当问及"在得知您感染艾滋病以来，您是否有过以下心理及行为现象（可多选）"时，26.9%的人选择"觉得自己一事无成"，55.2%的人选择"心怀愧疗"，30.3%的人选择"觉得自己就是个罪人"，34.4%的人选择"觉得自己不如别人"，37.6%的人选择"会减少参与集体活动"，36.7%的人选择"会疏远亲人朋友"，9.5%的人选择"有伤害自己身体的行为"，24.6%的人选择"有自杀的念头"。由于社会对艾滋病的歧视和艾滋病患者的自我歧视，许多艾滋病患者不愿接受治疗和救助，造成相当数量的艾滋病感染者未被发现，艾滋病防治不能实现普遍可及。这也是艾滋病危险性性行为干预面临伦理难题的一个重要主观因素。

4. "目标人群"难以实现身份认同

不言而喻，每个人都是处在社会生活和社会关系之中的，在社会生活和社会关系中，每个人都有一定的位置，都会扮演一定的角色，即具有一定的身份，都要履行一定的义务。身份认同就是个体或群体对自我或其他个体或群体的身份，即在社会中所处的位置、扮演的角色以及应承担的义务等方面的认识、认可和接受。身份认同一般可以分为自我身份认同和社会身份认同两个方面。前者即个体或群体对自我身份的认同；后者是社会对某一个体或某一群体身份的认同。

艾滋病危险性性行为干预的主要"目标人群"，如性工作者、同性恋者等都属于"少数人"群体，由于在人口数量上居于少数、在社会上处于弱势地位而难以实现身份认同。性工作者、同性恋者因为其性行为的艾滋病危险性而成为艾滋病高危人群。在艾滋病危险性性行为干预中，性工作者、同性恋者不仅要认同自己的"性工作者""同性恋者"的身份，还要认同艾滋病"高危人群"或"目标人群"的身份。显然，这对性工作者、同性恋者来说都不是一件简单的事情。加上各种主客观因素的影响，目前很多性工作者、同性恋者未能实现身份认同，因而很难接受针对艾滋病高危人群或目标人群的干预活动；同时，社会对艾滋病目标人群的歧视与排斥仍然存在，很大程度上未能实现对目标人群的认同。

我们以同性恋者的身份认同为例。我们知道，卡斯最早提出了同性恋身份认同的理论模型，他把同性恋身份认同分为认同困惑（因自己性倾向与一般人不一样而感到困惑）、认同比较（怀疑自己是同性恋并把自己的性倾向与别人比较）、认同容忍（认识到自己是同性恋并尝试与同性恋群体接触）、认同接受（接受自己的同性恋倾向）、认同骄傲（以自己的性倾向为骄傲甚至批判异性恋）、认同整合（不再敌视异性恋，达到性倾向与自我的完全统一）六个阶段。① 由于同性恋者处在异性恋观念所主导的社会环境之下，同性恋者既要面对异者恋者对自己的异样眼光，要克服这一社会环境对同性恋者的歧视和排斥，还要克服社会歧视与排斥对自己的心理投射，即内化为自我认知的恐同心理，因而很多同性恋者难以实现自我身份认同。同时，大部分社会成员也难以实现对同性恋者的身份认同，表现在对同性恋者未能保持中立或肯定的态度和评价。不能实现身份认同，同性恋者就很难接受针对他们进行的干预活动。

（二）客观因素

1. 性行为本身的广泛性与私隐性

可以说，性欲是人的一种本能的欲望；性是人类的一种基本的存在方式，"是每个人人格之组成部分"②。性的需要是人的一种自然生理需要，决定了人类的性行为具有广泛性。同时，性的需要也是人类社会存在与发展的前提；人类的性行为还具有社会属性，这决定了人类的性行为又具有私隐性。作为一个社会文化现象，性行为在很大程度上可以反映一个社会的文明程度；人类的性行为或直接或间接地受到社会生产力特别是社会文化发展的制约和影响。

我们知道，在中国古代社会，性的唯生殖目的论即性以生殖为目标是性的一个重要规范和价值观念。虽然，这一传统受到 1919 年 "五四运动" 的有力冲击，但在新中国成立的 1949 年到 1978 年，这一传统又顽强地恢复起来，特别是在 "文革" 达到最极端的 "无性文化" 状态。改革开放以来，随着中国社会的发展，人们的性行为和性观念也发生了剧烈变化，潘绥铭教授把它形容为 "性革命"。经历 20 多年的 "性革命"，到 21 世纪中国社会开始进入 "性化时代"，快乐与否成为判断性的好坏的一个标准。"在当今中国，性道德的根本问题是用什么来判定 '性' 的好坏。20 世纪之前是用生殖：不能生儿育女的性是不道德的。20 世纪中期则是婚姻：一切婚前或婚外的性都是不道德的。80 年代以来，爱情正在日益

---

① Cass, V. C. Homosexual Identity, Formation: Testing a Theoretical Model The Journal of Sex Research, 1984, 20 (2): 143—167.

② 《性权宣言》（1999 年 8 月 23—27 日世界性学会第 14 次世界性学术会议通过）。译文参见赵合俊 "性：权利与自由"。（http://www.sexstudy.org/article.php? id=671）。

成为判断标准；无爱之性才是不道德的。21世纪以来，快乐成为首要的判断标准：不快乐的性才是不道德的。"① 这在一定程度上反映了随着我国社会变迁而在性的领域发生的显著变化——人们的性行为和性关系挣脱了很多来自传统道德等方面的束缚，日益走向开放化、多元化：人们不仅追求婚内性行为的质量和快乐，而且非婚性行为、多性伴行为不断增加，青少年第一次性行为日益低龄化。这一切使性行为本身的广泛性甚至日常性的特点更为显著。

同时，性行为本身具有的私隐性也在客观上增加了艾滋病危险性性行为干预的难度。如果说性行为的广泛性、日常性决定了艾滋病危险性性行为干预的广度，那么，性行为的私隐性则决定了艾滋病危险性性行为干预的不易企及性。这表现在国家权力对性的管制上，除了打击卖淫嫖娼和"扫黄"之外，国家权力对一般的非婚性行为如婚前性行为、婚外性行为、"一夜情"等似乎都无能为力。而从艾滋病性传播的角度看，这些性行为恰恰是使艾滋病从高危人群向一般人群传播、使艾滋病向普通家庭蔓延的一个重要因素，客观上需要引导和干预。可见，性行为本身的广泛性和私隐性是艾滋病危险性性行为干预面临伦理难题的一个重要的客观因素。

2. 中国传统性道德观念的影响

儒家的性道德观念在中国数千年的历史长河中一直占据着正统地位，无论社会如何变迁，儒家性道德观念的影响一直存在。其中，对当今社会的性道德观念影响最大的主要是三个方面：一是禁欲主义。在我国封建社会，被历代统治阶级奉为主流意识形态的儒家伦理，一贯强调礼法秩序，在很大程度上表现出禁欲主义倾向。如朱熹提出"存天理，灭人欲"的思想，就是我国传统道德禁欲主义倾向的代表。与此相适应，在性道德观念方面，性也被规范在统治阶级所需要的礼法秩序的范围之内，认为只有符合礼法秩序的性才是道德的，而对人的正常的情爱、欲望、性权利等都持完全否定的态度，甚至把追求性的愉悦视为罪恶。在儒家性道德观念中，十分强调性的生殖功能。特别是在"不孝有三，无后为大"的观念

---

① 潘绥铭、黄盈盈：《性之变 21世纪中国人的性生活》，中国人民大学出版社2013年版，第49页。

下，性作为生儿育女、传宗接代的工具，被限定在婚姻的范围之内。性"为后也，非为色也"的观念表明，性只能出于生殖的目的，而不能出于快乐等其他的目的。今天，虽然这种传统的禁欲型的性道德观念不再是社会的主流观念，但其影响仍然存在。

二是对男女两性的双重性道德标准。可以说，我国封建社会是一个典型的男权社会，男尊女卑是我国传统性道德观念的一个显著特点。在性道德上，男女两性是极度不平等的。在性权利关系上，男性是权利主体，女性是义务主体。上述禁欲主义的性道德观念主要针对女性。男性可以一夫多妻，对不满意的妻子可以休妻再娶，不仅受到社会广泛认可，甚至被视为成功的体现。另外，男性在婚前到妓院去追求性欢愉并不会受到太多约束。今天，这种传统性道德观念仍有广泛的影响，在现实两性关系中，对男女两性的双重道德标准在很大程度上仍然存在。事实上，很多男性都希望在恋爱期间或与女性的交往中过性生活，却要求自己的结婚对象是"处女"，一旦发现对方不是"处女"，就会寻找各种借口分手；即使结婚，也会一直对此耿耿于怀。更不可思议的是，一些男性会寻求婚外的性关系，如"一夜情"、性交易等，但在自己作出这些行为的同时，却会对有过这些行为的女性作出"义正词严"的道德谴责。

三是正人君子耻言性。在中国传统性道德观念中，性的话题在很大程度上是一种"禁忌"：性是不可公开言说的事情，"正派人"更是对"性"讳莫如深。近现代中国社会，虽然腐朽的性禁锢随着封建制度解体而退出了历史舞台，但这种性道德观念由于在我国历史文化中扎根太深，对当今社会的影响仍然广泛存在。今天，大多数人在谈论涉及性的问题时总会尽量"绕着走"，甚至在公共场合谈及与爱情、婚姻有关的"性"也往往难以启齿，生怕给人留下"不正派""下流"的印象。只有少数性领域的学者能够公开地、不避讳地谈性，一些学者即便从事相关研究，但也迫于各种压力而不公开自己的研究。

3. 西方性解放思潮的冲击

20世纪六七十年代在西方兴起的以"性自由""性解放"来挑战传统性道德的思潮，对包括中国在内的世界各国的性观念产生了重要影响。这也是我国艾滋病危险性性行为面临伦理难题的一个客观因素。主要表现在：

一是性自由观念。这种观念反对国家和社会对公民个人性行为和性关系的限制，认为个人拥有对自己的身体的所有权和支配权，因而可以自由支配自己的身体与性。这种观念虽然在一定程度上有利于反对封建教会的禁欲观念，但由于它的片面性，无限夸大了人的自然的性欲望，忽视了性的社会属性，主张将性与爱、婚姻与生育相互分离，易于导致性的放纵与恣意；主张女性完全摒弃贞洁观念，甚至把性作为商品，可以用货币、权力或其他利益来进行性交易。西方性自由观念对我国公众的性道德观产生了明显的负面影响，它迎合了不少人对片面的自由与权利的追求。如有些人认为，每一个公民个人都可以自由支配自己的身体与性，并从这一立场出发反对社会对两性关系的调控，反对法律和道德对人的性行为的规范和约束；有些人甚至主张将人类的性降低到生物的性本能，尽可能脱离道德规范；只有摆脱责任的束缚，才能使性的需求得到充分满足，只有这样才意味着彻底的性自由和性解放。

二是性产业合法化。继 1969 年丹麦开了性产业合法化的先河之后，荷兰、瑞典、挪威、西班牙、英国、德国等也相继实行了性产业合法化。这一现象对我国社会也产生了很大的冲击。从一般公众到专家学者甚至政府官员都有人明确主张实行性工作合法化。他们认为，从公共健康的角度看，打击卖淫嫖娼的政策有碍于卫生、疾控部门对性工作者进行健康教育和行为干预；而实行性工作合法化，不仅有利于对性工作者进行健康教育和行为干预，有利于性病艾滋病等性传播疾病的防控，有利于维护公共健康，而且有利于增加税收。但事实上，性工作合法化不仅与人类两性文明进步的方向和要求背道而驰，有损社会道德风尚和公共秩序；即便是从性病艾滋病预防和公共健康的角度看，通过实行性产业合法化来实现预防性病艾滋病的目的的想法也是不客观的。从世界范围来看，荷兰的性产业堪称是最规范的，但荷兰妓女的艾滋病感染率仍然普遍较高。在性产生管理规范、成熟的荷兰实行性产业合法化尚且不能阻断性传播疾病，那么。在各方面条件都还远不成熟的中国，就更没有实行性产业合法化的客观理由了。

三是家庭结构的变化。西方性解放思潮在很大程度上改变了人们的生活方式。其中，家庭结构的变化是一个重要方面，出现了同性恋家庭、非婚同居等一些不同于一般传统家庭的新的家庭结构形式。在一些国家同性恋、同性婚姻是合法的；一些国家有专门保护非婚生子女利益的法律法规；离婚率居高不下，导致大量的单亲家庭，尤其是单身母亲家庭的存在；换妻游戏盛行，目前美国就有超过 500 个换妻俱乐部。这一切给我国社会的性道德观念带来了很大冲击，给一些人的婚前同居、"一夜情"、换偶甚至婚外生儿育女等行为提供了依据。

4. 市场经济与网络发展的影响

市场经济与网络发展的影响，特别是在此背景下出现的性的物化、人际交往方式的变化和性的虚拟化也是我国艾滋病危险性性行为干预面临伦理难题的重要客观因素。

（1）性的物化

众所周知，等价交换和自由竞争是市场经济的重要特性。在市场经济条件下，所有行为的价值在很大程度上都被用可交易的物来衡量，甚至人的尊严与情感等精神层面的东西也被视为可以用来交易的物。人的身体和性也不例外。市场经济条件下性的物化突出表现在"包二奶"、商业性性交易、"一夜情"等现象之中。比如，商业性性交易实质上是将性作为物品与利益进行交换的性交易，即把市场经济等价交换的规则延伸到性，即把人的身体、性视为与金钱、权利和其他利益一样的物，把性行为、性关系视为一种交易的对象。"包二奶""养情人"成为一些官员、"大款"地位和身份的象征。另外，在纯粹追求快感的"一夜情"行为中，人的身体、性与情感也是明显分离的。很多人支持甚至褒扬"一夜情"，是由于"一夜情"中的性不涉及金钱、权力和利益，因而是纯粹的、未受玷污的自由情感。但事实上，正如马尔库塞所言，"在消费社会的引导下，性不断地被用来掩饰人类之间的疏远。我们用肉体的贴近来掩盖人情的离异，但却无济于事"[①]。正是由于"一夜情"中的性不是建立在爱与情感的基础之上，本质上也是一种交易，即双方取消了爱与情感的对性这种物的相互消费。

（2）人际交往方式的变化与性的虚拟化

毋庸置疑，网络大大加快了人类社会的发展，给人们的工作、生活、

---

① 陈学明等：《痛苦中的安乐——马尔库塞、弗罗姆论消费主义》，云南人民出版社 1997年版，第 169 页。

人际交往方式带来了极大的便利，但是同时，客观上也带来了一系列负面
影响。就性行为和性关系而言，网络发展造成的负面影响主要表现在两个
方面：一是网络的匿名性与流动性使一些传统的监督和约束方式如人们的
口头议论等的作用无从发挥，一些网络媒体在经济利益的驱使下，为迎合
大众口味、夺人眼球而制造的涉性信息、涉性图片、暴露写真、内衣秀
等，对人们的性道德与性行为产生了直接的负面影响。此外，网络是人们
获性知识的一个重要途径，但网络中一些不科学的性行为的技巧、浅薄的
"黄色"段子都可能误导公众。二是导致造成了性的虚拟化，如网恋、网
婚、一些网络游戏中的玩家能获得虚拟的性体验等；网络中一些人挣脱现
实道德规范的约束，搁置应有的道德感和责任意识，各种不负责任、危险
的性行为如性交易等频频发生，这一切都大大增加了艾滋病危险性性行为
干预的难度。

三　解决艾滋病危险性性行为干预伦理难题的总体思路

　　综合艾滋病危险性性行为干预面临的伦理难题及其社会成因，我们认
为，解决艾滋病危险性性行为干预伦理难题的总体思路应该是：除了实施
宽容策略、加强部门合作之外，还应树立生命至上理念；坚持有利和底线
原则推进性道德建设；促进目标人群的身份认同；促使目标人群履行义
务；强化责任伦理。

（一）树立生命至上理念

　　艾滋病危险性性行为干预的诸多价值目标，如公共健康、公民的生命
健康、平等、知情同意和隐私等各项权利之间存在一种价值高低序列的位
阶关系：生命价值具有最高价值地位，生命健康是第一位的权利，生命至
上自然应该成为艾滋病危险性性行为干预的一个基本理念。因为人的生命
健康权既是公民最基本的权利，又是维护公共健康的最终目的，在各项价
值目标中都具有优先地位。毋庸置疑，平等权、知情同意权和隐私权、缔
结婚姻和生育权等也都是公民应该享有的重要权利。但相比较而言，当这
些权利与生命健康权以及社会整体的健康利益发生冲突时，优先保证生命

健康权应该成为一项基本原则。

事实上，生命至上一直是生命伦理学的基本理论前提。作为生命伦理学的一项基本理念，生命至上指的是人的生命存在具有最高价值，它既是人类社会一切价值得以产生的源泉，也是一切价值存在的基础，是价值判断和行为选择的根本依据。其之所以如此，根本原因在于生命的一维性和不可逆性。值得注意的是，生命至上理念内在地包含生命平等，即所有人的生命在价值等次序列中都居于同等地位，人的生命价值是不能比较的。生命平等意味着不能为了一部分人的生命而舍弃或剥夺其他人的生命，即使是为保障更多人的生命，也不允许故意剥夺某个无辜的生命。

在我国艾滋病防控早期，一些学者主张从经济学角度来制定艾滋病防控政策。虽然，这一主张对解决艾滋病问题不无意义，应该成为思考解决艾滋病问题的一个重要视角，但若仅仅从经济学角度来制定艾滋病防治政策，可能造成对人的生命健康的忽视，这与生命至上理念是背道而驰的。这样的艾滋病防控政策，最终无法实现艾滋病防控的目的，更无法从根本上解决艾滋病问题。就艾滋病危险性性行为干预而言，如艾滋病患者、同性恋者、性工作者等均属于社会弱势群体，单从经济学角度来考量干预的政策措施，必然造成对这些弱势群体权利（包括他们的生命健康权）的忽视和侵害。因为干预政策措施的出发点和根本目标都是为了预防艾滋病、保障人的生命健康，而不是挽救艾滋病造成的经济损失。总之，坚持生命至上理念，就是要把人的生命健康摆在优先地位，尽最大可能保障每一个人的生命健康，即使是曾经有过不道德甚至违法行为的艾滋病患者、性工作者、同性恋者等艾滋病高危人群也不例外。

（二）坚持有利和底线原则推进性道德建设

性道德建设滞后导致一定程度上的性道德观念和标准混乱，并使一些性行为缺乏应有的规导，是艾滋病危险性性行为干预面临伦理难题的一个重要因素。为此，必须加快推进性道德建设，在全社会形成性道德的基本共识。针对目前我国社会性道德观念多元化和艾滋病疫情实际，性道德建设要坚持有利和底线两个基本原则：坚持有利原则以抵御人类健康风险；坚持底线原则以确保性行为的合法性和合道德性。

首先，只有坚持有利原则进行性道德建设，才能有效抵御现实的健康风险。由于性道德建设的滞后，社会存在的多元化的性道德观念使人们的性行为、性关系呈现出多样化的局面，而社会公众对此日渐宽容，成为艾滋病危险性性行为干预面临难题、性传播成为艾滋病传播主要途径的重要因素。在这样的背景下推进性道德建设，首先要坚持有利原则，建立抵御人类健康风险的性道德。具体地说，就异性之间的性行为而言，要正视人们性道德观念和性行为多元化的客观事实，将"健康"作为预防艾滋病的基本价值理念，提高公民性健康防护责任意识；就同性性行为而言，要正视同性恋人群客观存在的事实，针对同性性行为提出应有的性道德要求。其中，最重要的是鼓励同性恋者建立单一固定的伴侣关系。特别是男男同性性行为，具有更大的艾滋病危险性，已经成为艾滋病传播的"急先锋"。在这样的情况下，鼓励男同性恋者建立单一固定的性伴关系应该成为调整同性性行为和性关系的一个基本性道德要求。由于历史和现实各方面的原因，我国没有关于同性恋的立法，而在婚恋伦理和性道德中，也并未针对同性恋提出相应的道德规范或道德要求。这既导致社会对同性性行为评价的争议，也造成同性恋者的身份认同障碍，同性恋者的权利无法得到有效保障。这也是男同性恋者婚姻选择面临伦理困境，进而难以形成或维系单一固定性伴关系的重要原因。因此，在社会对同性恋的认识尚未完全统一、同性恋方面的立法一时难以实施的情况下，可以把鼓励同性恋人群建立单一固定的性伴关系作为同性恋者应当遵循的一项性道德要求。

其次，只有底线原则推进性道德建设，才能真正保持性行为的合法性和合道德性。性道德建设坚持有利原则并不意味着为了抵御健康风险可以一味降低道德标准甚至放弃底线。只有坚持底线原则，保持性行为的合法性和合道德性，才能为艾滋病危险性性行为干预提供可靠保障。如第四章所述，性道德包括婚姻、爱情以及底线标准等三个由高到低不同层次的标准；底线标准作为最低层次的标准包括不能"买卖"、不能"聚众"、不能在公共场所等三个方面。其中，不能"买卖"意味着禁止包括商业性性行为、以利换性或以性换利等任何形式的性交易；不能"聚众"意味着反对三人或三人以上的性行为即群体淫乱；不能在公共场所则体现性行为的私隐性，意味着性行为不能违反公共秩序，不能发生在公共场所。这是任何时候都不能突破的最基本的底线。当前，针对社会性观念的变化和人们性行为的实际，在性道德建设中首先要突出面向全体社会成员的底线层次的道德要求，以保持性行为的合法性和合道德性。

（三）促进目标人群的身份认同

如前所述，目标人群的身份认同包括自我身份认同和社会身份认同两个方面，因此，促进目标人群的身份认同，也需要目标人群自身和社会两方面同时努力。从目标人群自身方面看，主要是要发挥目标人群的主动性，引导他们客观认识自身及艾滋病风险。以同性恋者为例，主要应通过同性恋人群内部的组织来开展同伴教育，引导同性恋者客观认识同性恋，从科学的角度认识自己的性取向，让他们懂得同性恋仅仅是一种"少数人"的生活方式和行为模式而并非疾病，也不是"变态"的行为，逐渐改变对自身行为的厌恶心理，转而容忍、认同和接受自己的性取向和生活方式。

实现目标人群的身份认同，除了目标人群自身努力之外，更重要的是要实现社会其他个体和群体对目标人群的身份认同。应该说，随着包括艾滋病危险性性行为干预在内的一系列艾滋病防治新的政策措施的制定实施，我国社会制度安排和制度环境不断改善，为消除社会对目标人群的歧视与排斥提供了很好的观念和政策基础。目前应该努力的方向主要是两个方面：一是要消除社会对目标人群的歧视，营造"零歧视"的社会道德环境。在我国艾滋病防治历程中，性工作者、同性恋者等相关目标人群由于行为方式、生活方式等与社会主流观念存在显著差异，一直被视为道德不良者甚至违法者而受到社会道德的贬斥甚至法律的制裁。而在一般人眼里，目标人群受到道德谴责和法律制裁是理所当然的。这是目标人群不能实现身份认同的主要外部因素。为此，要通过持续的宣传教育，营造平等、宽容的社会道德环境，消除"道德多数"对目标人群的"道德暴力"，引导人们同情、关爱目标人群，为他们提供应有的支持。

二是艾滋病危险性性行为干预中对目标人群的"朋友式"平等对待。我国卫生部2005年制定的《高危行为干预工作指导方案（试行）》提出了小媒体宣传、同伴教育、外展服务、安全套的推广与正确使用、规范性病诊疗服务和生殖健康服务等高危行为干预的主要措施。这些具体干预措施的实施对目标人群的身份认同来说，既是一个重要机遇，也是一个重要挑战。其中，关键在于对目标人群的"朋友式"平等对待，让目标人群切实感受到平等和尊重。比如，由高危行为干预工作者对目标人群进行"面对面"培训、发放宣传资料（如折页、张贴画、小画册、录像带、光盘等）等方式进行宣传教育是一项重要的干预措施。在这一过程中，高危行为干预工作者必须放下自己的干部身份，与目标人群"打成一片"，与目标人群建立"朋友式"的平等关系。只有这样，才能使目标人群感受到平等与尊重，消除自我歧视，积极接受社会支持和帮助，实现自我身份认同。

（四）促使目标人群履行义务

社会对艾滋病患者和受艾滋病影响的人群之所以存在歧视与排斥，很多人之所以对艾滋病危险性性行为干预实施宽容策略存在顾虑和担心，就社会层面看，一个重要因素是艾滋病问题的政治化、道德化，社会对目标人群与艾滋病之间的联想；就目标人群自身而言，一个重要因素在于一些艾滋病患者和受艾滋病影响的人群的自我歧视、社会责任缺失甚至出现报复心理。正是由于这些群体中存在这些心理倾向，让人产生对他们的"可恶""可恨"等否定性评价，许多人甚至把艾滋病患者与同性恋者、性工作者、性乱等人群相提并论，从道德上鄙视他们，造成这些人群对社会的不满和敌意，进而使人感觉他们的处境都是自找的，不值得谅解和宽容。为此，应该在实施宽容策略、促进目标人群身份认同的基础上，加强对目标人群的教育关怀与社会管理，促使目标人群履行相应的义务。

可以说，教育和管理、目标人群的内在品德培养和外部制度规范相结合，是促进目标人群履行义务的一条必由之路。具体地说，一方面，要加强对这些目标人群的教育与关怀。通过对这些目标人群的健康教育和道德教育，使他们掌握必备的健康知识，形成正确的道德观念，减少、消除自我歧视和报复心理，重塑自尊、自爱的良好形象，改变社会对他们的否定性评价；通过对他们的支持与关怀，消除社会对他们的偏见、歧视与排斥心理，使他们树立生活的信心和勇气，让他们看到更多的希望，从而积极配合艾滋病危险性性行为干预工作，自觉履行相应的义务。

另一方面，要加强社会管理。即综合运用社会舆论、行政和法律等手段，把艾滋病危险性性行为干预纳入科学有效的社会管理轨道，有效引导和规范人们的行为，促使目标人群履行义务。需要特别指出的是，在进行社会管理时要特别慎用法律手段。如前所述，艾滋病危险性性行为干预要实施宽容策略，以保护性干预为主，实现从惩罚向保护的转变。因此，在社会管理中，要注意慎用法律惩罚的方式和手段。虽然，艾滋病患者和受艾滋病影响的人群的自我歧视和报复心理是客观存在的，但毕竟只是少数，多数艾滋病患者和受艾滋病影响的人群，还是希望获得正常的工作和生活的。因此，社会首先要对这些目标人群予以足够的理解和宽容，加强对他们的教育与关怀；法律惩罚应仅针对那些为寻求刺激而进行的不负责任的性行为，如集体淫乱、同性性交易、故意传播艾滋病，等等。

（五）强化责任伦理

解决艾滋病危险性性行为干预面临的伦理难题，从主体的角度看，最终必须落实到社会相关各界的责任上。艾滋病危险性性行为干预的责任伦理，包括政府及卫生、疾控等部门（特别是"高危行为干预工作队"）、医务人员、媒体以及公民个人的责任，是对这些主体的责任要求。

1. 政府责任

政府是危险性性行为干预的第一责任主体。在艾滋病危险性性行为干预中，政府责任主要是组织领导和协调、制定和执行相关政策及措施，为艾滋病危险性性行为干预提供资源和财政支持、对有关部门承担的相关工作进行考核、监督等。为此，1996 年国务院建立了防治艾滋病性病协调会议制度；2004 年国务院成立了防治艾滋病工作委员会，作为艾滋病防治的组织、领导和协调机构，也是艾滋病危险性性行为干预的组织、领导和协调机构，全面负责组织、协调、督促艾滋病危险性性行为干预各方面的工作。

2. 部门责任

各级卫生、疾控部门是艾滋病综合干预和治疗工作的组织者和实施者，也是艾滋病危险性性行为干预的重要参与者。其主要职责是：对艾滋病防治业务人员进行技术培训，开展疫情监测；开展艾滋病宣传教育、医疗咨询和治疗工作；开展对高危人群、重点人群的免费初筛工作；收集、统计、分析和上报综合干预工作情况；为其他部门提供专业技术支持，等等。同时，公安、司法、文化、工商、计生、旅游、宣传、教育、交通、劳动保障等部门在艾滋病危险性性行为干预中都承担着相应的责任。

3. 媒体责任

在艾滋病危险性行为干预中媒体的主要责任是真实及时地宣传报道，特别是要配合危险性性行为干预的政策和要求，增加和突出艾滋病危险性性行为相关知识、性教育、安全套推广使用等方面的宣传。

4. 公民个人责任

艾滋病危险性性行为干预的责任伦理，最终落脚点在于公民个人。无论是政府及其部门、医务人员，还是媒体，其职责的履行和实际效果，最终必须落实和体现到每一位公民个人的身上。具体地说，公民个人责任主要包括三个方面：第一，要学习、了解艾滋病特别是危险性性行为的有关知识，遵守恋爱、婚姻和性方面的道德和法律规范，尊重自己和他人的生命和健康，自觉远离艾滋病危险性性行为；第二，要理解、支持国家关于艾滋病危险性性行为干预的政策措施，积极配合政府及相关部门的干预活动。特别是当政府干预对公民个人的某些权利造成限制的时候，要把公共利益放在优先考虑的位置。舍此，最终不利于自身的健康利益；第三，要对艾滋病感染者及受艾滋病影响的人群予以理解、尊重、宽容和支持。只有每一位公民都认识到，一般人群和艾滋病感染者及受艾滋病影响的人群是不能截然分开的；如果不能做到对这些人群的理解和宽容，这些人群将面临和感受到社会歧视和排斥，从而产生怨恨和报复心理，不配合国家有关艾滋病防治政策措施，甚至报复社会。在这样的情况下，公共健康的维护和实现将无从谈起，每一位公民个人的健康利益将无法得到保障。因此，消除对艾滋病的歧视，对艾滋病感染者及受艾滋病影响的人群予以宽容和支持，也是公民个人责任的一个重要方面。

参考文献

中文文献

（一）专著

1. 安云凤：《当代大学生性道德教育研究》，首都师范大学出版社 2013 年版。

2. ［英］伯特兰·罗素：《性爱与婚姻》，文良文化译，中央编译出版社 2009 年版。

3. 曹刚：《道德难题与程序正义》，北京大学出版社 2011 年版。

4. 陈琦：《边缘与回归：艾滋病患者的社会排斥研究》，社会科学文献出版社 2004 年版。

5. 程玲、韩孟杰：《互助与增权：艾滋病患者互助小组研究》，社会科学文献出版社 2010 年版。

6. 褚坚、朱海深：《艾滋病综合防控实践探索》，浙江大学出版社 2010 年版。

7. 段少军等：《性道德概论》，华龄出版社 2009 年版。

8. 段勇：《秋叶正红：云南省第四轮全球基金/中英艾滋病项目最佳实践》，云南科技出版社 2009 年版。

9. 方刚：《多性伙伴》，群众出版社 2011 年版。

10. 方刚：《性权与性别平等：学校性教育的新理念与新方法》，东方出版社 2012 年版。

11. 甘绍平：《人权伦理学》，中国发展出版社 2009 年版。

12. 高燕宁：《艾滋病的"社会免疫"》，复旦大学出版社 2005 年版。

13. 高耀洁：《中国艾滋病调查》，广西师范大学出版社 2005 年版。

14. 高兆明：《伦理学理论与方法》，人民出版社 2005 年版。

15. 郭卫华：《性自主权研究》，中国政法大学出版社 2006 年版。

16. ［美］H.T.恩格尔哈特：《生命伦理学基础》（第二版），范瑞平译，北京大学出版社 2006 年版。

17. 哈玉红：《道德与选择——当代大学生性道德问题研究》，甘肃人民出版社 2013 年版。

18. 韩跃红等：《生命伦理学维度：艾滋病防控难题与对策》，人民出版社 2011 年版。

19. ［美］贺萧：《危险的愉悦：20 世纪上海的娼妓问题与现代性》，韩敏中、盛宁译，江苏人民出版社 2010 年版。

20. 侯远高、丁娥：《发展的代价——西部少数民族地区毒品伤害与艾滋病问题调研文集》，中央民族大学出版社 2009 年版。

21. 胡珍：《中国当代大学生性现状及性教育研究》，四川科学技术出版社 2003 年版。

22. 胡珍、吴银涛：《社会性别与中学性教育》，科学出版社 2013 年版。

23. 靳微：《中国面对艾滋——战略与决策》，国际中国文化出版社 2001 年版。

24. 江汉生：《性教育》，中国青年出版社 2004 年版。

25. ［英］杰佛瑞·威克斯：《20 世纪的性理论和性观念》，宋文伟、侯萍译，江苏人民出版社 2002 年版。

26. ［美］凯特·米利特：《性政治》，宋文伟译，江苏人民出版社 2000 年版。

27. 老藕：《同志群体里的形式婚姻》，台湾万有出版社 2012 年版。

28. 李聪：《艾滋病防治研究与调查》，科学出版社 2011 年版。

29. 李德顺、孙伟平：《道德价值论》，云南人民出版社 2005 年版。

30. 李楯：《艾滋病在中国：法律评估与事实分析》，社会科学文献出版社 2004 年版。

31. 李婧：《德国卖淫合法化外衣下的悲情面孔》，《法律与生活》2013 年第 16 期。

32. 李银河：《同性恋亚文化》，内蒙古大学出版社 2009 年版。

33. 李银河：《新中国性话语研究》，上海社会科学出版社 2014 年版。

34. 林志强：《健康权研究》，中国法制出版社 2010 年版。

35. 刘达临：《中国同性恋研究》，中国社会出版社 2005 年版。

36. 刘慧君：《中国农村艾滋病性传播：性别角色与风险行为》，西安交通大学出版社 2011 年版。

37. 刘民权等：《健康的价值与健康不平等》，中国人民大学出版社 2011 年版。

38. 刘文明、刘宇：《性生活与社会规范——社会变迁与多元文化视野中的性》，武汉大学出版社 2006 年版。

39. 卢风、肖巍：《应用伦理学导论》，当代中国出版社 2002 年版。

40. ［荷］洛蒂·范·德·珀尔：《市民与妓女——近代初期阿姆斯特丹的不道德职业》，李仕勋译，人民文学出版社 2009 年版。

41. ［美］罗尔斯：《正义论》，何怀宏等译，中国社会科学出版社 1988 年版。

42. 罗国杰：《中国伦理思想史》，中国人民大学出版社 2008 年版。

43. 罗国杰：《伦理学》，人民出版社 2014 年版。

44. ［美］罗纳德·德沃金：《认真对待权利》，信春鹰、吴玉章译，中国大百科全书出版社 1998 年版。

45. ［美］罗纳德·德沃金：《至上的美德：平等的理论和实践》，冯克利译，江苏人民出版社 2003 年版。

46. 《马克思恩格斯选集》第 1—4 卷，人民出版社 1995 年版。

47. 孟金梅：《艾滋病与法律》，中国政法大学出版社 2005 年版。

48. 牟新生等：《治理卖淫嫖娼对策》，群众出版社 1996 年版。

49. 潘绥铭：《生存与体验——对一个地下“红灯区”的追踪考察》，中国社会科学出版社 2000 年版。

50. 潘绥铭等：《当代中国人的性行为与性关系》，社会科学文献出版社 2004 年版。

51. 潘绥铭：《艾滋病时代的性生活》，南方日报出版社 2004 年版。

52. 潘绥铭：《“男客”的艾滋病风险及干预》，万有出版社 2008 年版。

53. 潘绥铭、黄盈盈：《性之变　21 世纪中国人的性生活》，中国人民大学出版社 2013 年版。

54. ［英］乔治·弗兰克尔：《性革命的失败》，宏梅译，国际文化出版社 2006 年版。

55. 邱仁宗：《生命伦理学》，中国人民大学出版社 2010 年版。

56. 邱仁宗：《艾滋病、性和伦理学》，首都师范大学出版社 1997 年版。

57. 沈中、许文洁：《隐私权论兼析人格权》，上海人民出版社 2010 年版。

58. 史军：《权利与善：公共健康的伦理研究》，中国社会科学出版社 2010 年版。

59. 孙慕义：《后现代生命伦理学》，中国社会科学出版社 2015 年版。

60. ［美］苏珊·桑塔格：《疾病的隐喻》，程巍译，上海译文出版社 2003 年版。

61. 唐凯麟：《伦理学》，高等教育出版社 2001 年版。

62. 万俊人：《现代性的伦理话语》，黑龙江人民出版社 2002 年版。

63. 万俊仁：《现代西方伦理学史》，中国人民大学出版社 2011 年版。

64. 王滨有：《性健康教育学》，人民卫生出版社 2011 年版。

65. 王进鑫、程静：《谈性说爱——大学生性健康教育》，西南师范大学出版社 2014 年版。

66. 王礼康：《艾滋病与性健康教育》，上海人民出版社 2006 年版。

67. 王晴锋：《认同而不"出柜"同性恋者生存现状的调查研究》，《中国农业大学学报（社会科学版）》2011 年第 4 期。

68. 王伟、高玉兰：《性伦理学》，人民出版社 1999 年版。

69. 汪民安：《身体、空间与后现代性》，江苏人民出版社 2006 年版。

70. 吴均林：《艾滋病相关心理问题及干预策略》，人民卫生出版社 2010 年版。

71. 吴双全：《少数人权利的国际保护》，中国社会科学出版社 2010 年版。

72. 夏国美：《中国艾滋病问题报告》，江苏人民出版社 2002 年版。

73. 向德平等：《困境与出路：艾滋病患者的社会处境研究》，社会科学文献出版社 2009 年版。

74. 向德平等：《挑战与应对：艾滋病防治专题研究》，社会科学文献出版社 2009 年版。

75. 向德平等:《需求与回应:艾滋病患者的社会支持研究》,社会科学文献出版社 2009 年版。

76. 辛文德等:《直面艾滋病:媒体传播策略和安全套总动员》,科学技术出版社 2006 年版。

77. 许世彤、区英琦、肖鹏:《性科学与性教育》,高等教育出版社 2004 年版。

78. 徐明、王红枫:《大学生性与生殖健康教育教程》,阳光出版社 2012 年版。

79. 闫红静:《男男性行为人群艾滋病综合防治干预》,东南大学出版社 2014 年版。

80. 杨国才:《多学科视野下的艾滋应对》,中国社会科学出版社 2007 年版。

81. 杨柳:《性的消费主义》,上海社会科学出版社 2010 年版。

82. 杨敏:《民法典视野中的公民医疗权利研究》,山东大学出版社 2009 年版。

83. 杨廷忠、李鲁、王伟:《艾滋病危险行为扩散的社会学研究》,中国社会科学出版社 2006 年版。

84. 于立东:《大学生性教育》,哈尔滨工程大学出版社 2011 年版。

85. 余涌:《道德权利研究》,中央编译出版社 2001 年版。

86. 翟晓梅、邱仁宗:《生命伦理学导论》,清华大学出版社 2005 年版。

87. 张北川:《同性爱》,山东科学技术出版社 1994 年版。

88. 张翠娥:《差异与平等:艾滋病患者的社会性别研究》,社会科学文献出版社 2009 年版。

89. 张红:《从禁忌到解放——20 世纪西方性观念的演变》,重庆出版社 2006 年版。

90. 张开宁:《应对艾滋危机的公共管理与公共服务》,中国人口出版社 2005 年版。

91. 张颖、王婉婷:《大学生性健康教育读本》,北京理工大学出版社 2014 年版。

92. 赵军：《惩罚的边界——卖淫刑事政策实证研究》，中国法制出版社 2007 年版。

93. 赵然：《危险与拯救：高危妇女艾滋病危险行为现状及干预研究》，大众文艺出版社 2007 年版。

94. 郑玉敏：《作为平等的人受到对待的权利》，法律出版社 2010 年版。

（二）论文

1. 安云凤：《对一夜情的伦理透析》，《道德与文明》2003 年第 6 期。

2. 安云凤、李金和：《性权利的文明尺度》，《哲学动态》2008 年第 10 期。

3. 曹红梅：《大学生性健康教育的概念、内涵和相关问题》，《中国性科学》2008 年第 6 期。

4. 曹晓蕴：《暗娼非保护性性行为的影响因素分析》，《中国健康教育》2007 年第 4 期。

5. 蔡晓芬、金云：《国内性教育研究现状及分析》，《社会心理科学》2014 年第 3 期。

6. 陈龙涛、张宝君：《对当代大学生进行性教育问题的思考》，《教育探索》2014 年第 1 期。

7. 陈章颖等：《男男性行为者高危行为特征研究现状》，《公共卫生与预防医学》2010 年第 3 期。

8. 方刚：《大学生性教育模式的思考——禁欲型性教育与综合型性教育之辩》，《中国青年研究》2008 年第 7 期。

9. 方刚：《赋权型性教育：一种高校性教育的新模式》，《中国青年研究》2013 年第 10 期。

10. 龚长宇：《婚姻家庭道德的实证研究何以可能》，《道德与文明》2010 年第 2 期。

11. 龚群：《公共健康领域里的几个相关伦理问题》，《伦理学研究》2008 年第 2 期。

12. 郭永华：《日本教育界对性自由现象的认识和有关性教育的建议》，《外国中小学教育》2010 年第 2 期。

13. 韩跃红、孙书行：《人的尊严与生命的尊严释义》，《哲学研究》

2006 年第 3 期。

14. 黄盈盈、潘绥铭：《中国少年的多元社会性别与性取向——基于 2010 年 14—17 岁全国总人口的随机抽样调查》，《中国青年研究》2013 年第 6 期。

15. 惠珊、王璐：《并行性多性伴行为与艾滋病病毒传播之间的关系》，《国际流行病学传染病学杂志》2011 年第 3 期。

16. 靳雪征：《治疗与预防并举：抵御艾滋病的希望》，《中国健康教育》2006 年第 11 期。

17. 李京文、任海英：《2006—2010 年艾滋病对我国宏观经济的影响》，《学术界》2007 年第 2 期。

18. 李美玲、徐晓阳：《青少年的性教育及同伴教育》，《中国性科学》2010 年第 9 期。

19. 李萍：《同性恋现象的伦理分析》，《河北学刊》2004 年第 3 期。

20. 李强、高文珺：《心理疾病污名影响研究与展望》，《南开学报（哲社版）》2009 年第 4 期。

21. 李佑芳等：《昆明市男男性行为人群无保护性肛交及其影响因素分析》，《中华疾病控制杂志》2015 年第 7 期。

22. 黎作恒：《艾滋病立法与国际人权保障》，《西南政法大学学报》2005 年第 3 期。

23. 刘文利：《1988—2007 年：我国青少年性教育研究综述》，《中国青年研究》2008 年第 3 期。

24. 鲁国强：《论自由市场与政府干预》，《当代经济管理》2012 年第 1 期。

25. 罗丹：《四类 HIV/AIOS 预防重点人群的危险性性行为研究》，博士学位论文，中南大学，2009 年 5 月。

26. 罗丹等：《娱乐场所女性性工作者无保护性行为特征分析》，《中国现代医学杂志》2009 年第 12 期。

27. 罗刚、罗立顺、黄显刚：《大学生性健康教育现状调查及分析与教育对策》，《中国性科学》2014 年第 2 期。

28. 马功燕等：《男男性行为人群多性伴行为及影响因素分析》，《安徽预防医学杂志》2013 年第 6 期。

29. 倪明健等：《底层女性性工作者无保护性行为影响因素》，《分析中国妇幼保健》2015 年第 7 期。

30. 潘绥铭等：《中国艾滋病 "问题" 解析》，《中国社会科学》2006 年第 4 期。

31. 潘绥铭、黄盈盈：《我国 14—17 岁青少年性教育效果的实证分析》，《中国青年研究》2011 年第 8 期。

32. 潘绥铭、侯荣庭：《中国艾滋病防治事业的价值理念》，《云南师范大学学报（哲学社会科学版）》2014 年第 4 期。

33. 彭晓辉：《婚前守贞教育——策略陷阱的政治—经济与文化分析》，《华人性研究》2010 年第 2 期。

34. 邱仁宗：《公共卫生伦理学刍议》，《中国医学伦理学》2006 年第 1 期。

35. 曲波：《大学生男男性接触人群艾滋病高危性行为特征研究》，《中国卫生统计》2013 年第 2 期。

36. 曲洪芳、张蔚等：《卖淫妇女心理防御机制及心理健康状况研究》，《中国行为医学科学》2005 年第 11 期。

37. 任海英：《我国艾滋病歧视问题的社会心理学分析》，《现代生物医学进展》2009 年第 1 期。

38. 孙爱义：《对 "安全套广告停播" 的思考》，《中国性病艾滋病防治》2000 年第 2 期。

39. 苏莹珍：《MSM 人群 HIV—1 感染的影响因素及云南省 HIV—1 分子流行病学研究》，博士论文，南方医科大学，2011 年 5 月。

40. 童莉：《中国首次公布男同性恋人数及感染 HIV 病毒情况》，《性教育与生殖健康》2005 年第 1 期。

41. 万俊人：《论道德目的论与伦理道义论》，《学术月刊》2003 年第 1 期。

42. 王欢：《浅议我国同性结合法律认可模式的选择》，《法制博览》2014 年第 10 期。

43. 王曦影、王怡然：《新世纪中国青少年性教育研究回顾与展望》，《青年研究》2012 年第 2 期。

44. 王延光：《中国艾滋病预防的宽容策略》，《中国性病艾滋病防治》2000 年第 2 期。

45. 王延光：《同性恋与艾滋病预防对策》，《浙江学刊》2001 年第 1 期。

46. 王毅等：《男男性行为者安全套使用及影响因素分析》，《中华疾病控制杂志》2012 年第 2 期。

47. 王毅等：《男男性行为者公开性取向与艾滋病相关行为的关系研究》，《中国预防医学杂志》2013 年第 10 期。

48. 王毅：《男男性行为者性伴和性行为特征及安全意识调查》，《预防医学情报》2014 年第 1 期。

49. 王毅：《男男性行为者同性固定性伴侣及维持时间影响因素分析》，《现代预防医学》2014 年第 1 期。

50. 王志英、黄连成：《非医学专业大学生对艾滋病/性病的认知程度、性态度及性行为的现状调查》，《华中科技大学学报（医学版)》2010 年第 4 期。

51. 吴维屏：《国外学校性教育研究和实践综述》，《外国中小学教育》2011 年第 11 期。

52. 肖巍：《公共健康伦理：一个有待开拓的研究领域》，《河北学刊》2010 年第 1 期。

53. 谢博识、无右：《中国男男同性恋艾滋病感染情况调查》，《新知客》2010 年第 1 期。

54. 许娟：《性网络与男男性行为人群的 HIV 传播》，《中国艾滋病性病》2010 年第 2 期。

55. 杨超、石书臣：《"以品格"为基础的性教育——美国青少年性教育模式的启示》，《当代青年研究》2003 年第 2 期。

56. 姚建龙：《卖淫女的被害性及其合法权益保护》，《中华女子学院学报》2002 年第 2 期。

57. 庾泳、肖水源：《同性恋婚姻关系的社会学问题》，《医学与哲学》2008 年第 9 期。

58. 岳盼、刘文利：《美国两大性教育模式的效果比较与政策发展》，《比较教育研究》2014 年第 1 期。

59. 翟晓梅：《公共卫生的特征及其伦理学问题》，《医学与哲学（人文社会医学版）》2007 年第 11 期。

60. 张北川、刘殿昌：《对男同性性接触者的艾滋病干预》，《中国艾滋病性病》2000 年第 3 期。

61. 张北川等：《〈朋友通信〉——对男男性接触者的艾滋病干预项目》，《中国健康教育》2001 年第 4 期。

62. 张杰：《中国古代同性恋之最》，《中国性科学》2009 年第 3 期。

63. 张永：《MSM 人群自我认同与相关行为的关联性分析》，《中国热带医学》2014 年第 6 期。

64. 张正民、杨秀梅：《构建"学校、家庭、社区"一体化青少年性教育模式研究》，《中国性科学》2013 年第 2 期。

65. 郑建东等：《互联网对男男性接触者危险性行为的影响及在艾滋病防治中的应用》，《中国健康教育》2008 年第 4 期。

66. 郑振玉、李顺平、吴尊友：《监管场所中艾滋病检测政策的应用》，《中国艾滋病性病》2007 年第 6 期。

67. 郑钟洁：《艾滋病预防控制中的行为干预研究》，《中国健康教育》2007 年第 3 期。

68. 中央党校社会发展研究所：《中国艾滋病病毒感染者歧视状况调查报告》2009 年。

69. 周爽等：《男男性行为人群中 HIV 感染者艾滋病相关高危行为特征分析》，《重庆医学》2010 年第 2 期。

70. 邹婷：《我国青少年性教育现状之思》，《中国性科学》2009 年第 12 期。

71. 朱广荣等：《中国性教育政策回顾研究》，《中国性科学》2005 年第 3 期。

（三）相关法律政策文件

1. 全国人大常委会：《中华人民共和国国境卫生检疫法》1986 年 12 月 2 日。

2. 全国人大常委会：《中华人民共和国传染病防治法》1989 年 2 月 21 日。

3. 全国人大常委会：《关于严禁卖淫嫖娼的决定》1991 年 9 月 4 日。

4. 全国人大常委会：《中华人民共和国广告法》1994 年 10 月 27 日。

5. 全国人大常委会：《中华人民共和国人口与计划生育法》2001 年 12 月 29 日。

6. 全国人大常委会：《中华人民共和国广告法》2015 年 4 月 24 日。

7. 国务院：《中华人民共和国外国人入境出境管理法实施细则》1986 年 12 月 27 日。

8. 国务院：《广告管理条例》1987 年 10 月 26 日。

9. 国务院：《艾滋病防治条例》2006 年 1 月 29 日。

10. 国务院：《中国预防与控制艾滋病中长期规划（1998—2010 年)》1998 年 11 月 12 日。

11. 国务院：《中国遏制与防治艾滋病行动计划（2001—2005 年)》2001 年 5 月 25 日。

12. 国务院：《关于切实加强艾滋病防治工作的通知》2004 年 3 月 16 日。

13. 国务院：《中国遏制与防治艾滋病行动计划（2006—2010 年)》2006 年 2 月 27 日。

14. 国务院：《关于修改〈中华人民共和国外国人入境出境管理法实施细则〉的决定》2010 年 4 月 24 日。

15. 国务院：《关于进一步加强艾滋病防治工作的通知》2010 年 12 月 31 日。

16. 国务院：《中国儿童发展纲要（2011—2020)》2011 年 7 月 30 日。

17. 国务院：《中国遏制与防治艾滋病"十二五"行动计划》2012 年 1 月 13 日。

18. 国务院：《中华人民共和国外国人入境出境管理条例》2013 年 7 月 12 日。

19. 国家工商行政管理局：《关于严禁刊播有关性生活产品广告的规定》1989 年 10 月 13 日。

20. 卫生部、对外经济贸易部、海关总署：《关于限制进口血液制品防止 AIDS 病传入我国的联合通知》1984 年 9 月 17 日。

21. 卫生部：《关于加强监测、严防艾滋病传入的报告》1985 年 12 月 10 日。

22. 卫生部：《禁止进口Ⅷ因子制剂等血液制品的通告》1986 年 1 月 10 日。

23. 卫生部：《全国预防艾滋病规划（1988—1991 年）》1987 年 8 月 17 日。

24. 卫生部等七部委：《艾滋病监测管理的若干规定》1988 年 1 月 14 日。

25. 卫生部：《关于加强进口血液制品管理的通知》1987 年 8 月 22 日。

26. 卫生部：《性病防治管理办法》1991 年 8 月 12 日。

27. 卫生部：《关于加强预防和控制艾滋病工作的意见》1995 年 9 月 26 日。

28. 卫生部：《全国艾滋病检测工作规范》1997 年 8 月 21 日。

29. 卫生部等九部委：《预防艾滋病性病宣传教育原则》1998 年 1 月 8 日。

30. 卫生部：《预防艾滋病宣传教育知识要点》1998 年 10 月 26 日。

31. 卫生部：《对艾滋病病毒感染者和艾滋病病人管理意见》1999 年 4 月 20 日。

32. 卫生部：《国家有关部委局（团体）关于预防控制艾滋病性病工作职责》2000 年 8 月 7 日。

33. 卫生部等八部委：《中国预防与控制艾滋病中长期规划（1998—2010 年）实施指导意见》2001 年 1 月 5 日。

34. 卫生部：《艾滋病综合防治示范区工作指导方案》2004 年 5 月 14 日。

35. 卫生部：《关于在各级疾病预防控制中心（卫生防疫站）建立高危人群干预工作队的通知》2004 年 8 月 20 日。

36. 卫生部：《高危行为干预工作指导方案（试行）》2005 年 5 月 20 日。

37. 卫生部等六部委：《关于预防艾滋病推广使用安全套（避孕套）的实施意见》2004 年 7 月 7 日。

38. 卫计委等六部委：《关于进一步推进艾滋病防治工作的通知》2013 年 11 月 30 日。

39. 卫计委、财政部、民政部：《社会组织参与艾滋病防治基金管理办法（暂行）》2015 年 7 月 6 日。

40. 中国疾控中心：《娱乐场所服务小姐预防艾滋病性病干预工作指南（试用本）》2004 年 6 月。

41. 中国疾控中心：《男男性行为人群艾滋病综合防治试点工作方案》2011 年 4 月 7 日。

42. 国家教委、卫生部、国家计生委：《关于在中学开展青春期教育的通知》1988 年 8 月 24 日。

43. 国家教委：《大学生健康教育基本要求（试行）》1993 年 1 月 8 日。

44. 教育部、卫生部：《学校卫生工作条例》1990 年 6 月 4 日。

45. 教育部、卫生部：《中、小学卫生工作暂行规定（草案）》1979 年 12 月 6 日。

46. 教育部、卫生部：《高等学校卫生工作暂行规定（草案）》1980 年 8 月 26 日。

47. 卫生部、国家教委、全国爱卫会：《中小学健康教育基本要求（试行）》1992 年 9 月 1 日。

48. 教育部、卫生部：《关于加强学校预防艾滋病健康教育的通知》2002 年 5 月 28 日。

49. 教育部：《中小学生预防艾滋病专题教育大纲》2003 年 2 月 20 日。

50. 教育部：《中小学生毒品预防专题教育大纲》2003 年 2 月 20 日。

51. 教育部：《中小学健康教育指导纲要》2008 年 12 月 1 日。

52. 教育部：《普通高等学校学生心理健康教育课程教学基本要求》2011 年 5 月 28 日。

53. 中国性学会：《中国青少年性健康教育指导纲要（试行版）》2012 年 3 月。

54. 中华人民共和国卫生部、联合国艾滋病中国专题组：《中国艾滋病防治联合评估报告》（2003 年）。

55. 国务院防治艾滋病工作委员会办公室、联合国中国艾滋病专题组：《2004 年中国艾滋病防治联合评估报告》。

56. 中华人民共和国卫生部、联合国艾滋病规划署和世界卫生组织：《2005 年中国艾滋病疫情与防治工作进展》。

57. 国务院防治艾滋病工作委员会办公室、卫生部、联合国艾滋病中国专题组：《中国艾滋病防治联合评估报告（2007 年）》。

58. 中华人民共和国卫生部、联合国艾滋病规划署、世界卫生组织：《2009 年中国艾滋病疫情估计工作报告》。

59. 中华人民共和国卫生部、联合国艾滋病规划署、世界卫生组织：《2011 年中国艾滋病疫情估计报告》。

60. 云南省人大常委会：《云南省艾滋病防治条例》（2006 年）。

61. 云南省委、省人民政府：《云南省艾滋病防治工作实施方案（2005—2007 年）》。

62. 云南省委、省人民政府：《云南省新一轮防治艾滋病人民战争实施方案（2008—2010 年）》。

63. 云南省委、省人民政府：《云南省第三轮防治艾滋病人民战争实施方案（2011—2015 年）》。

64. 云南省人民政府：《云南省推广使用安全套防治艾滋病工程实施方案》（2004 年）。

65. 云南省人民政府：《云南省推广使用安全套管理暂行办法》（2007 年）。

66. 云南省防治艾滋病局：《云南省艾滋病防治十项行动计划》（2008 年）。

67. 云南省防治艾滋病工作委员会、云南省艾滋病防治专家咨询委员会：《云南省防治艾滋病人民战争评估报告（2005—2007）》。

68. 云南省第二轮防治艾滋病人民战争联合评估组：《云南省第二轮防治艾滋病人民战争评估报告（2008—2010）》。

英文文献

1. Barta WD, A daily process investigation of alcohol-involved sexual risk behavior among economically disadvantaged problem drinkers living with HIV/AIDS. *AIDS And Behavior*, 2008, 12 (5).

2. Bierbach D, Jung CT, et al., Homosexual behaviour increases male

attractiveness to females. *Biology Letters*, 2012, 9 (1).

3. Bornovalova MA, Motivations for sexual risk behavior across commercial and casual partners among male urban drug users: contextual features and clinical correlates. *Behavior Modification*, 2010, 34 (3).

4. Colby D, Minh TT, Toan TT, Down on the farm: homosexual behaviour, HIV risk and HIV prevalence in rural communities in Khanh Hoa province, Vietnam. *Sexually Transmitted Infections*, 2008, 84 (6).

5. Cornman DH, Kiene SM, et al. , Clinic-based intervention reduces unprotected sexual behavior among HIV-infected patients in KwaZulu-Natal, South Africa: results of a pilot study. *Journal of Acquired Immune Deficiency Syndromes* (1999), 2008, 48 (5).

6. Folayan MO, Adeyemi A, et al. , Differences in Sexual Practices, Sexual Behavior and HIV Risk Profile between Adolescents and Young Persons in Rural and Urban Nigeria. *Plos One*, 2015, 10 (7).

7. Hart TA, Wolitski RJ, et al. , Partner awareness of the serostatus of HIV-seropositive men who have sex with men: impact on unprotected sexual behavior. *AIDS And Behavior*, 2005, 9 (2).

8. Ichikawa S, Kaneko N, et al. , Survey investigating homosexual behaviour among adult males used to estimate the prevalence of HIV and AIDS among men who have sex with men in Japan. *Sexual Health*, 2011, 8 (1).

9. Kenneth R. Overberg, *Ethics And AIDS: Compassion And Justice in a Global Crisis*. Rowman & Littlefield, 2006.

10. Lawrence O. Gostin, *Public Health Law and Ethics*. University of California Press, 2002.

11. Leve LD, Van Ryzin MJ, Chamberlain P. Sexual Risk Behavior and STI Contraction Among Young Women With Prior Juvenile Justice Involvement. *Journal of HIV/AIDS & Social Services*, 2015, 14 (2).

12. Michael Boylan ed. , *Public Health Policy and Ethics*. Kluwer Academic Publishers, 2004.

13. Pollock JA, Halkitis PN, Environmental factors in relation to unprotected sexual behavior among gay, bisexual, and other MSM. *AIDS Education*

And Prevention: *Official Publication of The International Society For AIDS Education*, 2009, 21 (4).

14. Rothman EF, Decker MR, et al. , Multi-person sex among a sample of adolescent female urban health clinic patients. *Journal of Urban Health*: *Bulletin of The New York Academy of Medicine*, 2012, 89 (1).

15. Shuper PA, Rehm J, Personality as a predictor of unprotected sexual behavior among people living with HIV/AIDS: a systematic review. *AIDS And Behavior*, 2014, 18 (2).

16. Sudhir Anand, Fabienne Peter and Amartya Sen eds. , *Public Health*, *Ethics*, *and Equity*. Oxford University Press, 2004.

后　记

　　本书是 2013 年度国家社科基金青年项目"艾滋病危险性性行为干预面临的伦理及对策研究"的最终成果。全书包括绪论和正文七章。其中，绪论、第四章、第五章、第七章由朱海林撰写，第一章由石娉婷（昆明理工大学）撰写，第二章由陈桂荣、彭颖（昆明理工大学）撰写，第三章由朱海林、孙曼（昆明理工大学研究生）撰写，第六章由朱海林、谢莹（昆明理工大学研究生）撰写；李祥福、罗维萍（昆明学院）、白莉（昆明理工大学）、冯啸（昆明理工大学研究生）参与了实地调查和数据统计分析；张霄（中国人民大学）、王威（昆明理工大学）参与了资料搜集、专家咨询等工作；朱海林对全书进行了修改和统稿。

　　在项目研究中，中国人民大学葛晨虹教授给予了学术指导；云南大学崔运武教授、高力教授、昆明理工大学韩跃红教授、樊勇教授、云南省社科规划办邹颖同志等专家在开题报告会上对本项目的研究思路和方法、调查设计等方面提出了许多建设性指导意见；云南省防治艾滋病局郑吉生处长、游孟昆副处长给我们提供了政策咨询和工作支持；云南许多州（市）及所辖区、县的防艾办、疾控中心、公安部门、医院、社区等对我们的调查给予了大力支持。在本书出版过程中，中国社会科学出版社冯春凤老师倾注了大量心血。同时，本书吸收了很多学术界已经取得的研究成果，参考了大量的相关文献，在此一并表示谢意。

　　尽管如此，本书一定还有很多不足之处，盼读者和同仁批评指正。

朱海林

2017 年 3 月